土建类专业教材编审委员会

主 任 委 员 陈安生　毛桂平

副主任委员 汪　绯　蒋红焰　陈东佐　李　达　金　文

委　　　员（按姓名汉语拼音排序）

蔡红新　常保光　陈安生　陈东佐　窦嘉纲　冯　斌
冯秀军　龚小兰　顾期斌　何慧荣　洪军明　胡建琴
黄利涛　黄敏敏　蒋红焰　金　文　李春燕　李　达
李椋京　李　伟　李小敏　李自林　刘昌云　刘冬梅
刘国华　刘玉清　刘志红　毛桂平　孟胜国　潘炳玉
邵英秀　石云志　史　华　宋小壮　汤玉文　唐　新
汪　绯　汪　葵　汪　洋　王　斌　王　波　王崇革
王　刚　王庆春　吴继锋　夏占国　肖凯成　谢延友
徐广舒　徐秀香　杨国立　杨建华　余　斌　曾学礼
张苏俊　张宪江　张小平　张宜松　张轶群　赵建军
赵　磊　赵中极　郑惠虹　郑建华　钟汉华

应用型人才培养"十三五"规划教材

抗震结构设计

李达 主编 郑红勇 昌永红 副主编

化学工业出版社

·北京·

本书结合《建筑抗震设计规范》(GB 50011—2010)及《建筑工程抗震设防分类标准》(GB 50223—2008)编写而成，内容包括：地震与地震动的基本知识，场地、地基和基础的抗震设计，结构地震反应分析与抗震验算，多层和高层钢筋混凝土房屋的抗震设计，多层砌体房屋和底部框架-抗震墙砌体房屋的抗震设计，多层和高层钢结构房屋的抗震设计，单层工业厂房的抗震设计，桥梁结构的抗震设计，以及隔震、减震房屋设计。书中设有例题、思考题和习题以及各章提要和小结。

本书可作为应用型本科学校和高职高专院校土建类专业及相关专业教材，也可作为成人教育土建类及相关专业的教材，还可供从事建筑工程技术等工作的人员参考。

图书在版编目(CIP)数据

抗震结构设计/李达主编．—北京：化学工业出版社，2009.12（2023.3重印）

应用型人才培养"十三五"规划教材

ISBN 978-7-122-07058-6

Ⅰ．抗… Ⅱ．李… Ⅲ．建筑结构-抗震设计-高等学校：技术学院-教材 Ⅳ．TU352.104

中国版本图书馆CIP数据核字（2009）第204016号

责任编辑：李仙华	装帧设计：尹琳琳
责任校对：陈 静	

出版发行：化学工业出版社（北京市东城区青年湖南街13号　邮政编码100011）
印　　装：北京虎彩文化传播有限公司
787mm×1092mm　1/16　印张14½　字数365千字　2023年3月北京第1版第5次印刷

购书咨询：010-64518888　　　　　售后服务：010-64518899
网　　址：http://www.cip.com.cn
凡购买本书，如有缺损质量问题，本社销售中心负责调换。

定　价：45.00元　　　　　　　　　　　　　　　　　版权所有　违者必究

前　言

《教育部关于加强高职高专教育人才培养工作的意见》中指出，高职高专教育是我国高等教育的重要组成部分，其特点是：以培养高等技术应用性专门人才为根本任务；以适应社会需要为目标、以培养技术应用能力为主线设计学生的知识、能力、素质结构和培养方案，毕业生应具有基础理论知识适度、技术应用能力强、知识面较宽、素质高等特点；以"应用"为主旨和特征构建课程和教学内容体系。在课程建设和教材建设上，要按照突出应用性、实践性的原则重组课程结构，更新教学内容。教学内容要突出基础理论知识的应用和实践能力培养，基础理论教学要以应用为目的，以必需、够用为度；专业课教学要加强针对性和实用性。本教材就是根据高等学校土建学科教学指导委员会高等职业教育专业委员会制定的建筑工程技术专业的教育标准、培养方案及本门课程教学基本要求编写的。

地震是一种突发性的自然灾害，会给人民生命和财产造成巨大损失。我国是地震多发国家之一，地震区分布广大，所以，结构抗震设计是建筑设计的重要内容。结构抗震是一门多学科性、综合性很强的学科，它涉及地球物理学、地质学、地震学、结构动力学及工程结构学等学科。随着学科研究的深入，尤其是震害经验的不断积累，结构抗震设计的新理论、新方法不断出现，建筑抗震设计规范是结构抗震设计新理论、新方法的集中体现。本教材即是以《建筑抗震设计规范》（GB 50011—2010）及《建筑工程抗震设防分类标准》（GB 50223—2008）等规范为依据进行编写。

"抗震结构设计"与"钢筋混凝土结构"、"钢结构"、"砌体结构"及"地基与基础"等课程之间联系密切，是一门实践性很强的专业课程。本教材紧密联系实际，力求文字简练，重点突出，紧密依据相关规范，既有基本理论讲解又有实践训练环节。本教材详细阐述了建筑结构抗震设计的基本概念和抗震设计原理，结构抗震设计的基本方法和适用范围；介绍了地基与基础的抗震设计问题，对混凝土结构、砌体结构、钢结构、厂房结构、桥梁结构等抗震设计的设计过程和构造要求进行了讲解；阐述了工程结构隔震与消能减震等内容。为突出应用，本书有详细的设计步骤和相当数量的例题、思考题和习题。

本书由李达担任主编，郑红勇、昌永红担任副主编。具体编写分工如下：郑红勇（太原大学）编写第一、七章，邓光（辽宁科技学院）编写第二、九章，李达（山西工程技术学院）编写第三章，张艳梅（辽宁科技大学）编写第四章，昌永红（辽宁建筑职业学院）编写第五章，彭正斌（山东工业职业学院）编写第六章，安静（山西交通职业技术学院）编写第八章。全书由李达统稿。

编写过程中参阅了有关文献资料，在此向这些文献作者谨表感谢。

由于编者水平有限，书中不妥之处在所难免，欢迎广大读者批评指正。

本书提供有电子教案，可登录 www.cipedu.com.cn 免费获取。

编　者

2016 年 10 月

目 录

第一章 绪论 ……………………………………… 1
  第一节 地震与地震活动 ……………………… 1
    一、地震的基础知识 ………………………… 1
    二、地震活动 ………………………………… 2
  第二节 地震强度与地震区划 ………………… 4
    一、地震强度 ………………………………… 4
    二、地震区划 ………………………………… 6
  第三节 地震的活动性与地震震害 …………… 7
    一、地震的活动性 …………………………… 7
    二、地震震害 ………………………………… 7
  第四节 工程抗震设防 ………………………… 8
    一、三水准的抗震设防准则 ………………… 8
    二、二阶段的抗震设计方法 ………………… 9
    三、建筑物重要性分类和设防标准 ………… 9
  第五节 抗震设计的总体要求 ………………… 10
    一、建筑场地的选择 ………………………… 10
    二、地基和基础 ……………………………… 10
    三、建筑结构的规则性 ……………………… 11
    四、抗震结构体系的选择 …………………… 11
    五、结构构件及连接的要求 ………………… 12
    六、处理好非结构构件 ……………………… 12
    七、结构分析 ………………………………… 12
    八、结构材料与施工质量 …………………… 12
  小结 ………………………………………… 13
  思考题 ……………………………………… 14
第二章 场地、地基和基础 …………………… 15
  第一节 场地 …………………………………… 15
    一、场地及其对地震破坏的影响 …………… 15
    二、场地类别的划分 ………………………… 16
  第二节 天然地基和基础的抗震验算 ………… 18
    一、天然地基和基础的抗震设计原则 ……… 18
    二、天然地基和基础的抗震验算 …………… 18
  第三节 液化土和软土地基 …………………… 19
    一、液化土地基 ……………………………… 19
    二、软土地基的抗震措施 …………………… 22
  第四节 桩基的抗震设计 ……………………… 23
    一、抗震设计的原则 ………………………… 23
    二、桩基的抗震验算 ………………………… 23
  小结 ………………………………………… 24

  思考题 ……………………………………… 24
  习题 ………………………………………… 24
第三章 结构地震反应分析与抗震验算 ……… 26
  第一节 概述 …………………………………… 26
    一、地震反应及地震作用 …………………… 26
    二、结构抗震设计理论的发展 ……………… 27
    三、结构动力计算简图及体系自由度 ……… 27
  第二节 单自由度弹性体系的地震反应分析
         与设计反应谱 ………………………… 28
    一、单自由度弹性体系的地震反应分析 …… 28
    二、单自由度弹性体系水平地震作用及反
       应谱法 …………………………………… 31
  第三节 多自由度体系的地震反应分析 ……… 36
    一、多自由度体系的运动方程 ……………… 36
    二、多自由度体系的自振频率与振型
       分析 ……………………………………… 37
    三、振型分解法 ……………………………… 39
  第四节 多自由度体系的水平地震作用
         计算 …………………………………… 41
    一、振型分解反应谱法 ……………………… 41
    二、底部剪力法 ……………………………… 42
  第五节 结构自振频率的实用计算方法 ……… 46
    一、能量法 …………………………………… 46
    二、折算质量法 ……………………………… 47
    三、顶点位移法 ……………………………… 48
    四、实用周期计算方法 ……………………… 49
  第六节 考虑扭转和地基与结构相互作用
         影响的水平地震作用计算 …………… 50
    一、考虑扭转的水平地震作用计算 ………… 50
    二、考虑地基与结构相互作用影响的水平
       地震作用计算 …………………………… 52
  第七节 结构竖向地震作用计算 ……………… 52
    一、高层建筑竖向地震作用
       计算 ……………………………………… 53
    二、大跨度结构竖向地震作用计算 ………… 53
  第八节 结构非弹性地震反应分析简介 ……… 54
    一、非弹性时程分析方法 …………………… 54
    二、结构静力弹塑性分析 …………………… 55
  第九节 结构抗震验算 ………………………… 56

  一、结构抗震验算的一般原则 …… 56
  二、结构抗震计算方法的确定 …… 57
  三、截面抗震验算 …… 57
  四、多遇地震作用下结构的弹性变形
    验算 …… 58
  五、罕遇地震作用下结构的弹塑性变形
    验算 …… 59
 小结 …… 61
 思考题 …… 61
 习题 …… 62

第四章 多层和高层钢筋混凝土房屋的抗震设计 …… 63
 第一节 震害现象及其分析 …… 63
  一、结构布置不合理引起的震害 …… 63
  二、场地影响产生的震害 …… 64
  三、框架结构的震害 …… 65
  四、抗震墙的震害 …… 66
 第二节 抗震设计的一般规定 …… 67
  一、结构体系选择及最大适用高度 …… 67
  二、钢筋混凝土结构的抗震等级 …… 67
  三、防震缝的设置 …… 69
  四、建筑设计和建筑结构的规则性 …… 69
  五、结构布置 …… 70
 第三节 框架结构的抗震设计 …… 72
  一、地震作用计算 …… 72
  二、框架内力和侧移的计算 …… 73
  三、框架结构截面抗震验算 …… 79
  四、框架结构的抗震构造措施 …… 84
 第四节 抗震墙结构的抗震设计 …… 89
  一、抗震墙的破坏形态 …… 89
  二、抗震墙的内力设计值 …… 90
  三、抗震墙结构的抗震构造措施 …… 91
 第五节 框架-抗震墙结构的抗震设计 …… 93
  一、框架-抗震墙结构设计的基本思想 …… 93
  二、基本假定及计算简图 …… 95
  三、框架-抗震墙结构简化计算要点 …… 95
  四、框架-抗震墙结构的截面抗震验算 …… 97
  五、框架-抗震墙结构的抗震构造措施 …… 98
 第六节 抗震设计实例 …… 99
 小结 …… 102
 思考题 …… 103
 习题 …… 103

第五章 多层砌体房屋和底部框架-抗震墙砌体房屋的抗震设计 …… 104
 第一节 震害现象及其分析 …… 104
  一、多层砌体房屋的震害及其分析 …… 105
  二、底部框架-抗震墙砌体房屋的震害
    及其分析 …… 107
 第二节 抗震设计的一般规定 …… 108
  一、砌体房屋总高度及层数 …… 109
  二、结构布置 …… 109
  三、房屋的最大高宽比 …… 110
  四、抗震横墙的间距 …… 111
  五、房屋局部尺寸 …… 111
 第三节 多层砌体房屋的抗震设计 …… 112
  一、计算简图 …… 112
  二、楼层地震剪力的计算与分配 …… 112
  三、墙体抗震强度验算 …… 114
  四、抗震构造措施 …… 116
 第四节 底部框架-抗震墙房屋的抗震设计 …… 121
  一、底部框架-抗震墙砌体房屋的抗震设计
    要点 …… 121
  二、底部框架-抗震墙砌体房屋的抗震构造
    措施 …… 123
 第五节 抗震设计实例 …… 124
 小结 …… 128
 思考题 …… 128
 习题 …… 128

第六章 多层和高层钢结构房屋的抗震设计 …… 129
 第一节 多高层钢结构建筑主要震害现象
    及其分析 …… 129
  一、多高层钢结构的主要震害特征 …… 129
  二、钢结构房屋的抗震性能 …… 132
 第二节 抗震设计的一般规定 …… 133
  一、多高层钢结构的体系与结构布置 …… 133
  二、钢结构房屋的结构选型 …… 136
  三、钢结构房屋的抗震等级 …… 137
  四、结构的平、立面布置 …… 137
  五、结构布置的其他要求 …… 139
 第三节 多层和高层钢结构房屋的抗震设计 …… 140
  一、一般计算原则 …… 140
  二、地震作用下钢结构的内力与位移
    计算 …… 141
  三、钢结构构件与连接的抗震承载力
    验算 …… 143
 第四节 多层钢结构房屋的抗震构造要求 …… 146
  一、钢框架结构抗震构造措施 …… 146
  二、钢框架-中心支撑结构抗震构造

措施 …………………………………… 149
　二、钢框架-偏心支撑结构抗震构造
　　　措施 …………………………………… 150
第五节　多层钢结构厂房抗震设计 ………… 152
　一、多层钢结构厂房的结构体系与
　　　布置 …………………………………… 152
　二、多层钢结构厂房的抗震计算要点 …… 153
　三、多层钢结构厂房的抗震构造措施 …… 154
小结 …………………………………………… 155
思考题 ………………………………………… 155

第七章　单层工业厂房的抗震设计 ………… 156
　第一节　震害现象及其分析 ………………… 156
　　一、单层钢筋混凝土柱厂房 ……………… 156
　　二、单层钢结构厂房 ……………………… 158
　　三、单层砖柱厂房 ………………………… 159
　第二节　抗震设计的一般规定 ……………… 160
　　一、单层钢筋混凝土柱厂房抗震设计的
　　　　一般规定 ……………………………… 160
　　二、单层钢结构厂房抗震设计的一般
　　　　规定 …………………………………… 161
　　三、单层砖柱厂房抗震设计的一般
　　　　规定 …………………………………… 161
　第三节　单层钢筋混凝土柱厂房的抗震
　　　　　设计 ………………………………… 162
　　一、地震作用分析 ………………………… 162
　　二、截面抗震验算 ………………………… 166
　　三、抗震构造措施 ………………………… 169
　第四节　单层钢结构厂房的抗震设计 ……… 172
　　一、地震作用计算和截面抗震验算 ……… 172
　　二、抗震构造措施 ………………………… 173
　第五节　单层砖柱厂房的抗震设计 ………… 175
　　一、地震作用计算和截面抗震验算 ……… 175
　　二、抗震构造措施 ………………………… 177
　小结 …………………………………………… 179
　思考题 ………………………………………… 180

第八章　桥梁结构的抗震设计 ………………… 181

　第一节　震害现象及其分析 ………………… 181
　第二节　抗震设计的一般规定 ……………… 183
　　一、桥梁结构抗震设防的目标、分类和
　　　　标准 …………………………………… 183
　　二、抗震设计的一般规定 ………………… 184
　第三节　桥梁工程抗震设计 ………………… 185
　　一、桥梁抗震设计流程 …………………… 185
　　二、抗震概念设计 ………………………… 186
　　三、桥梁延性抗震设计 …………………… 189
　　四、地震反应分析 ………………………… 192
　　五、强度变形与验算 ……………………… 194
　　六、抗震措施 ……………………………… 196
　　七、特殊桥梁抗震设计 …………………… 196
　小结 …………………………………………… 199
　思考题 ………………………………………… 199

第九章　隔震、减震房屋设计 ………………… 200
　第一节　概述 ………………………………… 200
　第二节　隔震结构设计 ……………………… 201
　　一、隔震设计原理 ………………………… 201
　　二、隔震层的设置要求 …………………… 201
　　三、基础隔震装置的分类 ………………… 202
　　四、隔震体系的计算方法 ………………… 203
　　五、结构的隔震措施 ……………………… 204
　第三节　减震结构设计 ……………………… 206
　　一、减震设计原理 ………………………… 206
　　二、减震层的设置要求 …………………… 206
　　三、减震体系的计算方法 ………………… 207
　　四、结构的减震措施 ……………………… 208
　小结 …………………………………………… 208
　思考题 ………………………………………… 208

附录 …………………………………………… 209
　附录A　中国地震烈度表（2008年）……… 209
　附录B　我国主要城镇抗震设防烈度、
　　　　　设计基本地震加速度和设计地
　　　　　震分组 ……………………………… 211

参考文献 ……………………………………… 222

第一章 绪 论

【知识目标】
- 了解地震的基础知识、地震的成因与类型以及世界和我国的地震活动概况
- 理解地震区划及地震的活动性与地震震害,理解概念设计的重要性
- 掌握地震波的特点及地震强度的度量,掌握三水准设防目标和两阶段设计方法
- 掌握建筑物的重要性分类和抗震设防标准

【能力目标】
- 能解释地震成因与类型,能说出世界及我国的地震活动概况
- 能解释地震波的特点及震级、烈度的概念,能根据三水准设防目标和两阶段设计方法进行工程抗震设防
- 能根据建筑物的重要性分类采用不同的抗震设防标准

开章语 地震是一种灾害性的自然现象。根据统计,全世界每年发生大约 500 多万次地震。其中绝大部分地震是人们感觉不到的微小地震,只有灵敏的仪器才能测量到它们的活动;人们能感觉到的地震称为有感地震,占地震总数的 1% 左右;能够造成灾害的强烈地震为数更少,平均每年发生十几次。强烈的地震会引起地震区地面的剧烈摇晃和颠簸,并会危及人民生命财产安全和造成工程建筑物的破坏。此外还可能引起海啸、火灾、水灾、滑坡塌方、泥石流等次生灾害,这些都会给人类造成灾难。

第一节 地震与地震活动

一、地震的基础知识

1. 地球的构造

地球是一个平均半径约 6370km 的近似球体的椭球体。从物质成分和构造特征来划分,地球可以分为三大部分(图 1-1):地表面很薄的一层叫地壳,平均厚度 30~40km;中间很厚的一层叫地幔,厚度约 2900km;最里面的一层叫地核,半径约 3500km。

地壳是地球的外壳,由各种不均匀的岩石组成。地壳的下界称为莫霍界面,或者莫霍不连续面,是一个地震波传播速度发生急剧变化的不连续面。地壳各处厚薄不一,相差也很大,约为 5~70km。

地壳以下到约 2895km 的古登堡界面为止的部分称为地幔,约占地球体积的 5/6。地幔主要由质地坚硬的黑色橄榄岩组成。地幔的岩石层以下存在着一个厚约几百公里的软流层,该层物质呈塑性状态并且具有黏弹性性质。由于温度和压力分布的不均匀,就发生了地幔内部物质的对流,地幔内的物质就是在这样的热状态与不均衡的压力作用下缓慢地流动着。古登堡界面以下直到地心的部分称为地核,地核可分为内核和外核,主要构成物质是镍和铁。

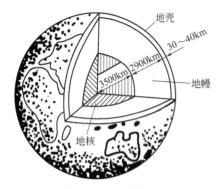

图 1-1 地球的构造

2. 地震的成因与类型

从地震的成因来分，可以分为构造地震、火山地震、塌陷地震三种。

构造地震是由于地应力在某一地区逐渐增加，岩石变形也不断增加到一定程度，在岩石比较薄弱的地方突然发生断裂错动，原来积累的应变能突然释放，以波的形式在地层中传播，这就产生了地震。构造地震占地震发生总数的 90% 以上，工程上通常讨论的就是构造地震。

火山地震是指由于火山喷发，岩浆猛烈冲出地面而引起的地震。这类地震一般强度不大，影响范围和造成破坏的程度均比较小，主要分布在环太平洋、地中海以及东非等地带，其数量约占全球地震总数的 7% 左右。

塌陷地震是由于地表或地下岩层，突然发生大规模的陷落和崩塌时所引起的小范围内的地面震动。塌陷地震主要由重力引起，其释放的能量与波及的范围均很小，主要发生在石灰岩地区较大的地下溶洞或古旧矿坑地质条件的地区，数量约占全球地震总数的 3% 左右。

此外，人工爆破、矿山开采、水库储水、深井注水等原因也可引发地震，称诱发地震。

地震就是地球内部某处岩层突然破裂，或者局部岩层塌陷、火山爆发等发生了震动，并以波的形式传到地表引起地面的颠簸和摇晃，从而引起地面的运动。图 1-2 描述了地震空间位置的常用术语。发生地震的地方叫震源。震源在地表的投影叫震中。震源至地面的垂直距离叫震源深度。地面某处到震源的距离称为震源距。震中周围地区称为震中区。地震时震动最剧烈、破坏最严重的地区称为极震区，极震区一般位于震中附近。

通常把震源深度在 60km 以内的地震叫浅源地震，60～300km 以内的地震叫中源地震，300km 以上的地震叫深源地震。世界上的绝大部分地震都是浅源地震，震源深度集中在 5～20km 左右，中源地震比较少，而深源地震为数更少。一般来说，对于同样大小的地震，当震源较浅时波及范围较小，而破坏程度较大；反之则波及范围较大，破坏程度相对较小。破坏性地震一般是浅源地震。如唐

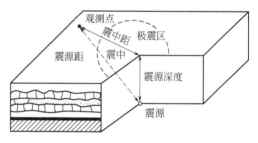

图 1-2 地震术语示意图

山地震（1976 年 7 月 28 日）和汶川地震（2008 年 5 月 12 日）的震源深度均为 10～20km 左右。目前世界上记录到的最深的地震，震源深度约为 700km。

二、地震活动

1. 世界的地震活动

地震是一种随机现象，但从统计的角度，地震的时空分布呈现某种规律性。在地理位置上，地震震中呈带状分布，集中于一定的区域；在时间过程上，地震活动疏密交替，能够区分出相对活跃期和相对平静期。

20 世纪初，科学家们在遍访各大洲、进行宏观地震资料调查的基础上，编制了世界地震活动图。以后，又根据地震台的观测数据编出了较精确的世界地震分布图，见图 1-3。从图中可以看到，地球上有以下两个主要地震带：

（1）环太平洋地震带 该地震带的地震活动最强，全球约 80% 的浅源地震和 90% 的中

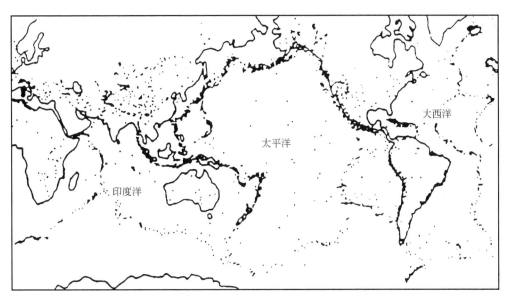

图 1-3 世界地震震中分布略图

源地震,以及几乎所有的深源地震都集中在这一地震带。它沿南北美洲西海岸、阿留申群岛、转向西南到日本列岛;然后分为东西两支,西支经过我国台湾省、菲律宾至印度尼西亚,东支经过马里亚纳群岛至新几内亚;两支会合后,经所罗门群岛至汤加,再向南转向新西兰。

(2) 欧亚地震带(地中海-南亚地震带) 这一活动带的震中分布大致与山脉走向一致。它西起大西洋的亚速岛,经意大利、土耳其、伊朗、印度北部、我国西部和西南地区,过缅甸至印度尼西亚与环太平洋地震带相衔接。除分布在环太平洋地震活动带的中深源地震以外,几乎所有其他中深源地震和一些大的浅源地震都发生在这一地震活动带。

此外,沿北冰洋、大西洋和印度洋中存在的一些洋脊地震带,沿着洋底的隆起的山脉延伸;还有地震相当活动的断裂谷,如东非洲和夏威夷群岛等。

2. 我国的地震活动

我国东临环太平洋地震带,南接欧亚地震带,地震区域分布很广,是一个多地震的国家。图 1-4 给出了我国历史上震级大于 6 级的地震活动分布图,由图可见,地震活动呈现带状分布,主要地震带有两条:

(1) 南北地震带 北起贺兰山,向南经六盘山、穿越秦岭沿川西至云南省东北,纵贯南北。地震带宽度各处不一,大致在数十至上百公里左右,分界线是由一系列规模很大的断裂带及断陷盆地组成,构造相当复杂。

(2) 东西地震带 主要有两条,北面的一条是沿陕西、山西、河北北部向东延伸,直至辽宁北部的千山一带;南面的一条是自帕米尔起经昆仑山、秦岭,直到大别山区。

由此,我国大致可划分成 10 个地震活动区:①台湾及其附近海域地震区;②南海地震区;③华南地震区;④华北地震区;⑤东北地震区;⑥青藏高原南部地震区;⑦青藏高原中部地震区;⑧青藏高原北部地震区;⑨新疆中部地震区;⑩新疆北部地震区。

综合以上,由于我国所处的地理环境,使得地震情况比较复杂。从历史地震状况来看,全国除个别省份外,绝大部分地区都发生过较强的破坏性地震,有不少地区地震活动仍相当强烈,如我国台湾、新疆、西藏,西南、西北,华北和东南沿海地区都是破坏性地震多发的地区。我国地震带的分布是制定中国地震重点监视防御区的重要依据。

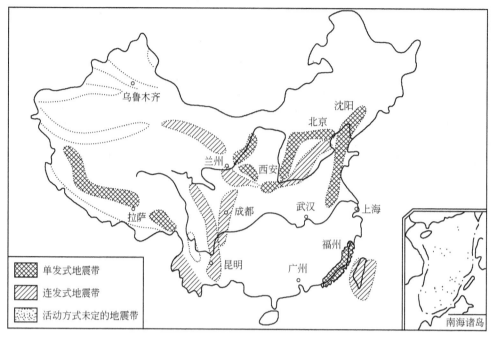

图 1-4 中国地震分布示意图

第二节 地震强度与地震区划

一、地震强度

1. 地震波

地震引起的振动以波的形式从震源向各个方向传播并释放能量，这就是地震波。地震波是震源辐射的弹性波，根据其在地壳中传播的路径不同，可以分为在地球内部传播的体波和只限于在地面附近传播的面波。

体波又可以根据介质质点振动方向与波传播方向的不同分为纵波和横波。

纵波是由震源向四周传递的压缩波，质点的振动方向与波的传播方向一致，如图 1-5(a)所示，它可以在固体和液体里传播。纵波的特点是周期短、振幅小、波速快，在地面上引起上下颠簸。由于其波速快，在地震发生时最先到达，因此也叫初波、P 波（Primary wave）。

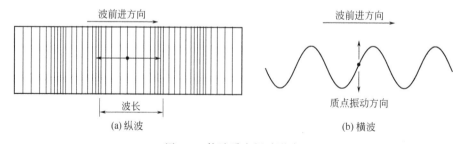

图 1-5 体波质点振动形式

横波是由震源向四周传递的剪切波，质点的振动方向与波的前进方向垂直，如图 1-5(b)所示。由于横波的传播过程是介质不断受剪变形的过程，因此横波只能在固体介质中传播。横波的特点一般表现为周期较长、振幅较大、波速较慢，引起地面水平方向的运动。由于横波波速较慢，在地震发生时到达的时间比纵波晚，因此也称为次波、S波（Secondary wave）。

根据弹性理论，纵波传播波速 v_P 和横波传播波速 v_S 可分别按下列公式计算：

$$v_P = \sqrt{\frac{E(1-\nu)}{\rho(1+\nu)(1-2\nu)}} \tag{1-1}$$

$$v_S = \sqrt{\frac{E}{2\rho(1+\nu)}} = \sqrt{\frac{G}{\rho}} \tag{1-2}$$

式中，E、G 分别为介质的弹性模量和剪切模量；ρ 为介质的密度；ν 为介质的泊松比。在一般情况下，取 $\nu=0.25$ 时，

$$v_P = \sqrt{3}\, v_S \tag{1-3}$$

地表以下是多层介质，体波经过分层介质界面时，要产生反射和折射现象。经过多次反射和折射，地震波向上传播时逐渐转向垂直入射于地面，如图1-6所示。

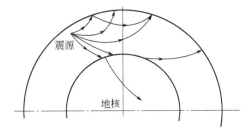

图1-6 体波传播途径示意图

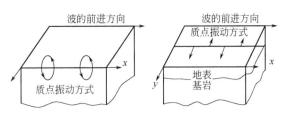

图1-7 面波质点振动示意图

面波是体波经地层界面多次反射形成的次生波，它包括瑞雷波（R波）和乐甫波（L波）两种形式。瑞雷波传播时，质点在波的传播方向和地表面法向所组成的平面内做与波前进方向相反的椭圆运动；乐甫波传播时，质点在地平面内产生与波前进方向相垂直的运动，在地面上表现为蛇形运动，见图1-7。面波的传播速度较慢，周期长、振幅大、衰减慢，故能传播到很远的地方。面波使地面既产生垂直振动又产生水平振动。

地震波的传播速度以纵波最快，横波次之，面波最慢。所以在一般地震波记录上，纵波最先到达，横波次之，面波到达最晚，一般当横波或面波到达时地面震动最强烈。

2. 地震强度度量

（1）地震震级　地震震级是表征地震强弱的指标，是地震中震源释放能量多少的尺度，是地震的基本参数之一，是地震预报和其他有关地震工程学研究中的一个重要参数。通常用地震时地面运动的振幅来确定地震震级。目前国际上比较通用的是里氏震级，最早是由美国学者里克特（C.F.Richter）于1935年提出的，其概念为：采用标准地震仪（周期为0.8s，阻尼系数为0.8，放大倍率为2800倍的地震仪），在距离震中100km处记录到的以微米为单位的最大水平地面位移的常用对数值来表示震级的大小，即

$$M = \lg A \tag{1-4}$$

式中　M——地震震级，通常称为里氏震级；

　　　A——由地震仪记录到的地震曲线图上的最大振幅。

实际上地震发生时距震中100km处不一定有地震仪，且观测点也不一定采用标准地震仪。

因此，对于距震中不是100km，且采用非标准地震仪所确定的震级，需要进行适当修正。

一次地震只有一个震级，利用震级可以估计出一次地震所释放出的能量，震级M与地震释放的能量E（单位为尔格）之间有如下关系：

$$\lg E = 11.8 + 1.5M \tag{1-5}$$

上式表明，震级相差一级，能量相差约32倍。

一般来说，小于2级的地震，人们感觉不到，只有仪器才能记录下来，称为微震；2～4级地震，震中附近有感，称为有感地震；5级以上的地震，能引起不同程度的破坏，称为破坏地震；7级以上的地震，称为强烈地震；8级以上的地震叫做特大地震。到目前为止，世界上记录到的最大地震的震级为8.9级，为1960年发生于南美洲的智利和2004年发生于印度尼西亚苏门答腊岛附近海域的两次大地震。

（2）地震烈度　地震烈度I是指某一地区的地面和各类建筑物遭受一次地震影响的强弱程度，是衡量地震引起的后果的一种度量，目前主要是根据地震时人们的感觉、器物的反应、建筑物破损程度和地貌变化特征等宏观的地震影响和破坏现象及水平向地震动参数（峰值加速度、峰值速度）来综合判定。因此，地震烈度是地震破坏作用大小的一个总的评价。对于一次地震来说，震级只有一个，但相应这次地震的不同地区则有不同的地震烈度。一般说来，震级越大，震中烈度越高；距震中越远，地震影响越小，地震烈度越低。

为评定地震烈度而建立起来的标准叫做地震烈度表。目前我国和世界上绝大多数国家采用的是划分为12度的烈度表，见附录A。

（3）震级与震中烈度的关系　震中烈度一般可看做是地震大小和震源深度两者的函数。对于浅源地震（震源在10～30km），震中烈度I_0与震级M的大致对照关系见表1-1。

表1-1　震中烈度与震级的大致关系

震级M	2	3	4	5	6	7	8	8以上
震中烈度I_0	1～2	3	4～5	6～7	7～8	9～10	11	12

上面的对照关系也可以用经验公式给出：

$$M = 0.58 I_0 + 1.5 \tag{1-6}$$

二、地震区划

地震区划就是地震区域的划分，地震区划图是指在地图上按地震情况的差异，划分不同的区域。工程抗震的目标是减轻工程结构地震破坏，降低地震灾害损失。减轻灾害的有效措施就是对已有工程进行抗震加固和对新建工程进行抗震设防。由于地震在发生的空间、强度、时间等方面有很大的随机性，因此目前采取的方法是基于概率含义的地震预测。该方法将地震的发生及其影响视为随机现象，根据区域地质构造、地震活动性和历史地震资料，划分潜在震源区，分析震源地震活动性，确定地震衰减规律，利用概率方法评价某一地区未来一定期限内遭受不同强度地震影响的可能性，给出以概率形式表达的地震烈度区划。

我国于2001年8月颁布了《中国地震动参数区划图》（GB 18306—2001），该图根据地震危险性分析方法，提供了Ⅱ类场地上，50年超越概率为10%的地震动参数，给出了地震动峰值加速度分区图和地震动反应谱特征周期分区图。《建筑抗震设计规范》（GB 50011—2010）提供了与《中国地震动参数区划图》相对应的我国主要城市地震动参数值，作为工程结构抗震设防的依据，详见附录B。

第三节 地震的活动性与地震震害

一、地震的活动性

(1) 地震作用的随机性 就目前对地震的认识水平而言，地震的发生和地震作用的特性都不能精确地给出，必须以概率为基础进行推测。我国现行的《建筑抗震设计规范》(GB 50011—2010) 提出了三个烈度水准的设防要求，就是运用概率的方法对抗震规范中的"小震"、"设防烈度地震"和"大震"的概率意义和取值进行了分析而得出的。

(2) 地震作用随建筑结构特性变化而变化的特性 对于一个具体的建筑结构，在地面运动下，该结构将发生振动，在结构上的各个点将会发生位移、速度和加速度。结构的地震作用和结构的振动密切相关，而结构的振动和结构的质量分布、结构的刚度分布有关。

(3) 地震作用的短时性和往复性 一次地震引起的地面运动时间通常只有几十秒钟，而出现对结构振动影响较大的包含波峰的主振动则更短。地面运动的另一特点是当地面运动在某一方向达到峰值后，该方向的振动马上会减小。由于地震作用的短时性和往复性，地震作用下结构的破坏过程和静力荷载作用下结构的破坏过程是不一样的。

(4) 地震作用的复杂性 地震作用和地面运动的特性密切相关，而地面运动的特性则和发震机制、离开震中的距离、传播途径、场地土特性、局部地形等有关。

地震作用还与结构动力特性及其变化有关。对于高层建筑或者基础埋得较深的建筑，地震作用还与结构-基础-土体整体系统的动力特性和耗能特性有关。

鉴于地震作用的复杂性，仅仅通过抗震计算无法确保房屋抗震设防目标的实现，而抗震概念设计和抗震构造措施是除抗震计算以外的另两个重要手段。

二、地震震害

地震因为其发生突然、破坏惨重而被认为是威胁人类生存和发展的最大自然灾害之一。对地震震害进行分析可以发现，地震震害主要表现在三个方面，即地表破坏、建筑物破坏和因地震而引起的各种次生灾害。

1. 地表破坏

地震引起的地表破坏有地面裂缝、喷砂冒水、地陷及滑坡塌方等。

地面裂缝的数量、长短、深浅等与地震的强烈程度、地表情况、受力特征等因素有关，按成因可分为两种：一种为不受地形地貌影响的构造裂缝，这种裂缝是地震断裂带在地表的反映，其走向与地下断裂带一致，规模较大，裂缝带长可达几公里至几十公里，带宽几米到几十米；另一种为受地形、地貌、土质条件等限制的非构造裂缝，大多数沿河岸、陡坡边缘、沟坑四周和埋藏的古河道分布，即在地质松软的地方产生交错裂缝，大小形状不一，规模也较前一种小。地面裂缝往往都是地表受到挤压、伸张、旋扭等力作用的结果。地面裂缝穿过房屋会造成墙和基础的断裂或错动，严重时会造成房屋的倒塌。

地震时引起的喷砂冒水现象一般发生在沿海或地下水位较高的地区，地震的强烈震动会使含水层受到挤压，含水粉细砂层液化，地下水夹着砂子经裂缝或土质松软的地方喷出地面，形成喷砂冒水现象；地陷大多数发生在岩洞和地下采空地区（如采掘的地下坑道等），在喷砂冒水地段，也可能发生下陷；地震时引起的滑坡塌方常常发生在陡峭的山区，在强烈地震的摇动下，由于陡崖失去稳定而引起塌方、山体滑坡、山石滚落等现象。

2. 建筑物破坏

地震时各类建筑物所遭遇的破坏是造成人民生命财产损失的主要原因，其破坏类型与结构类型及抗震措施密切相关，是抗震工作的主要研究对象。主要破坏情况有以下三种：

(1) 建筑物的承重结构承载力不足及变形过大而造成的破坏　地震时，地震作用附加于建筑物或构筑物上，使其内力及变形增大，受力方式发生改变，导致建筑物或构筑物的承载力不足或变形过大而破坏。如墙体出现裂缝，钢筋混凝土柱剪断或混凝土被压酥裂，房屋倒塌等。

(2) 结构丧失整体性而造成的破坏　结构构件的共同工作主要由各个构件之间的连接和构件之间的支撑来保证。地震作用下，由于节点强度不足、延性不够、锚固质量差等使结构丧失整体性而造成破坏。

(3) 地基失效引起的破坏　在强烈地震作用下，有些建筑物上部结构本身并无损坏。但是却由于地面裂缝、砂土液化、软土震陷等使得地基承载力下降，建筑物发生不均匀沉降，造成倾斜、倒塌破坏。

3. 次生灾害

在地震工程中，一般把由地震造成的直接灾害称为一次灾害，如建筑物的倒塌、地面破坏等；把由一次灾害诱发的灾害称为次生灾害。地震的次生灾害有火灾、水灾、海啸、滑坡、泥石流、毒气污染等。这种由于地震引起的间接灾害，有时比地震直接造成的损失还要大。如1923年日本关东大地震，倒塌房屋13万幢，震后引起的火灾却烧毁房屋45万幢；2004年12月26日印度尼西亚苏门答腊岛附近海域发生的8.9级特大地震，触发的海啸席卷了印度洋沿岸多国，死亡及失踪27万余人；2008年5月12日我国四川汶川地区发生的8.0级地震也产生了严重的次生灾害，川北特殊的地质条件引发了大量的山体滑坡，很多建筑物（包括桥梁）被滑落的各类山体埋掉或砸毁。

第四节　工程抗震设防

一、三水准的抗震设防准则

抗震设防就是指对建筑物进行抗震设计，并采取一定的构造措施，以达到结构抗震的效果和目的。工程抗震设防的基本目的就是在一定的经济条件下，最大限度地限制和减轻建筑物的地震破坏，保障人民生命财产的安全。为了实现这一目的，我国《建筑抗震设计规范》提出了"小震不坏，中震可修，大震不倒"三个水准的抗震设防目标。

第一水准：当遭受低于本地区抗震设防烈度的多遇地震（小震）影响时，主体结构不受损坏或不需修理可继续使用；

第二水准：当遭受相当于本地区抗震设防烈度的地震（中震）影响时，主体结构可能发生损坏，但经一般性修理仍可继续使用；

第三水准：当遭受高于本地区抗震设防烈度的罕遇地震（大震）影响时，主体结构不致倒塌或发生危及生命的严重破坏。

我国对小震、中震、大震规定了具体的超越概率水准。根据对我国几个主要地震区的地震危险性分析，认为我国地震烈度的概率分布符合极值Ⅲ型分布（如图1-8所示），概率密度函数为

$$f(I) = \frac{k(\omega - I)^{k-1}}{(\omega - \varepsilon)^k} \cdot e^{-\left(\frac{\omega - I}{\omega - \varepsilon}\right)^k} \tag{1-7}$$

式中　k——形状参数，取决于一个地区地震背景的复杂性；

ω——地震烈度上限值，取 $\omega = 12$；

ε——地震概率密度曲线上峰值所对应的强度。

地震烈度概率密度函数曲线的具体形状参数取决于设定的分析年限和具体地点。从概率统计上说，小震烈度是指发生机会较多的地震，故可将其定义为烈度概率密度函数曲线峰值点所对应的烈度，即众值烈度（亦称多遇烈度）。当分析年限取 50 年时，上述概率密度曲线的峰值点所对应的被超越概率为 63.2%。而全国地震区划图所规定的各地的基本烈度，可取为中震对应的烈度。它在 50 年内的超越概率一般为 10%。大震烈度是指罕遇地震烈度，它所对应的地震烈度在 50 年内的超越概率约为 2%~3%。根据统计分析，多遇烈度比基本烈度约低 1.55 度，而罕遇烈度比基本烈度约高 1 度。

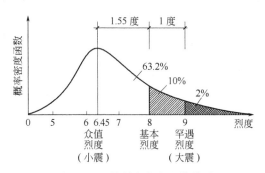

图 1-8 三种烈度含义及其关系

我国采用 6 度起设防的方针。《建筑抗震设计规范》对我国主要城镇中心地区的抗震设防烈度、设计地震加速度值给出了具体规定，见本书附录 B。另外，为了反映潜在震源远近的影响，规范还同时给出了所在城镇的设计地震分组。这一划分使地震作用的计算更为细致。

二、二阶段的抗震设计方法

《建筑抗震设计规范》采用了两阶段设计方法以实现上述三个水准的抗震设防要求。

第一阶段设计：按多遇地震烈度对应的地震作用效应和其他荷载效应的组合验算结构构件的承载能力和结构的弹性变形，这样，既满足了在第一水准下具有必要的承载力可靠度，又满足了第二水准的损坏可修的目标。对于大多数结构，可只进行第一阶段设计，而通过概念设计和抗震构造措施来满足第三水准的要求。

第二阶段设计：按罕遇地震烈度对应的地震作用效应验算结构的弹塑性变形。对特殊要求的建筑、地震时易倒塌的结构以及有明显薄弱层的不规则结构，除进行第一阶段设计外，还要进行结构薄弱部位的弹塑性层间变形验算并采取相应的抗震构造措施，实现第三水准的设防要求。

三、建筑物重要性分类和设防标准

1. 建筑物重要性分类

不同使用性质的建筑物，地震破坏造成后果的严重性是不一样的。因此，建筑物的抗震设防应根据其使用功能的重要性和破坏后果采用不同的设防标准。我国现行国家标准《建筑工程抗震设防分类标准》(GB 50223—2008) 将建筑工程按其重要性分为四个抗震设防类别：

(1) 特殊设防类 指使用上有特殊设施，涉及国家公共安全的重大建筑工程和地震时可能发生严重次生灾害等特别重大灾害后果，需要进行特殊设防的建筑。简称甲类。

(2) 重点设防类 指地震时使用功能不能中断或需尽快恢复的生命线相关建筑，以及地震时可能导致大量人员伤亡等重大灾害后果，需要提高设防标准的建筑。简称乙类。教育建筑中，幼儿园、小学、中学的教学用房以及学生宿舍和食堂，抗震设防类别应不低于重点设防类。

(3) 标准设防类 指大量的除 (1)、(2)、(4) 条以外按标准要求进行设防的建筑。简称丙类。

(4) 适度设防类 指使用上人员稀少且震损不致产生次生灾害，允许在一定条件下适度降低要求的建筑。简称丁类。

2. 抗震设防标准

对于不同的抗震设防类别，在进行建筑抗震设计时，应采用不同的抗震设防标准。

（1）特殊设防类　应按高于本地区抗震设防烈度提高一度的要求加强其抗震措施；但抗震设防烈度为9度时应按比9度更高的要求采取抗震措施。同时，应按批准的地震安全性评价的结果且高于本地区抗震设防烈度的要求确定其地震作用。

（2）重点设防类　应按高于本地区抗震设防烈度一度的要求加强其抗震措施；但抗震设防烈度为9度时应按比9度更高的要求采取抗震措施；地基基础的抗震措施，应符合有关规定。同时，应按本地区抗震设防烈度确定其地震作用。

（3）标准设防类　应按本地区抗震设防烈度确定其抗震措施和地震作用，严格控制施工质量，达到在遭遇高于当地抗震设防烈度的预估罕遇地震影响时不致倒塌或发生危及生命安全的严重破坏的抗震设防目标。

（4）适度设防类　允许比本地区抗震设防烈度的要求适当降低其抗震措施，但抗震设防烈度为6度时不应降低。一般情况下，仍应按本地区抗震设防烈度确定其地震作用。

第五节　抗震设计的总体要求

由于地震动的随机性，其复杂性和不确定性难于把握，加之建筑物的动力特性、场地条件、材料时效及阻尼变化等因素的不确定性，要准确预测建筑物所遭受地震的参数和特性，目前尚难做到。因此，合理的结构抗震设计，不能完全依赖"计算设计"，在很大程度上更取决于良好的"概念设计"。概念设计是依据历次震害总结出的规律性，既着眼于结构的总体地震反应，合理选择建筑体型和结构体系，又顾及关键部位的细节问题，正确处理细部构造和材料选用，灵活运用抗震设计思想，综合解决抗震设计基本问题。对于结构抗震设计来说，"概念设计"和"计算设计"具有同等重要的地位，其具体包括以下一些内容。

一、建筑场地的选择

地震造成建筑的破坏，除地震动直接引起结构破坏外，场地条件也是一个重要的原因，如地震引起的地表错动与地裂，地基土的不均匀沉陷、滑坡，粉、砂土液化等。因此，选择建筑场地时，应根据工程需要，掌握地震活动情况、工程地质和地震地质的有关资料，对抗震有利、一般、不利和危险地段做出综合评价（见表1-2）。对不利地段，应提出避开要求；当无法避开时应采取有效措施。对危险地段，严禁建造甲、乙类的建筑，不应建造丙类的建筑。

表1-2　有利、一般、不利和危险地段的划分

地段类别	地质、地形、地貌
有利地段	稳定基岩，坚硬土，开阔、平坦、密实、均匀的中硬土等
一般地段	不属于有利、不利和危险的地段
不利地段	软弱土，液化土，条状突出的山嘴，高耸孤立的山丘，陡坡、陡坎，河岸和河坡的边缘，平面分布上成因、岩性、状态明显不均匀的土层（含故河道、疏松的断层破碎带、暗埋的塘浜沟谷和半填半挖地基）等
危险地段	地震时可能发生滑坡、崩塌、地陷、地裂、泥石流等及发震断裂带上可能发生地表位错的部位

山区建筑场地应根据地质、地形条件和使用要求，因地制宜设置符合抗震设防要求的边坡工程；边坡应避免深挖高填，坡高大且稳定性差的边坡应采用后仰放坡或分阶放坡。

建筑场地为Ⅰ类时，甲、乙类建筑仍按本地区抗震设防烈度的要求采取抗震构造措施；丙类建筑允许按本地区抗震设防烈度降低一度的要求采取抗震构造措施，但抗震设防烈度为6度时，仍应按本地区抗震设防烈度的要求采取抗震构造措施。

二、地基和基础

地基基础的设计与施工方法应保证整个建筑均匀地承受水平地震的作用。因此，基础应

设计成具有良好的整体性。

同一结构单元不宜设置在性质截然不同的地基土上，也不宜部分采用天然地基，部分采用桩基；地基为软弱黏性土、液化土、新近填土或严重不均匀土层时，应估计地震时地基不均匀沉降或其他不利影响，并采取相应措施。山区建筑基础与土质、强风化岩质边坡的边缘应留有足够的距离，其值应根据抗震设防烈度的高低确定，并采取措施避免地震时地基基础破坏。

三、建筑结构的规则性

建筑结构的规则性是指建筑物的平、立面布置要对称、规则、质量与刚度变化均匀。表1-3和表1-4分别列举了平面不规则和竖向不规则的建筑类型。

表1-3 平面不规则的主要类型

不规则类型	定义
扭转不规则	在规定的水平力作用下，楼层的最大弹性水平位移（或层间位移），大于该楼层两端弹性水平位移（或层间位移）平均值的1.2倍
凹凸不规则	平面凹进的尺寸，大于相应投影方向总尺寸的30%
楼板局部不连续	楼板的尺寸和平面刚度急剧变化，例如，有效楼板宽度小于该层楼板典型宽度的50%，或开洞面积大于该层楼面面积的30%，或较大的楼层错层

表1-4 竖向不规则的主要类型

不规则类型	定义
侧向刚度不规则	该层的侧向刚度小于相邻上一层的70%，或小于其上相邻三个楼层侧向刚度平均值的80%；除顶层或出屋面小建筑外，局部收进的水平向尺寸大于相邻下一层的25%
竖向抗侧力构件不连续	竖向抗侧力构件（柱、抗震墙、抗震支撑）的内力由水平转换构件（梁、桁架等）向下传递
楼层承载力突变	抗侧力结构的层间受剪承载力小于相邻上一楼层的80%

结构规则、对称有利于减轻结构的地震扭转效应，减少应力集中现象，有利于抗震。而质量与刚度在平面上均匀变化，可以使结构的质量中心和刚度中心尽量接近，减小扭转效应对构件的破坏；质量与刚度沿高度均匀变化，则可以避免出现局部薄弱层。因此，建筑及其抗侧力结构的平面布置宜规则、对称、并应有良好的整体性。建筑的立面和竖向剖面宜规则，结构侧向刚度宜变化均匀，竖向抗侧力构件的截面尺寸和材料强度宜自下而上逐步减小，避免抗侧力结构的侧向刚度和承载力突变。对于不规则的建筑结构应进行相应的地震作用计算和内力调整，并对薄弱部位采取有效的抗震构造措施。对体型复杂、平立面特别不规则的建筑结构，要在适当部位设置防震缝，形成多个较规则的抗侧力结构单元。防震缝要留有足够的宽度，其两侧上部结构完全分开。当结构需要设置伸缩缝和沉降缝时，其宽度应符合防震缝的要求。对于不宜设置防震缝的体型复杂的建筑，则应进行较精细的结构抗震分析。

四、抗震结构体系的选择

结构体系是指结构抵抗外部作用的构件组成方式。结构体系要综合考虑，具体要求有：

（1）应具有明确的计算简图和合理的地震作用传递途径；

（2）宜有多道抗震设防，避免因部分结构或构件失效而导致整个体系丧失抗震能力或丧失对重力的承载能力；

（3）应具备必要的抗震承载力、良好的变形能力和消耗地震能量的能力；

（4）应综合考虑结构体系的实际刚度和强度分布，避免因局部削弱或突变而形成薄弱部位，避免产生过大的应力集中或塑性变形集中；

（5）结构在两个主轴方向的动力特性宜相近，对可能出现的薄弱部位，应采取措施改善其变形能力。

五、结构构件及连接的要求

结构构件应具有良好的延性，即有良好的变形能力和耗能能力。提高延性可以增加结构抗震潜力，增强结构抗倒塌能力，从某种意义上说，结构抗震的本质就是延性。

砌体结构应按规定设置钢筋混凝土圈梁和构造柱、芯柱，或采用配筋砌体等；混凝土结构构件应控制截面尺寸和纵向受力钢筋与箍筋的设置，防止剪切破坏先于弯曲破坏、混凝土的压溃先于钢筋的屈服、钢筋的锚固先于构件破坏；预应力混凝土构件，应配有足够的非预应力钢筋；钢结构构件应避免局部失稳或整个构件失稳；多、高层的混凝土楼、屋盖宜优先采用现浇混凝土板。当采用混凝土预制装配式楼、屋盖时，应从楼盖体系和构造上采取措施确保各预制板之间连接的整体性。此外，还应加强结构各构件之间的连接，以保证结构的整体性。抗震支撑系统应能保证地震时的结构稳定。

六、处理好非结构构件

非结构构件，包括建筑非结构构件和建筑附属机电设备，自身及其与结构主体的连接，均应进行抗震设计。

对建筑非结构构件，如女儿墙、维护墙、雨篷、门脸、封墙等，以及楼梯间的非承重墙体，应注意其与主体结构有可靠的连结和锚固，避免地震时倒塌伤人或砸坏重要设备；对框架结构的维护墙和隔墙，应考虑其设置对结构抗震的不利影响，避免其不合理的设置而导致主体结构的破坏；应避免吊顶在地震时塌落伤人；应避免贴镶或悬挂较重的装饰物，或采取可靠的防护措施。

安装在建筑上的附属机械、电气设备系统的支座和连接应符合地震时使用功能的要求。

七、结构分析

除特殊规定外，建筑结构应进行多遇地震作用下的内力和变形分析，假定构件处于弹性工作状态，内力和变形分析可采用线性静力方法或线性动力方法。对不规则且有明显薄弱部位，地震时可能导致严重破坏的建筑结构，应按要求进行罕遇地震作用下的弹塑性变形分析，可采用静力弹塑性分析或弹塑性时程分析方法，或采用简化方法。当结构在地震作用下的重力附加弯矩大于初始弯矩的10%时，应计入重力二阶效应的影响。

利用计算机进行结构抗震分析时，应确定合理的计算模型。计算模型的建立、必要的简化计算与处理，应符合结构的实际工作状况；计算中应考虑楼梯构件的影响。计算软件的技术条件应符合本规范及有关标准的规定，并应阐明其特殊处理的内容和依据。对复杂结构进行多遇地震作用下的内力和变形分析时，应取不少于两个的不同力学模型，并对其计算结果进行分析比较。所有计算机计算结果，应经分析判断确认其合理、有效后方可用于工程设计。

八、结构材料与施工质量

对材料和施工的要求，包括对结构材料性能指标的最低要求，材料代用方面的特殊要求以及对施工程序的要求。其主要的目的是减少材料的脆性，避免形成新的薄弱部位以及加强结构的整体性等。

从抗震角度讲，作为一种好的结构材料，应具备以下各项性能：①延性系数高；②强度与重力的比值大；③匀质性好；④正交各向同性；⑤构件的连接具有良好的整体性、连续性和延性，能充分发挥材料的强度。

结构材料性能指标，应符合下列最低要求：

（1）砌体结构材料应符合下列规定：烧结普通砖和烧结多孔砖的强度等级不应低于MU10，其砌筑砂浆强度等级不应低于M5；混凝土小型空心砌块的强度等级不应低于

MU7.5，其砌筑砂浆强度等级不应低于 Mb7.5。

（2）混凝土结构材料应符合下列规定

① 混凝土的强度等级，框支梁、框支柱及抗震等级为一级的框架梁、柱、节点核芯区，不应低于 C30；构造柱、芯柱、圈梁及其他各类构件不应低于 C20；且抗震墙不宜超过 C60，且 9 度时不宜超过 C60，8 度时不宜超过 C70。

② 普通钢筋宜优先采用延性、韧性和焊接性较好的钢筋；普通钢筋的强度等级，纵向受力钢筋宜选用符合抗震性能指标的 HRB400 级热轧钢筋，也可采用符合抗震性能指标的 HRB335 级热轧钢筋；箍筋宜选用符合抗震性能指标的不低于 HRB335 级的热轧钢筋，也可选用 HPB300 级热轧钢筋。钢筋的检验方法应符合现行国家标准《混凝土结构工程施工及验收规范》（GB 50204）的规定。

③ 抗震等级为一、二、三级的框架结构和斜撑构件（含梯段），其纵向受力钢筋采用普通钢筋时，钢筋的抗拉强度实测值与屈服强度实测值的比值不应小于 1.25；钢筋的屈服强度实测值与强度标准值的比值不应大于 1.3；且钢筋在最大拉力下的总伸长率实测值不应小于 9%。

（3）钢结构的钢材应符合下列规定

① 钢材的屈服强度实测值与抗拉强度实测值的比值不应大于 0.85；钢材应有明显的屈服台阶，且伸长率不应小于 20%；钢材应有良好的焊接性和合格的冲击韧性。

② 钢结构的钢材宜采用 Q235 等级 B、C、D 的碳素结构钢及 Q345 等级 B、C、D、E 的低合金高强度结构钢；当有可靠依据时，尚可采用其他钢种和钢号。

施工过程中，当需要以强度等级较高的钢筋替代原设计中的纵向受力钢筋时，应按照钢筋受拉承载力设计值相等的原则换算，并应满足最小配筋率、抗裂验算等要求；对钢筋接头及焊接质量应满足规范要求；对钢筋混凝土构造柱、芯柱和底部框架-抗震墙砌体房屋中的砌体抗震墙的施工，应先砌墙后浇构造柱、芯柱和框架梁柱，以保证施工质量。

小　　结

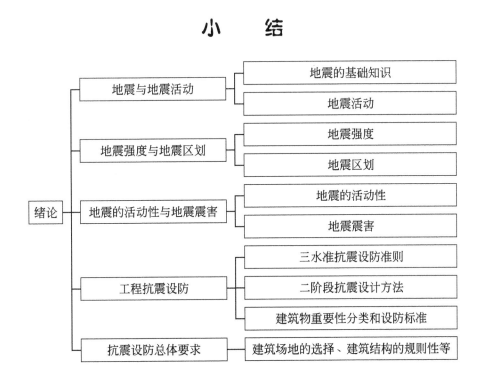

思考题

1. 地震按其成因可分为哪几种？
2. 什么是地震波？地震波包括哪几种波？
3. 震级和烈度有什么区别和联系？
4. 试说明我国《建筑抗震设计规范》的抗震设防目标及抗震设计方法。
5. 试论述概念设计与计算设计的关系。
6. 抗震设防分哪几类？分类的作用是什么？

第二章 场地、地基和基础

【知识目标】
- 了解场地对地震破坏的影响,掌握覆盖层厚度、土层等效剪切波速的概念及场地类别的划分方法
- 理解天然地基和基础的抗震验算,理解液化土地基的概念,掌握液化土地基的判别
- 了解液化土地基及软土地基的处理,了解桩基的抗震验算

【能力目标】
- 能解释场地对地震破坏的影响
- 能应用场地类别的划分方法和液化土地基的判别方法
- 能处理液化土地基及软土地基

开章语 场地即指工程群体所在地。场地、地基及基础对建筑物上部结构的震害有显著影响。本章就此展开讨论,分别介绍了场地类别的划分方法、天然地基和基础及桩基的抗震验算。并针对地基震害中的常见现象"液化地基"展开阐述,介绍了液化土地基的判别和处理方法。

第一节 场 地

一、场地及其对地震破坏的影响

场地即指工程群体所在地,具有相似的反应谱特征。其范围相当于厂区、居民小区、自然村或不小于 $1.0km^2$ 的平面面积。场地土则是指在场地范围内的地基土。

地震的震害现象表明,建筑场地的地质条件与地形地貌对建筑物震害有显著影响。在不同工程地质条件的场地上的建筑物在地震中的破坏程度是明显不同的;大致相同的工程地质条件,对不同类型建筑物的震害也是不同的。例如图 2-1 所示,为 1967 年委内瑞拉加拉加斯地震的震害调查统计结果,对我国的海城、唐山等大地震的宏观震害调查资料分析,也表现了类似的规律,即一般来说,房屋倒塌率随土层厚度的增加而增大;相对而言,土质愈软,覆盖层愈厚,建筑物震害愈严重,反之愈轻。

在进行建筑物场地选择时,应根据工程需要,掌握地震活动情况、工程地质和地震地质的有关资料,对抗震有利、一般、不利和危险地段做出综合评价(表 1-2),并采取相应措施。当需要在条状突出的山嘴、高耸孤立的山丘、非岩石和强风化岩石的陡坡、河岸和边坡边缘等不利地段建造丙类及丙类以上建筑时,除保证其在地震作用下的稳定性外,尚应估计不利地段对地震动可能产生的放大作用,其水平地震影响系数最大值应乘以增大系数。其值应根据不利地段的具体情况确定,在 1.1~1.6 范围内采用。

建筑物场地的选择要考虑局部地质条件(例如局部地形和局部地质构造)对建筑物的影响。局部孤突地形对震害具有明显的影响,孤突的山梁、孤立的山包、高差较大的台地等,

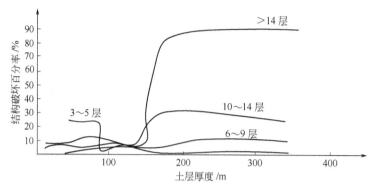

图 2-1 房屋破坏率与土层厚度的关系

都是明显影响震害的地形。此外,地下水位也影响建筑物的震害,震害现象表明,水位越浅,震害越重;地下水位对柔软土层的影响最大;地下水位较深时,则影响不再显著。

断裂带是地质构造上的薄弱环节,浅源地震往往与断裂活动有关,发震断裂带附近地表,在地震时可能产生新的错动,使建筑物遭受较大的破坏。若场地内存在发震断裂时,应对断裂的工程影响进行评价,符合下列规定之一者,可忽略发震断裂错动对地面建筑的影响:①抗震设防烈度小于8度;②非全新世活动断裂;③抗震设防烈度为8度和9度时,隐伏断裂的土层覆盖厚度分别大于60m和90m。若不符合上述规定,应避开主断裂带。其避让距离不宜小于表2-1的规定。

表 2-1 发震断裂的最小避让距离

烈 度	建筑抗震设防类别			
	甲	乙	丙	丁
8度	专门研究	200m	100m	—
9度	专门研究	400m	200m	—

二、场地类别的划分

地震发生时,在岩层中传播的地震波具有多种频率成分。在地震波通过土层向地表传播的过程中,与场地固有周期相一致的一些周期的地震波将被放大,当建筑物的固有周期与其相接近时,建筑物的振动会加大,相应的,震害加重。不同场地上的地震动频谱特征有明显的差别。一般认为,场地条件对建筑震害的影响主要因素是:场地土的刚性(即坚硬或密实程度)大小和场地覆盖层厚度。场地土的刚性一般用土的剪切波速表示,因为剪切波速是土的重要动力参数,是最能反映场地土的动力特性的。根据这一特点,我国《建筑抗震设计规范》将建筑场地划分为4个不同的类别,其中Ⅰ类分为I_0、I_1两个亚类,见表2-2。建筑场地的类别划分,是以土层等效剪切波速和场地覆盖层厚度为评价指标的。

表 2-2 各类建筑场地的覆盖层厚度　　　　　　　　　　单位:m

岩石的剪切波速或土层的等效剪切波速/(m/s)	场地类别				
	I_0	I_1	Ⅱ	Ⅲ	Ⅳ
$v_s > 800$	0				
$800 \geq v_s > 500$		0			
$500 \geq v_{se} > 250$			<5	≥5	
$250 \geq v_{se} > 150$			<3	3~50	>50
$v_{se} \leq 180$			<3	3~15	>15~80	>80

注:表中的v_s系岩石的剪切波速。

1. 覆盖层厚度

覆盖层厚度是指从地表面至地下基岩面的距离。建筑场地覆盖层厚度的确定，应符合下列要求：

（1）一般情况下，应按地面至剪切波速大于 500m/s 且其下卧各层岩土的剪切波速均不小于 500m/s 的土层顶面的距离确定。

（2）当地面 5m 以下存在剪切波速大于其上部各土层剪切波速 2.5 倍的土层，且该层及其下卧各层岩土的剪切波速均不小于 400m/s 时，可按地面至该土层顶面的距离确定。

（3）剪切波速大于 500m/s 的孤石、透镜体，应视同周围土层。

（4）土层中的火山岩硬夹层，应视为刚体，其厚度应从覆盖土层中扣除。

2. 土层等效剪切波速

土层的等效剪切波速，应按下列公式计算：

$$v_{se} = d_0 / \sum_{i=1}^{n}(d_i/v_{si}) \tag{2-1}$$

式中　d_0——计算深度，取覆盖层厚度和 20m 二者的较小值，m；

　　　d_i——计算深度范围内第 i 土层的厚度，m；

　　　v_{si}——计算深度范围内第 i 土层的剪切波速，m/s；

　　　n——计算深度范围内土层的分层数。

对丁类建筑及层数不超过 10 层且高度不超过 24m 的丙类建筑，当无实测剪切波速时，可根据岩土名称和性状，按表 2-3 划分土的类型，再利用当地经验在表 2-3 的剪切波速范围内估计各土层的剪切波速。

表 2-3　土的类型划分和剪切波速范围

土的类型	岩土名称和性状	土层剪切波速范围/(m/s)
岩石	坚硬、较硬且完整的岩石	$v_s > 800$
坚硬土或软质岩石	破碎和较破碎的岩石或软和较软的岩石，密实的碎石土	$800 \geq v_s > 500$
中硬土	中密、稍密的碎石土，密实、中密的砾、粗、中砂，$f_{ak} > 150$ 的黏性土和粉土，坚硬黄土	$500 \geq v_s > 250$
中软土	稍密的砾、粗、中砂，除松散外的细、粉砂，$f_{ak} \leq 150$ 的黏性土和粉土，$f_{ak} > 130$ 的填土，可塑黄土	$250 \geq v_s > 150$
软弱土	淤泥和淤泥质土，松散的砂，新近沉积的黏性土和粉土，$f_{ak} \leq 130$ kPa 的填土，流塑黄土	$v_s \leq 150$

注：f_{ak} 为由载荷试验等方法得到的地基承载力特征值（kPa）；v_s 为岩土剪切波速。

【例 2-1】　已知某建筑场地的钻孔地质资料如表 2-4 所示，试确定该场地的类别。

表 2-4　钻孔资料

土层底部深度/m	土层厚度/m	岩土名称	土层剪切波速/(m/s)
1.8	1.8	杂填土	190
4.0	2.2	粉土	240
8.2	4.2	细砂	320
16.2	8.0	砾砂	530

【解】　（1）确定计算深度 d_0

因为地表 8.2m 以下土层砾砂层的剪切波速值为 $v_s = 530\text{m/s} > 500\text{m/s}$，故取 d_0 为 8.2m。

(2) 计算等效剪切波速，由 $d_0 = 8.2\text{m}$，按公式(2-1) 得
$$v_{se} = 8.2/[(1.8/190) + (2.2/240) + (4.2/320)] = 258.1 \text{ (m/s)}$$

查表 2-2，$500\text{m/s} > v_{se} > 250\text{m/s}$，且覆盖层厚度为 $8.2\text{m} > 5\text{m}$，故属于 II 类场地。

第二节 天然地基和基础的抗震验算

一、天然地基和基础的抗震设计原则

在地震作用下，为保证建筑物的安全和正常使用，地基应同时满足承载力和变形的要求。《建筑抗震设计规范》规定，只要求对地基抗震承载力进行验算，至于地基变形，则通过对上部结构或地基基础采取一定的抗震措施来保证。

房屋震害统计资料表明，建造于一般土质天然地基上的房屋，遭遇地震时，极少有因地基强度不足或较大沉陷导致的上部结构破坏。因此，我国《建筑抗震设计规范》规定，下列建筑可不进行天然地基及基础的抗震承载力验算：

(1) 规范中规定可不进行上部结构抗震验算的建筑。

(2) 地基主要受力层范围内不存在软弱黏性土层的下列建筑：①一般的单层厂房和单层空旷房屋；②砌体房屋；③不超过 8 层且高度在 24m 以下的一般民用框架和框架抗震墙房屋；④基础荷载与③项相当的多层框架厂房和多层混凝土抗震墙房屋。这里，软弱黏性土层指 7 度、8 度和 9 度时，地基承载力特征值分别小于 80kPa、100kPa 和 120kPa 的土层。

(3) 规范中规定可不进行上部结构抗震验算的建筑。

二、天然地基和基础的抗震验算

天然地基基础抗震验算时，应采用地震作用效应标准组合，且地基抗震承载力应取地基承载力特征值乘以地基抗震承载力调整系数计算。

地基抗震承载力应按下式计算：
$$f_{aE} = \xi_a f_a \tag{2-2}$$

式中 f_{aE}——调整后的地基抗震承载力；

ξ_a——地基抗震承载力调整系数，应按表 2-5 采用；

f_a——深宽修正后的地基承载力特征值，应按现行国家标准《建筑地基基础设计规范》(GB 50007) 采用。

表 2-5 地基抗震承载力调整系数

岩土名称和性状	ξ_a
岩石，密实的碎石土，密实的砾、粗、中砂，$f_{ak} \geq 300\text{kPa}$ 的黏性土和粉土	1.5
中密、稍密的碎石土，中密和稍密的砾、粗、中砂，密实和中密的细、粉砂，$150\text{kPa} \leq f_{ak} < 300\text{kPa}$ 的黏性土和粉土，坚硬黄土	1.3
稍密的细、粉砂，$100\text{kPa} \leq f_{ak} < 150\text{kPa}$ 的黏性土和粉土，可塑黄土	1.1
淤泥，淤泥质土，松散的砂，杂填土，新近堆积黄土及流塑黄土	1.0

验算天然地基地震作用下的竖向承载力时，按地震作用效应标准组合的基础底面平均压力和边缘最大压力应符合下列各式要求：

$$p \leqslant f_{aE} \tag{2-3}$$
$$p_{\max} \leqslant 1.2 f_{aE} \tag{2-4}$$

式中 p——地震作用效应标准组合的基础底面平均压力，kPa；

$p_{\max}$——地震作用效应标准组合的基础边缘的最大压力，kPa。

高宽比大于 4 的高层建筑，在地震作用下基础底面不宜出现脱离区（零应力区）；其他建筑，基础底面与地基土之间脱离区（零应力区）面积不应超过基础底面面积的 15%。

第三节 液化土和软土地基

一、液化土地基

饱和松散的砂土或粉土（不含黄土），地震时土颗粒在强烈震动下发生相对位移，颗粒结构趋于压密，颗粒间孔隙水来不及排泄而受到挤压，因而使孔隙水压力急剧增加，当孔隙水压力上升到与土颗粒所受到的总的正压应力接近或相等时，土粒之间因摩擦产生的抗剪能力消失，土颗粒便形同"液体"一样处于悬浮状态，形成所谓液化现象。

液化土地基的承载力丧失或减弱，引起地基不均匀沉陷并引发建筑物的破坏甚至倒塌。

（一）影响地基土液化的因素

（1）土层的地质年代和组成 一般而言，饱和砂土的地质年代越古老，其基本性能越稳定，因此也越不容易液化。细砂比粗砂容易液化，级配均匀的比级配良好的容易液化。细砂比粗砂容易液化的主要原因是粗砂较细砂的透水性好，即使粗砂有液化现象发生，但因孔隙水超压作用时间短，其液化进行的时间也短。

（2）土层的相对密度 一般说来，松砂比密砂容易液化。1964 年日本的新潟地震表明，相对密度为 50% 的地方普遍看到液化现象，而相对密度大于 70% 的地方就没有液化。

对于粉土，其黏性颗粒的含量多少影响了这类土壤的液化难易程度。黏性颗粒少的比多的容易液化，当黏性土壤颗粒含量超过一定指标时，即不会发生液化现象。

（3）土层的埋深 试验及研究表明，砂土层埋深越大，有效覆盖压力越大，砂层就越不容易液化。地震时，液化砂土层的深度一般是在 10m 以内。

（4）地下水位 地下水位浅的比地下水位深的容易发生液化。对于砂类土液化区内，一般地下水位深度小于 4m，容易液化，超过此深度后，就没有液化发生。对粉土的液化，在 7 度、8 度、9 度区内，地下水位分别小于 1.5m、2.5m、6.0m，容易液化，超过此值后，则不会发生液化现象。

（5）地震烈度大小和地震持续时间 多次震害调查表明，地震烈度高，地面运动强度大，就容易发生液化。一般 5~6 度地区很少看到有液化现象。日本新潟在过去 100 年中发生 25 次地震，其中只有三次发生过液化现象，这三次地面加速度都大于 0.13g。地面运动强度是砂土液化的重要原因。试验结果还说明，如地面运动时间长，即使地震烈度低，也可能出现液化。

（二）地基土液化的判别

对于饱和砂土和饱和粉土（不含黄土）地基，6 度时，一般情况下可不进行液化判别和地基处理，但对液化沉陷敏感的乙类建筑可按 7 度的要求进行判别和处理，7~9 度时，乙类建筑可按本地区抗震设防烈度的要求进行判别和处理。

地基土液化判别过程可以分为初步判别和标准贯入试验判别两大步骤。

1. 初步判别

饱和的砂土或粉土（不含黄土），当符合下列条件之一时，可初步判别为不液化或可不考虑液化影响：

（1）地质年代为第四纪晚更新世（Q_3）及其以前时，7、8度时可判为不液化。

（2）粉土的黏粒（粒径小于 0.005mm 的颗粒）含量百分率，7度、8度和9度分别不小于 10、13 和 16 时，可判为不液化土。

（3）浅埋天然地基的建筑，当上覆非液化土层厚度和地下水位深度符合下列条件之一时，可不考虑液化影响：

$$d_u > d_0 + d_b - 2 \tag{2-5}$$

$$d_w > d_0 + d_b - 3 \tag{2-6}$$

$$d_u + d_w > 1.5d_0 + 2d_b - 4.5 \tag{2-7}$$

式中 d_w——地下水位深度，m，宜按设计基准期内年平均最高水位采用，也可按近期内年最高水位采用；

d_u——上覆盖非液化土层厚度，m，计算时宜将淤泥和淤泥质土层扣除；

d_b——基础埋置深度，m，不超过 2m 时应采用 2m；

d_0——液化土特征深度，m，可按表 2-6 采用。

表 2-6 液化土特征深度   单位：m

饱和土类别	7度	8度	9度
粉土	6	7	8
砂土	7	8	9

2. 标准贯入试验判别

当初步判别认为需进一步进行液化判别时，应采用标准贯入试验判别法判别。

标准贯入试验设备由穿心锤（标准重量 63.5kg）、触探杆、贯入器等组成（图 2-2）。试验时，先用钻具钻至试验土层标高以上 15cm，再将标准贯入器打至试验土层标高位置，然后，在锤的落距为 76cm 的条件下，连续打入土层 30cm，记录所得锤击数为 $N_{63.5}$。当饱和土标准贯入锤击数（未经杆长修正）小于液化判别标准贯入锤击数临界值时，应判为液化土。当有成熟经验时，尚可采用其他判别方法。

标准贯入试验应判别地面下 20m 深度范围内土的液化，但对本章第二节中规定的可不进行天然地基及基础的抗震承载力验算的各类建筑，可只判别地面下 15m 范围内土的液化。

在地面下 15m 深度范围内，液化判别标准贯入锤击数临界值可按下式计算：

$$N_{cr} = N_0 \beta [\ln(0.6d_s + 1.5) - 0.1d_w] \sqrt{3/\rho_c} \tag{2-8}$$

式中 N_{cr}——液化判别标准贯入锤击数临界值；

N_0——液化判别标准贯入锤击数基准值，可按表 2-7 采用；

d_s——饱和土标准贯入点深度，m；

ρ_c——黏粒含量百分率，当小于 3 或为砂土时，应采用 3；

β——调整系数，设计地震第一组取 0.80，第二组取 0.95，第三组取 1.05。

表 2-7 液化判别标准贯入锤击数基准值 N_0

设计基本地震加速度	0.10g	0.15g	0.20g	0.30g	0.40g
N_0	7	10	12	16	19

（三）地基土液化的评价

对存在液化土层的地基，则应进一步分析，探明各液化土层的深度和厚度，评价液化土可能造成的危害程度。对液化土地基的评价通过计算液化指数来实现。应按下式计算每个钻孔的液化指数，并按表 2-8 综合划分地基的液化等级：

$$I_{lE} = \sum_{i=1}^{n}\left(1-\frac{N_i}{N_{cri}}\right)d_i W_i \qquad (2-9)$$

式中　I_{lE}——液化指数；

　　　n——在判别深度范围内每一个钻孔标准贯入试验点的总数；

N_i, N_{cri}——分别为 i 点标准贯入锤击数的实测值和临界值，当实测值大于临界值时应取临界值的数值；当只需要判别 15m 范围以内的液化时，15m 以下的实测值可按临界值采用；

　　　d_i——i 点所代表的土层厚度，m，可采用与该标准贯入试验点相邻的上、下两标准贯入试验点深度差的一半，但上界不高于地下水位深度，下界不深于液化深度；

　　　W_i——i 土层单位土层厚度的层位影响权函数值，m^{-1}。当该层中点深度不大于 5m 时应采用 10，等于 20m 时应采用零值，5～20m 时应按线性内插法取值。

根据液化指数 I_{lE} 的大小，可将液化地基划分为三个等级，见表 2-8。

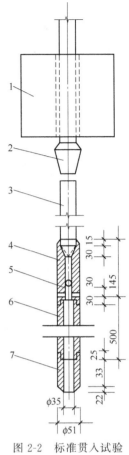

图 2-2　标准贯入试验设备示意图
1—穿心锤；2—锤垫；
3—触探杆；4—贯入器头；
5—出水孔；6—贯入器身；
7—贯入器靴

表 2-8　液化等级与液化指数的对应关系

液化等级	轻微	中等	严重
液化指数 I_{lE}	$0<I_{lE}\leq 6$	$6<I_{lE}\leq 18$	$I_{lE}>18$

（四）液化地基的处理

存在液化土层的地基，应根据建筑的抗震设防类别、地基的液化等级，结合具体情况采取相应的措施。当液化土层较平坦且均匀时，宜按表 2-9 选用地基抗液化措施；尚可计入上部结构重力荷载对液化危害的影响，根据液化震陷量的估计适当调整抗液化措施。不宜将未经处理的液化土层作为天然地基持力层。

表 2-9　地基抗液化措施

建筑抗震设防类别	地基的液化等级		
	轻微	中等	严重
乙类	部分消除液化沉陷，或对基础和上部结构处理	全部消除液化沉陷，或部分消除液化沉陷且对基础和上部结构处理	全部消除液化沉陷
丙类	基础和上部结构处理，亦可不采取措施	基础和上部结构处理，或更高要求的措施	全部消除液化沉陷，或部分消除液化沉陷且对基础和上部结构处理
丁类	可不采取措施	可不采取措施	基础和上部结构处理，或其他经济的措施

注：甲类建筑的地基抗液化措施应进行专门研究，但不宜低于乙类的相应要求。

(1) 全部消除地基液化沉陷的措施，应符合下列要求：

① 采用桩基时，桩端伸入液化深度以下稳定土层中的长度（不包括桩尖部分），应按计算确定，且对碎石土，砾、粗、中砂，坚硬黏性土和密实粉土尚不应小于0.8m，对其他非岩石土尚不宜小于1.5m。

② 采用深基础时，基础底面应埋入液化深度以下的稳定土层中，其深度不应小于0.5m。

③ 采用加密法（如振冲、振动加密、挤密碎石桩、强夯等）加固时，应处理至液化深度下界；振冲或挤密碎石桩加固后，桩间土的标准贯入锤击数不宜小于规范规定的液化判别标准贯入锤击数临界值。

④ 用非液化土替换全部液化土层，或增加上覆非液化土层的厚度。

⑤ 采用加密法或换土法处理时，在基础边缘以外的处理宽度，应超过基础底面下处理深度的1/2且不小于基础宽度的1/5。

(2) 部分消除地基液化沉陷的措施，应符合下列要求：

① 处理深度应使处理后的地基液化指数减少，其值不宜大于5；大面积筏基、箱基的中心区域（指位于基础外边界以内沿长宽方向距外边界大于相应方向1/4长度的区域），处理后的液化指数可比上述规定降低1；对独立基础和条形基础，尚不应小于基础底面下液化土特征深度和基础宽度的较大值。

② 采用振冲或挤密碎石桩加固后，桩间土的标准贯入锤击数不宜小于规范规定的液化判别标准贯入锤击数临界值。

③ 采用加密法或换土法处理时，在基础边缘以外的处理宽度，应超过基础底面下处理深度的1/2且不小于基础宽度的1/5。

④ 采取减小液化震陷的其他方法，如增厚上覆非液化土层的厚度和改善周边的排水条件等。

(3) 减轻液化影响的基础和上部结构处理，可综合采用下列各项措施：

① 选择合适的基础埋置深度；

② 调整基础底面积，减少基础偏心；

③ 加强基础的整体性和刚度，如采用箱基、筏基或钢筋混凝土交叉条形基础，加设基础圈梁等；

④ 减轻荷载，增强上部结构的整体刚度和均匀对称性，合理设置沉降缝，避免采用对不均匀沉降敏感的结构形式等；

⑤ 管道穿过建筑处应预留足够尺寸或采用柔性接头等。

此外，地基主要受力层范围内存在软弱黏性土层与湿陷性黄土时，应结合具体情况综合考虑，采用桩基、地基加固处理或上述减轻液化影响的基础和上部结构处理的各项措施，也可根据软土震陷量的估计，采取相应措施。

二、软土地基的抗震措施

当建筑物地基主要受力层范围内存在软弱黏性土层（7度、8度和9度时，地基承载力特征值分别小于80kPa、100kPa和120kPa的土层）时，由于其容许承载能力低，压缩性大，房屋的沉降和不均匀沉降大，如设计不周，就会使房屋大量下沉，造成上部结构开裂，地震时会加剧房屋的破坏，故应首先做好静力条件下的地基基础设计，并结合具体情况，综合考虑适当的抗震措施。

软土地基的抗震措施除了可采用前述减轻液化对基础和上部结构影响的各种方法外，还可采用桩基或其他人工地基。其他人工地基如：换土垫层，垫层材料可以为砂、碎石、灰土、矿渣等；化学加固法，即在黏性土中，用高压旋喷法向四周土体喷射水泥浆、硅酸钠等化学浆液；电硅化法，即借助于电渗作用，使注入软土中的硅酸钠（水玻璃）和氯化钙溶液顺利地进入土的孔隙中，形成硅胶，将土粒胶结起来。

在故河道以及临近河岸、海岸和边坡等有液化侧向扩展或流滑可能的地段内不宜修建永久性建筑，否则应进行抗滑动验算、采取防土体滑动措施或结构抗裂措施。

第四节　桩基的抗震设计

一、抗震设计的原则

承受竖向荷载为主的低承台桩基，当地面下无液化土层，且桩承台周围无淤泥、淤泥质土和地基承载力特征值不大于100kPa的填土时，下列建筑可不进行桩基抗震承载力验算：

(1) 7度和8度时的下列建筑：①一般的单层厂房和单层空旷房屋；②不超过8层且高度在24m以下的一般民用框架房屋；③基础荷载与②项相当的多层框架厂房和多层混凝土抗震墙房屋。

(2) 符合本章第二节中规定的可不进行天然地基及基础的抗震承载力验算且采用桩基的建筑。

二、桩基的抗震验算

1. 非液化土中低承台桩基的抗震验算，应符合下列规定

(1) 单桩的竖向和水平向抗震承载力特征值，可均比非抗震设计时提高25%。

(2) 当承台周围的回填土夯实至干密度不小于《建筑地基基础设计规范》对填土的要求时，可由承台正面填土与桩共同承担水平地震作用；但不应计入承台底面与地基土间的摩擦力。

2. 存在液化土层的低承台桩基抗震验算，应符合下列规定

(1) 对一般浅基础，不宜计入承台周围土的抗力或刚性地坪对水平地震作用的分担作用。

(2) 当桩承台底面上、下分别有厚度不小于1.5m、1.0m的非液化土层或非软弱土层时，可按下列二种情况进行桩的抗震验算，并按不利情况设计：

① 桩承受全部地震作用，桩承载力按上述非液化土中低承台桩基的抗震验算规定取用，液化土的桩周摩阻力及桩水平抗力均应乘以表2-10的折减系数。

② 地震作用按水平地震影响系数最大值的10%采用，单桩的竖向和水平向抗震承载力特征值，可均比非抗震设计时提高25%，但应扣除液化土层的全部摩阻力及桩承台下2m深度范围内非液化土的桩周摩阻力。

表 2-10　土层液化影响折减系数

实际标贯锤击数/临界标贯锤击数	深度 d_s/m	折减系数
≤0.6	$d_s \leq 10$	0
	$10 < d_s \leq 20$	1/3
>0.6~0.8	$d_s \leq 10$	1/3
	$10 < d_s \leq 20$	2/3
>0.8~10	$d_s \leq 10$	2/3
	$10 < d_s \leq 20$	1

（3）打入式预制桩及其他挤土桩，当平均桩距为 2.5～4 倍桩径且桩数不少于 5×5 时，可计入打桩对土的加密作用及桩身对液化土变形限制的有利影响。当打桩后桩间土的标准贯入锤击数值达到不液化的要求时，单桩承载力可不折减，但对桩尖持力层做强度校核时，桩群外侧的应力扩散角应取为零。打桩后桩间土的标准贯入锤击数宜由试验确定，也可按下式计算：

$$N_1 = N_p + 100\rho(1 - e^{-0.3N_p}) \tag{2-10}$$

式中　N_1——打桩后的标准贯入锤击数；

　　　ρ——打入式预制桩的面积置换率；

　　　N_p——打桩前的标准贯入锤击数。

处于液化土中的桩基承台周围，宜用非液化土填筑夯实，若用砂土或粉土则应使土层的标准贯入锤击数不小于规范规定的液化判别标准贯入锤击数临界值。

液化土中桩的配筋范围，应自桩顶至液化深度以下符合全部消除液化沉陷所要求的深度，其纵向钢筋应与桩顶部相同，箍筋应加粗和加密。

在有液化侧向扩展的地段，桩基除应满足上述规定外，尚应考虑土流动时的侧向作用力，且承受侧向推力的面积应按边桩外缘间的宽度计算。

小　结

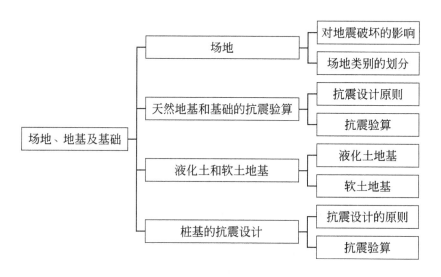

思考题

1. 建筑场地类别分几类？如何划分？
2. 试述天然地基的抗震验算原则。
3. 试述地基土液化的概念及其影响因素。
4. 如何进行地基土液化的判别？如何确定地基的液化指数和液化的危害程度？
5. 试述可液化地基及软弱地基的处理措施。

习题

某场地的钻孔地质资料如表 2-11 所示（无剪切波速资料），试确定该场地的类别。

表 2-11 钻孔资料

土层底部深度/m	土层厚度/m	岩土名称	静承载力特征值/kPa
2.20	2.20	杂填土	130
8.00	5.80	粉质黏土	140
12.50	4.50	黏土	160
20.70	8.20	中密的细砂	180
25.00	4.30	基岩	—

第三章 结构地震反应分析与抗震验算

【知识目标】
- 掌握地震反应、地震作用等概念;了解抗震分析理论的发展历程
- 熟悉结构基本周期、反应谱、杜哈密积分、地震反应谱等术语
- 了解设计反应谱的来源及地震影响系数等术语;掌握振型的概念
- 熟悉了解多质点弹性体系的水平地震作用计算方法
- 熟悉结构基本周期的近似计算方法及竖向地震作用的计算
- 了解结构的弹塑性静力分析方法
- 掌握结构抗震验算的原则和方法

【能力目标】
- 能掌握单自由度弹性体系的地震反应分析方法
- 能应用设计反应谱计算单自由度弹性体系的水平地震作用
- 能应用能量法、折算质量法等近似方法计算结构自振周期
- 能应用振型分解反应谱法、底部剪力法计算多自由度弹性体系的地震作用
- 能进行建筑结构抗震验算

开章语 本章主要介绍建筑结构的地震反应分析和抗震验算方法。主要内容包括:单自由度弹性体系地震反应分析的基本理论与方法、单自由度弹性体系的水平地震作用计算及其反应谱理论、多自由度弹性体系地震反应分析的振型分解法、多自由度体系的水平地震作用计算、结构的扭转效应计算、地基与结构相互作用的基本原理和计算方法、竖向地震作用的基本概念和计算、结构非弹性地震反应分析以及建筑结构的抗震验算等,这些都是结构抗震设计的基本原理,也是本课程的学习重点。

第一节 概 述

一、地震反应及地震作用

地震引起的结构振动称为结构的地震反应,它包括地震在结构中引起的速度、加速度、位移和内力等。结构的地震反应是一种动力反应,其大小不仅与地面运动有关,还与结构自身的动力特性(自振周期、振型和阻尼等)有关,因此结构地震反应分析属于结构动力学的范畴,与静力分析相比要复杂得多。

结构工程中的作用按引起结构内力、变形等反应的方式不同,可分为直接作用与间接作用。重力、风载等各种荷载为直接作用,温度、基础沉降等非荷载因素为间接作用。结构地震反应是地震动通过结构惯性引起的,属于间接作用,而不称为荷载。但工程上为应用方便,有时将地震作用等效为某种形式的荷载作用,这时可称为等效地震荷载。

二、结构抗震设计理论的发展

结构抗震分析理论作为一门学科来研究还不到一百年。根据计算理论的不同,地震反应分析理论可划分为静力理论、反应谱理论和动态分析三个阶段。

静力理论又称为烈度法,起源于日本,是国际上最早形成的抗震分析理论。静力法假设建筑物为绝对刚体,地震时,建筑物和地面一起运动而无相对于地面的位移;建筑物各部分的加速度与地面加速度大小相同,并取其最大值 $\ddot{x}_{\text{gmax}}$ 用于结构抗震设计。即

$$F_i = m_i \ddot{x}_{\text{gmax}} = k G_i \tag{3-1}$$

式中 m_i,G_i——集中在 i 层的质量和重量;
F_i——作用在建筑物 i 楼层上的水平向地震作用;
k——地震系数,是地面运动最大加速度与重力加速度的比值,它反映该地区地震的强烈程度。

这种方法忽略了结构本身动力特性(自振周期、阻尼等)的影响,对多、高层或高耸建筑会产生较大的误差,只适用于低矮的、刚度较大的建筑。

反应谱理论是建立在强震观测基础上的。1940 年美国的 M. A. Biot 通过对强地震动记录的研究,首次提出反应谱的概念。20 世纪 50 年代初,美国的 G. W. Housner 及其合作者发展了这一理论。反应谱理论至今仍是我国和世界上许多国家结构抗震设计规范中地震作用计算的理论基础。按照反应谱理论,作为一个单自由度弹性体系结构的底部剪力或地震作用为

$$F = F_{\text{Ek}} = k \beta G \tag{3-2}$$

式中 F,F_{Ek}——分别为作用在结构上的地震作用和底部剪力;
k,β——地震系数和动力系数;
G——结构的重力荷载代表值。

式(3-2)与式(3-1)相比,多了一个动力系数 β,β 是结构周期和临界阻尼比 ξ 的函数。这表示结构地震作用的大小不仅与地震强度有关,而且还与结构的动力特性有关。随着震害经验的积累和研究的深入,人们逐步认识到建筑场地以及震中距等因素对反应谱形状的影响。一般的抗震设计规范在综合考虑了这些因素后,都规定了不同的反应谱形状。同时利用振型分解原理,可以有效地将上述概念用于多质点体系的抗震计算,这就是抗震规范中给出的振型分解反应谱法。

20 世纪 60 年代前后,随着计算机技术的发展,工程地震反应的数值分析成为可能。由于地震波为复杂的随机振动,对于多自由度体系振动不可能直接得出解析解,为此,1959 年 Newmark. N. M 提出了逐步积分法。该方法又称为时程分析法或直接动力法,可以通过直接动力分析得到结构响应随时间的变化关系。目前,动态分析可分为频域分析法和时域分析法。前者适用于弹性结构体系,后者既适用于弹性结构体系,也适用于非弹性机构体系。广为采用的逐步积分法为 Newmark-β 法和 Wilson-θ 法。该方法以结构在地震作用下的破坏机理的研究成果为基础,在结构抗震设计中充分考虑地震动特性的三要素——振动幅值、频谱和地震持续时间对结构的影响,不再满足于目前仅考虑地震动的加速度峰值和频谱特性两个要素,从单一的变形验算转变为同时考虑结构的最大弹塑性变形和结构的弹塑性耗能的双重破坏标准,来判断结构的安全程度。目前,国内外都已有比较成熟的商业软件,广泛应用于重要的工程结构的抗震分析与设计。

三、结构动力计算简图及体系自由度

结构动力计算简图的确定,是进行结构地震反应分析的第一步。结构动力计算的关键是

结构惯性的模拟,由于结构的惯性是结构质量引起的,因此结构动力计算简图的核心内容是对结构质量分布的简化。

结构质量分布的简化方法有两种,一种是简化成连续的分布质量,另一种是简化成集中质量。如采用连续化方法来考虑结构的质量,结构的运动方程将为偏微分方程的形式,而一般情况下偏微分方程的求解和实际应用不方便。因此,工程上常采用集中化方法来简化结构的质量,以此确定结构动力计算简图。

采用集中质量方法确定结构动力计算简图时,需先定出结构质量集中位置。可取结构各区域主要质量的质心为质量集中位置,将该区域主要质量集中在该点上,忽略其他次要质量或将次要质量合并到相邻主要质量的质点上去。例如,对于水塔建筑,就可将水箱的全部质量及部分塔柱质量集中到水箱质心处,使结构成为一单质点体系[图 3-1(a)];对于采用大型钢筋混凝土屋面板的厂房,其屋盖部分是结构的主要质量,确定结构动力计算简图时,可将厂房各跨质量集中到各跨屋盖标高处[图 3-1(b)];而对于多高层建筑,楼盖部分是结构的主要质量,此时可将结构的质量集中到各层楼盖标高处,成为一多质点结构体系[图 3-1(c)]。当结构无明显主要质量部分时,可将结构分成若干区域,而将各区域的质量集中到该区域的质心处,同样形成一多质点结构体系[如图 3-1(d)所示烟囱]。

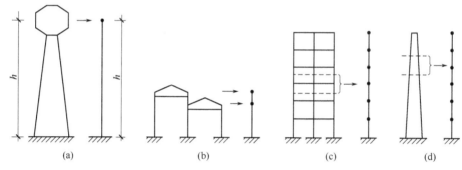

图 3-1 结构动力计算简图

确定结构各质点运动的独立参量数为结构运动的体系自由度。空间中的一个自由质点可有三个独立位移,因此一个自由质点在空间有三个自由度。但由于受到结构构件的约束,结构体系上质点的自由度数可能小于自由质点的自由度数。如图 3-1 所示的结构体系,当考虑结构的竖向约束作用而忽略质点竖向位移时,则各质点在空间有两个自由度,在竖直平面内只有一个自由度。

第二节 单自由度弹性体系的地震反应分析与设计反应谱

一、单自由度弹性体系的地震反应分析

对如图 3-2 所示的单质点体系,用无重的弹性杆与地基相连,若该体系只做单向振动,就形成一个单自由度体系。通过单自由度体系的振动分析,可以了解有关振动方面的基础知识。同时,无论多么复杂的多自由度体系,在一定条件下,其振动分解成单自由度体系的振动以后,可以用单自由度体系振动的叠加来描述多自由度体系的振动。因此单自由度体系的振动是振动分析理论的基础。

1. 运动方程

计算单自由度弹性体系的地震反应时，首先要建立体系在地震作用下的运动方程。一般假定地基不产生转动，而把地基的运动分解为一个竖向和两个水平方向的分量，然后分别计算这些分量对结构的影响。

如图 3-2 所示的单质点体系，只考虑 x 方向的自由度。其参数分别表示如下：

① 质量：m，kg；
② 刚度：k，N/m；
③ 阻尼系数：c，N·s/m；
④ 地面的水平位移：$x_0(t)$，m；
⑤ 质点相对于地面的水平位移：$x(t)$，m。

图 3-2 单质点体系模型

在图 3-2 中，取质点 m 为隔离体，则由结构动力学原理可知，作用在质点 m 上的力有 3 种，即惯性力、弹性恢复力和阻尼力。假设，位移、速度、加速度的正方向均为图中向右的方向，则无论哪一种力，其作用方向均为图中向左的方向。以 $x_0(t)+x(t)$ 表示质点的总位移；$\ddot{x}_0(t)+\ddot{x}(t)$ 表示质点的绝对加速度，则有：

① 弹性恢复力：$-kx(t)$，是使质点从振动位置恢复到平衡位置的一种力。其中，k 为支持质点弹性直杆的刚度，即质点产生单位位移时在质点上所需施加的水平力。负号表示其指向总是与质点位移的方向相反。

② 阻尼力：$-c\dot{x}(t)$，是一种使结构振动逐渐衰减的力，它由材料的内摩擦、构件连接处的摩擦、地基土的内摩擦以及周围介质对振动的阻力等各种因素引起，它将使结构的振动能量受到损耗而导致其振幅逐渐衰减。阻尼力有几种不同的理论，目前应用最广泛的是黏滞阻尼理论，它假定阻尼力的大小与质点速度成正比，方向与质点速度的方向相反。

③ 惯性力：$-m[\ddot{x}_0(t)+\ddot{x}(t)]$。负号表示惯性力与绝对加速度的方向相反。

根据达朗贝尔原理，可得

$$-m[\ddot{x}_0(t)+\ddot{x}(t)]-c\dot{x}(t)-kx(t)=0 \qquad (3-3)$$

或

$$m\ddot{x}(t)+c\dot{x}(t)+kx(t)=-m\ddot{x}_0(t) \qquad (3-4)$$

上式即为单自由度弹性体系在水平地震作用下的运动微分方程，相当于单质点弹性体系在动荷载 $-m\ddot{x}_0(t)$ 作用下的强迫振动。因此，地震时地面运动加速度 $\ddot{x}_0(t)$ 对单自由度弹性体系引起的动力效应，与在质点上作用一动力荷载 $-m\ddot{x}_0(t)$ 时所产生的动力效应相同。

将式(3-4) 两边同时除以 m，可简化得

$$\ddot{x}+2\xi\omega\dot{x}+\omega^2 x=-\ddot{x}_0 \qquad (3-5)$$

式中 ω——结构振动圆频率，$\omega=\sqrt{k/m}$；

ξ——结构的阻尼比，$\xi=\dfrac{c}{2\omega m}=\dfrac{c}{2\sqrt{km}}$。

式(3-5) 是一个常系数的二阶非齐次线性微分方程，其通解由两部分组成，一个是齐次方程的通解，另一个为非齐次方程的特解。前者描述体系的自由振动，后者描述体系在地震作用下的强迫振动。具体解法如下所述。

2. 运动方程的解

(1) 方程的齐次解——自由振动　运动方程式(3-5) 的齐次解可由下列方程求得：

$$\ddot{x} + 2\xi\omega\dot{x} + \omega^2 x = 0 \tag{3-6}$$

按齐次常微分方程的求解方法求解方程(3-6)，由解的结果可知，当 $\xi > 1$ 或 $\xi = 1$ 时，体系将不会产生振动，称为过阻尼状态或临界阻尼状态。只有当 $\xi < 1$ 时，体系才可能产生振动，称欠阻尼状态（见图 3-3），此时，方程(3-6)的通解为

$$x(t) = e^{-\xi\omega t}\left[x(0)\cos\omega' t + \frac{\dot{x}(0) + \xi\omega x(0)}{\omega'}\sin\omega' t\right] \tag{3-7}$$

式中　$x(0)$, $\dot{x}(0)$——$t=0$ 时体系的初始位移和初始速度；
　　　ω'——有阻尼体系的自由振动圆频率。

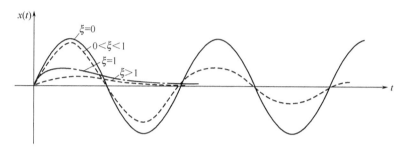

图 3-3　各种阻尼状态下单自由度体系的自由振动曲线

$$\omega' = \omega\sqrt{1 - \xi^2} \tag{3-8}$$

由式(3-7)，当 $\xi = 0$ 时，无阻尼单自由度体系的自由振动曲线方程为

$$x(t) = x(0)\cos\omega t + \frac{\dot{x}(0)}{\omega}\sin\omega t \tag{3-9}$$

由于 $\cos\omega t$、$\sin\omega t$ 均为简谐函数，由式(3-9)可知，无阻尼单自由度体系的自由振动为简谐周期振动，振动圆频率为 ω，振动周期为

$$T = 2\pi/\omega = 2\pi\sqrt{m/k} \tag{3-10}$$

可见，无阻尼体系的自振周期只与体系的质量和刚度有关，是结构的一种固有属性。

由前述可知，当 $\xi = 1$ 时，体系处于临界阻尼状态。此时的阻尼比称为临界阻尼比，阻尼系数 c 称为临界阻尼系数 c_r，即

$$c = c_r = 2\omega m = 2\sqrt{km} \tag{3-11}$$

也就是说，结构的阻尼比是结构的阻尼系数 c 与其临界阻尼系数 c_r 之比。

在实际结构中，阻尼比 ξ 的数值一般都很小，其值大约在 0.01～0.1 之间，由式(3-8)可知，有阻尼频率 ω' 与无阻尼频率 ω 相差不大，在实际计算中可近似地取 $\omega' = \omega$。

(2) 方程的特解——强迫振动

① 瞬时冲量及其引起的自由振动　根据动量守恒定律可得，在 $t=0$ 时刻作用于单自由度体系的瞬时冲量 $P \cdot \Delta t$，将会使体系做初位移为 0、初速度为 Pdt/m 的自由振动，代入式(3-7)后，可得瞬时冲量引起的体系位移反应为

$$x(t) = e^{-\xi\omega t}\frac{Pdt}{m\omega'}\sin\omega' t \tag{3-12}$$

② 杜哈默积分　运动方程(3-5)的特解就是质点由外荷载引起的强迫振动，它可用瞬时冲量的概念来推导。其等号右边项 $-\ddot{x}_0(t)$ 可视为作用于单位质量上的动力荷载。设该荷载随时间的变化关系如图 3-4(a)所示，并将其化成无数多个连续作用的瞬时荷载，则在

$t=\tau$ 时，其瞬时荷载为 $-\ddot{x}_0(\tau)$，瞬时冲量为 $-\ddot{x}_0(\tau)\mathrm{d}\tau$，如图 3-4(a) 中的斜线面积所示。在这一瞬时冲量 $-\ddot{x}_0(\tau)\mathrm{d}\tau$ 的作用下，质点的自由振动方程可由式(3-12) 求得，只需将式中的 $P\mathrm{d}t$ 改为 $-\ddot{x}_0(\tau)\mathrm{d}\tau$，并取 $m=1$，将 t 改为 $(t-\tau)$。这是因为上述瞬时冲量不在 $t=0$ 时刻作用，而是作用在 $t=\tau$ 时刻，如图 3-4(b) 所示。于是有

$$\mathrm{d}x(t)=-\mathrm{e}^{-\xi\omega(t-\tau)}\frac{\ddot{x}_0(\tau)}{\omega'}\sin\omega'(t-\tau)\mathrm{d}\tau \tag{3-13}$$

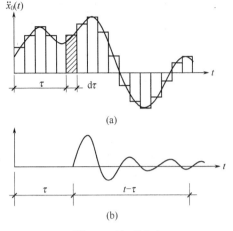

图 3-4 地面运动与冲量的作用

体系在整个受荷过程中所产生的总位移反应即可由所有瞬时冲量引起的微分位移叠加得到，即对式(3-13) 积分后，可得到体系的总位移反应 $x(t)$ 近似为

$$x(t)=\int_0^t\mathrm{d}x(t)=-\frac{1}{\omega'}\int_0^t\ddot{x}_0(\tau)\mathrm{e}^{-\xi\omega(t-\tau)}\sin\omega'(t-\tau)\mathrm{d}\tau \tag{3-14}$$

式(3-14) 为杜哈默（Duhamel）积分，它与式(3-7) 之和即为微分方程(3-5) 的通解：

$$x(t)=\mathrm{e}^{-\xi\omega t}\left[x(0)\cos\omega't+\frac{\dot{x}(0)+\xi\omega x(0)}{\omega'}\sin\omega't\right]-\frac{1}{\omega'}\int_0^t\ddot{x}_0(\tau)\mathrm{e}^{-\xi\omega(t-\tau)}\sin\omega'(t-\tau)\mathrm{d}\tau \tag{3-15}$$

当体系初始状态为静止时，其初位移 $x(0)$ 和初速度 $\dot{x}(0)$ 均为零，则上式中的第一项为零。即使 $x(0)$ 和 $\dot{x}(0)$ 不为零，由式(3-7) 给出的自由振动反应也会因阻尼的存在而迅速衰减，在地震反应时可不考虑其影响。故单自由度体系的地震位移反应可用杜哈默积分来表示。

二、单自由度弹性体系水平地震作用及反应谱法

1. 单自由度体系的水平地震作用

地震作用就是地震时结构质点上受到的惯性力，根据式(3-3)，可求得作用于单自由度弹性体系质点上的地震作用，即惯性力 $F(t)$ 为

$$F(t)=-m[\ddot{x}_0(t)+\ddot{x}(t)]=kx(t)+c\dot{x}(t) \tag{3-16}$$

工程中，通常阻尼力 $c\dot{x}(t)$ 远小于弹性恢复力 $kx(t)$。为简化计算，求地震作用时可略去阻尼力，因此，惯性力可表示为

$$F(t)=-m[\ddot{x}_0(t)+\ddot{x}(t)]\approx kx(t)=m\omega^2 x(t) \tag{3-17}$$

这样，在地震作用下，质点在任一时刻的相对位移 $x(t)$ 将与该时刻的瞬时惯性力 $F(t)$ 成正比。因此可以认为这一相对位移是在惯性力的作用下引起的，虽然惯性力并不是真实作用于质点上的力，但惯性力对结构体系的作用和地震对结构体系的作用效果相当，所以可认为是一种反映地震影响效果的等效力，利用它的最大值来对结构进行抗震验算，就可以使抗震设计这一动力计算问题转化为相当于静力荷载作用下的静力计算问题。

将式(3-14) 代入式(3-17)，得

$$F(t)=-m\omega'\int_0^t\ddot{x}_0(\tau)\mathrm{e}^{-\xi\omega(t-\tau)}\sin\omega'(t-\tau)\mathrm{d}\tau \tag{3-18}$$

上式为结构地震作用随时间变化的表达式，可通过数值积分计算在各个时刻的值。在结构抗震设计时，只需要求出地震作用的最大值，用 F 表示，即

$$F = mS_a = m\omega' \left| \int_0^{t'} \ddot{x}_0(\tau) e^{-\xi\omega(t-\tau)} \sin\omega'(t-\tau) d\tau \right|_{\max} \qquad (3\text{-}19)$$

式中 S_a——单自由度弹性体系的最大绝对加速度反应，即

$$S_a = |\ddot{x}_0(t) + \ddot{x}(t)|_{\max} = \omega' \left| \int_0^t \ddot{x}_0(\tau) e^{-\xi\omega(t-\tau)} \sin\omega'(t-\tau) d\tau \right|_{\max} \qquad (3\text{-}20)$$

由上式可知，质点的最大绝对加速度 S_a 取决于地震时的地面运动加速度 $\ddot{x}_0(\tau)$、结构的自振频率 ω 或自振周期 T 以及结构的阻尼比 ξ。

2. 地震反应谱

将式(3-14)对时间求导数，可以得到单自由度弹性体系在水平地震作用下相对于地面的速度反应 $\dot{x}(t)$ 为

$$\dot{x}(t) = -\int_0^t \ddot{x}_0(\tau) e^{-\xi\omega(t-\tau)} \cos\omega'(t-\tau) d\tau + \frac{\xi\omega}{\omega'} \int_0^t \ddot{x}_0(\tau) e^{-\xi\omega(t-\tau)} \sin\omega'(t-\tau) d\tau \qquad (3\text{-}21)$$

用 S_d、S_v 分别表示单自由度弹性体系的最大位移、最大速度反应，并做如下处理：
(1) 取 $\omega' = \omega$，因为对一般工程结构，$\xi \ll 1$，约在 0.01～0.10 之间，此时 $\omega' \approx \omega$；
(2) 用 $\sin\omega(t-\tau)$ 取代 $\cos\omega(t-\tau)$，这样并不影响最大值，只是相位相差 $\pi/2$；
(3) 由于阻尼比 ξ 值较小（一般结构为 0.05），故可忽略式中的 ξ 和 ξ^2 项。可得

$$S_d = |x(t)|_{\max} = \frac{1}{\omega} \left| \int_0^t \ddot{x}_0(\tau) e^{-\xi\omega(t-\tau)} \sin\omega(t-\tau) d\tau \right|_{\max} \qquad (3\text{-}22)$$

$$S_v = |\dot{x}(t)|_{\max} = \left| \int_0^t \ddot{x}_0(\tau) e^{-\xi\omega(t-\tau)} \sin\omega(t-\tau) d\tau \right|_{\max} \qquad (3\text{-}23)$$

由式(3-20)、式(3-22) 和式(3-23) 可得到以下近似关系：

$$S_a = \omega S_v = \omega^2 S_d \qquad (3\text{-}24)$$

若给定地震时地面运动的加速度记录 $\ddot{x}_0(\tau)$ 和体系阻尼比 ξ，则 S_a、S_v、S_d 仅是体系自振周期 T（或 ω）的函数。以 S_a 为例，对应每一个单自由度弹性体系的自振周期 T 都可求得一个对应的最大绝对加速度 $S_a(T)$。以 T 为横坐标，以 S_a 为纵坐标，可以绘成 S_a-T 曲线，这类 S_a-T 关系曲线被称为加速度反应谱。用同样的方法亦可绘出速度反应谱和位移反应谱。

图 3-5 是根据 1940 年美国 El-Centro 地震时地面运动加速度记录绘出的加速度反应谱曲线。由图可见，地震加速度反应谱有如下一些特点：①加速度反应谱曲线为一多峰点曲线。阻尼比越小，加速度反应谱的谱值越大、峰点越突出。但是，不大的阻尼比也能使峰点下降很多，并且谱值随着阻尼比的增大而减小；②当结构的自振周期小于某个值时（这个值大体上与场

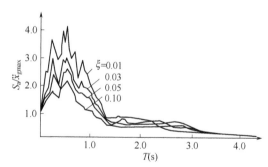

图 3-5 阻尼比对加速度反应谱的影响

地的特征周期接近），随着周期的增大其谱值急剧增加，但至峰值点后，则随着周期的增大其反应逐渐衰减，而且渐趋平缓，接近一个常数。

图 3-6、图 3-7 分别是不同场地和不同震中距条件下的平均加速度反应谱。可以看出，

土质条件和震中距对反应谱的形状有很大影响。土质越松软,加速度反应谱峰值对应的结构周期也越长;而当烈度基本相同时,震中距远时加速度反应谱的峰点偏于较长的周期,近时则偏于较短的周期。因此,在离大地震震中较远的地方,高柔结构因其周期较长所受到的地震破坏,将比在同等烈度下较小或中等地震的震中区所受到的破坏更严重,而刚性结构的地震破坏情况则相反。

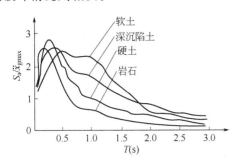

图 3-6 不同场地条件下的平均反应谱

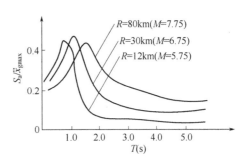

图 3-7 不同震中距条件下的平均反应谱
（R—震中距，M—震级）

3. 地震系数、动力系数、地震影响系数

由地震反应谱可以计算单自由度体系的水平地震作用,即

$$F = mS_a \tag{3-25}$$

引入能反映地面运动强弱的地面运动最大加速度 $|\ddot{x}_0(t)|_{\max}$,上式可改写成

$$F = mS_a = mg\left(\frac{|\ddot{x}_0|_{\max}}{g}\right)\left(\frac{S_a}{|\ddot{x}_0|_{\max}}\right) = Gk\beta \tag{3-26}$$

式中 $G = mg$,k 和 β 分别称为地震系数和动力系数,它们均具有一定的工程意义。

（1）地震系数 k 其定义为

$$k = |\ddot{x}_0|_{\max}/g \tag{3-27}$$

它表示地面运动的最大加速度与重力加速度之比。一般地,地面运动加速度越大,则地震烈度越高,故地震系数与地震烈度之间存在着一定的对应关系。

表 3-1 地震系数 k 与地震烈度的关系

抗震设防烈度	6 度	7 度	8 度	9 度
地震系数 k	0.05	0.10(0.15)	0.20(0.30)	0.40

注：括号中数值分别用于设计基本地震加速度为 0.15g 和 0.30g 的地区。g 为重力加速度。

根据统计分析,烈度每增加一度,地震系数 k 值将大致增加一倍。表 3-1 是我国《建筑抗震设计规范》(GB 50011—2010)采用的地震系数与地震烈度的对应关系。

（2）动力系数 β 其定义为

$$\beta = S_a/|\ddot{x}_0|_{\max} \tag{3-28}$$

它是单质点最大绝对加速度与地面最大加速度的比值,表示由于动力效应,质点的最大绝对加速度比地面最大加速度放大了多少倍。因此 β 值与地震烈度无关。

将 S_a 的表达式代入式(3-28),得

$$\beta = \frac{2\pi}{T}\frac{1}{|\ddot{x}_0|_{\max}}\left|\int_0^t \ddot{x}_0(\tau)e^{-\xi\frac{2\pi}{T}(t-\tau)}\sin\frac{2\pi}{T}(t-\tau)d\tau\right|_{\max} \tag{3-29}$$

β 与 T 的关系曲线称为 β 谱曲线,它实际上就是相当于地面最大加速度的加速度反应

谱，两者在形状上完全一样。

4. 地震影响系数和抗震设计反应谱

在式(3-26)中，取 $\alpha = k\beta$，则单自由度弹性体系的水平地震作用可由下式求得：

$$F = \alpha G \tag{3-30}$$

上式中 α 称为地震影响系数，α 还可表示为

$$\alpha = k\beta = S_a/g \tag{3-31}$$

因此，地震影响系数 α 就是单质点弹性体系在地震时以重力加速度为单位的质点最大加速度反应。同时，地震影响系数还可以理解为作用于单质点弹性体系上的水平地震作用与质点重力荷载代表值的比值。

由表 3-1 可知，在不同烈度下，地震系数 k 为一具体数值，因此，α 与 T 的关系曲线形状由 β 谱曲线决定。这样，通过地震系数 k 与动力系数 β 的乘积，即可得到抗震设计反应谱 α-T 曲线。

利用反应谱曲线的目的是要预测结构将来可能遭受的最大地震作用，但由于地震的随机性，每次地震的地面运动加速度记录是不一样的，由此得到的反应谱曲线虽然具有某些共同特点，但仍存在着许多差别。所以用某一次地震的地面运动加速度记录所算得的反应谱曲线作为设计依据是不可靠的。因此，需要专门研究可用于建筑结构抗震设计的反应谱，称之为设计反应谱。我国《建筑抗震设计规范》（GB 50011—2010）中采用的抗震设计反应谱 α-T 曲线，即是根据大量的强震地面运动加速度记录，考虑各种影响反应谱曲线形状的因素（如烈度、场地类别、远近震和结构自振周期以及阻尼比等），进行统计分析后求出的最有代表性的标准反应谱，如图 3-8 所示。

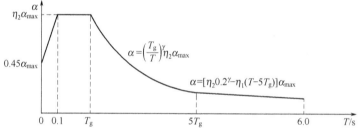

图 3-8 地震影响系数曲线

图中　α——地震影响系数；

α_{max}——地震影响系数最大值，按表 3-2 取值；

γ——曲线下降段的衰减指数，应按式(3-32)确定；

$$\gamma = 0.9 + \frac{0.05 - \xi}{0.3 + 6\xi} \tag{3-32}$$

η_1——直线下降段的下降斜率调整系数，应按式(3-33)确定，且当 $\eta_1 < 0$ 时，取 $\eta_1 = 0$；

$$\eta_1 = 0.02 + \frac{0.05 - \xi}{4 + 32\xi} \tag{3-33}$$

η_2——阻尼调整系数，应按式(3-34)确定，且当 $\eta_2 < 0.55$ 时，取 $\eta_2 = 0.55$；

$$\eta_2 = 1 + \frac{0.05 - \xi}{0.08 + 1.6\xi} \tag{3-34}$$

T——结构自振周期；

T_g——特征周期，它是对应于反应谱峰值区拐点处的周期，可根据场地类别及设计地

震分组按表 3-3 采用，但在计算罕遇地震作用时，其特征周期应增加 0.05s；

ξ——结构的阻尼比，一般结构可取 0.05，相应的 γ、η_1、η_2 分别为 0.9、0.02、1.0；钢结构在多遇地震下，钢结构在多遇地震下，高度不大于 50m 时可取 0.04，高度大于 50m 且小于 200m 时，可取 0.03，高度不小于 200m 时，宜取 0.02。

表 3-2 水平地震影响系数最大值

地震影响	烈 度			
	6度	7度	8度	9度
多遇地震	0.04	0.08(0.12)	0.16(0.24)	0.32
罕遇地震	0.28	0.50(0.72)	0.90(1.20)	1.40

注：括号中数值分别用于设计基本地震加速度为 0.15g 和 0.30g 的地区。

表 3-3 特征周期值 单位：s

设计地震分组	场 地 类 别				
	I_0	I_1	II	III	IV
第一组	0.20	0.25	0.35	0.45	0.65
第二组	0.25	0.30	0.40	0.55	0.75
第三组	0.30	0.35	0.45	0.65	0.90

需要说明几点：

(1) 表 3-2 中的 α_{max} 值是根据结构阻尼比 $\xi=0.05$ 确定的。统计分析表明，当阻尼比 $\xi=0.05$ 时，动力系数 β 的最大值 β_{max} 平均为 2.25。根据三水准设防目标、两阶段设计原则，第一阶段的多遇地震烈度比基本烈度约低 1.55 度，其对应的 k 值约为相应基本烈度 k 值（表 3-1）的 1/3。第二阶段的罕遇地震烈度比基本烈度高 1 度左右，其 k 值相当于基本烈度 k 值（表 3-1）的 1.5～2.2 倍。根据式(3-31)，$\alpha_{max}=k\beta_{max}$，将相应的 k 值与 β_{max} 相乘，即得表 3-2 的 α_{max}。

(2) 特征周期是反应谱峰值拐点处的周期，可根据场地类别、地震震级和震中距确定。《建筑抗震设计规范》（GB 50011—2010）按后两者的影响将设计地震分成三组。此峰值在曲线中所对应的结构自振周期，大致与该结构所在地点场地的特征周期相一致。特征周期所在的反应谱峰值区，反映了当结构自振周期与场地特征周期相等或接近时，由于类共振作用使地震反应放大。因此，在进行结构的抗震设计时，应使结构的自振周期远离场地的特征周期，以避免发生上述的类共振现象。

(3) 当结构的自振周期 $T=0$ 时，结构为一刚体，其加速度将与地面加速度相等，即 $\beta=1$，故此时的 α 为

$$\alpha = k = \frac{k\beta_{max}}{\beta_{max}} = \frac{\alpha_{max}}{2.25} \approx 0.45\alpha_{max} \tag{3-35}$$

5. 重力荷载代表值

在抗震设计时，当计算地震作用的标准值和计算结构构件的地震作用效应与其他荷载效应的基本组合时，作用于结构的重力荷载采用重力荷载代表值 G_E，它是永久荷载和有关可变荷载的组合值之和，即

$$G_E = G_k + \sum \psi_{Ei} Q_{ki} \tag{3-36}$$

式中 G_k——结构或构件的永久荷载标准值；

Q_{ki}——结构或构件的第 i 个可变荷载标准值；

ψ_{Ei}——第 i 个可变荷载的组合值系数，根据地震时的遇合概率确定，见表 3-4。

表 3-4 组合值系数

可变荷载种类		组合值系数
雪荷载		0.5
屋面积灰荷载		0.5
屋面活荷载		不计入
按实际情况考虑的楼面活荷载		1.0
按等效均布荷载考虑的楼面活荷载	藏书库、档案库	0.8
	其他民用建筑	0.5
吊车悬吊物重力	硬钩吊车	0.3
	软钩吊车	不计入

注：硬钩吊车的吊重较大时，组合系数应按实际情况采用。

【**例题 3-1**】 如图 3-9（a）所示单层单跨厂房，屋盖刚度无穷大，屋盖自重标准值为 880kN，屋面雪荷载标准值为 200kN，忽略柱自重，柱侧向刚度 $k_1=k_2=3.0\times 10^3$ kN/m，结构阻尼比 $\xi=0.05$，I_1 类建筑场地，设计地震分组为第二组，抗震设防烈度为 8 度，设计基本地震加速度为 0.20g。求厂房在多遇地震时的水平地震作用。

【**解**】 因质量集中于屋盖，故结构计算时可简化为如图 3-9（b）所示的单质点体系。

(1) 确定重力荷载代表值 G 和自振周期 T 由表 3-4 可知，雪荷载组合值系数为 0.5，所以，重力荷载代表值 G 为

$$G=880+200\times 0.5=980 \text{ (kN)}$$

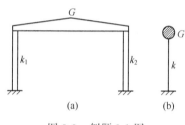

图 3-9 例题 3-1 图

则质点集中质量：

$$m=G/g=980\text{kN}/(9.8\text{m/s}^2)=100\times 10^3 \text{kg}$$

柱侧向刚度为两柱侧向刚度之和：

$$k=k_1+k_2=6.0\times 10^3 \text{ (kN/m)}=6.0\times 10^6 \text{ (N/m)}$$

于是得结构自振周期为

$$T=2\pi\sqrt{\frac{m}{k}}=2\pi\sqrt{\frac{100\times 10^3}{6.0\times 10^6}}=0.811 \text{ (s)}$$

(2) 确定地震影响系数最大值 $\alpha_{\max}$ 和特征周期 T_g

由表 3-2 查得，抗震设防烈度 8 度，在多遇地震时，$\alpha_{\max}=0.16$，

由表 3-3 查得，I_1 类场地，设计地震分组为第二组时，$T_g=0.30s$。

(3) 计算地震影响系数 α 值 因 $T_g<T<5T_g$，所以 α 处于曲线下降段，且当阻尼比 $\xi=0.05$ 时，可得 $\eta_2=1.0$，$\gamma=0.9$，则 α 的计算公式为

$$\alpha=\left(\frac{T_g}{T}\right)^\gamma \eta_2 \alpha_{\max}=\left(\frac{0.30}{0.811}\right)^{0.9}\times 1.0\times 0.16=0.065$$

(4) 计算水平地震作用 由式（3-30）得

$$F=\alpha G=0.065\times 980=63.7 \text{ (kN)}$$

第三节 多自由度体系的地震反应分析

一、多自由度体系的运动方程

为了研究方便，先考虑两个自由度体系的情况，然后再将其推广到两个以上自由度体

系。图 3-10 为二质点体系,在单向地震作用下,根据达朗贝尔原理,分别考虑作用于质点 1、2 上的惯性力、阻尼力和弹性恢复力在某一瞬间的动力平衡,即可得到下列运动方程组:

$$\left.\begin{array}{l} m_1\ddot{x}_1+c_{11}\dot{x}_1+c_{12}\dot{x}_2+k_{11}x_1+k_{12}x_2=-m_1\ddot{x}_0 \\ m_2\ddot{x}_2+c_{21}\dot{x}_1+c_{22}\dot{x}_2+k_{21}x_1+k_{22}x_2=-m_2\ddot{x}_0 \end{array}\right\} \quad (3\text{-}37)$$

式中的系数 k_{ij}、c_{ij} 分别反映了结构刚度和阻尼的大小,称为刚度系数和阻尼系数。以刚度系数 k_{ij} 为例,其计算方法可按照图 3-11 所示,由各质点上作用力平衡求得,同理也可求得阻尼系数 c_{ij}。

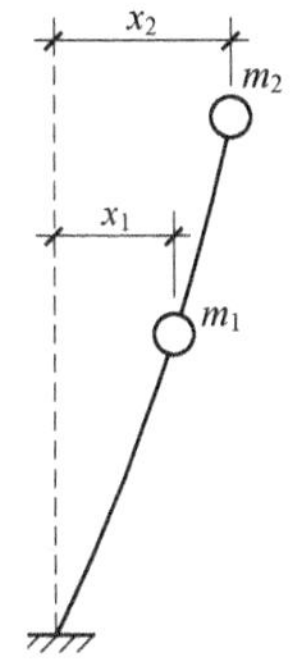

$$\left.\begin{array}{l} k_{11}=k_1+k_2 \\ k_{12}=k_{21}=-k_2 \\ k_{22}=k_2 \end{array}\right\} \quad \left.\begin{array}{l} c_{11}=c_1+c_2 \\ c_{12}=c_{21}=-c_2 \\ c_{22}=c_2 \end{array}\right\} \quad (3\text{-}38)$$

若将式(3-37)用矩阵形式表示,则为

$$[m]\{\ddot{x}\}+[c]\{\dot{x}\}+[k]\{x\}=-[m]\{1\}\ddot{x}_0 \quad (3\text{-}39)$$

式(3-39)可推广至一般多自由度体系,式中 $[m]$、$[c]$ 和 $[k]$ 分别为体系的质量矩阵、阻尼矩阵和刚度矩阵。$\{\ddot{x}\}$、$\{\dot{x}\}$ 和 $\{x\}$ 则为体系的加速度、速度和位移向量。

图 3-10 二自由度体系

式(3-39)中,$[m]$ 是对角矩阵,不存在耦联;阻尼矩阵 $[c]$ 和刚度矩阵 $[k]$ 均存在耦联。因此,对于上述运动方程,要运用振型分解法和振型正交性原理来解耦,以方便求解。多自由度弹性体系的振型,是由分析体系的自由振动得来的。以下讨论多自由度体系的自由振动问题及振型的正交性。

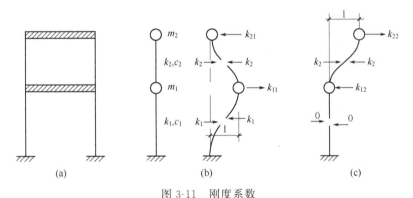

图 3-11 刚度系数

二、多自由度体系的自振频率与振型分析

1. 自振频率

考虑二自由度体系,令式(3-37)等号右边的荷载项为 0,即可得到该体系的自由振动方程。若略去阻尼的影响,则可得

$$\left.\begin{array}{l} m_1\ddot{x}_1+k_{11}x_1+k_{12}x_2=0 \\ m_2\ddot{x}_2+k_{21}x_1+k_{22}x_2=0 \end{array}\right\} \quad (3\text{-}40)$$

上述微分方程组的解为

$$\left.\begin{array}{l} x_1=X_1\sin(\omega t+\varphi) \\ x_2=X_2\sin(\omega t+\varphi) \end{array}\right\} \quad (3\text{-}41)$$

式中，X_1、X_2 为质点 1 和质点 2 的位移幅值；ω 为圆频率；φ 为初相角。

将式(3-41)代入式(3-40)，得

$$\left.\begin{array}{l}(k_{11}-m_1\omega^2)X_1+k_{12}X_2=0\\k_{21}X_1+(k_{22}-m_2\omega^2)X_2=0\end{array}\right\} \tag{3-42}$$

上式为 X_1 和 X_2 的齐次方程组，显然 $X_1=0$ 和 $X_2=0$ 是一组解，但此时体系将无振动，因此它不是自由振动的解。为使上式有非零解，其系数行列式须等于零，即

$$\begin{vmatrix}k_{11}-m_1\omega^2 & k_{12}\\k_{21} & k_{22}-m_2\omega^2\end{vmatrix}=0 \tag{3-43}$$

上式称为频率方程。展开后求解，可解出 ω^2 的两个根为

$$\omega^2=\frac{1}{2}\left(\frac{k_{11}}{m_1}+\frac{k_{22}}{m_2}\right)\pm\sqrt{\left[\frac{1}{2}\left(\frac{k_{11}}{m_1}+\frac{k_{22}}{m_2}\right)\right]^2-\frac{k_{11}k_{22}-k_{12}k_{21}}{m_1m_2}} \tag{3-44}$$

可以证明，这两个根都是正的，它们就是体系的两个自振圆频率。其中最小圆频率 ω_1 称为第一圆频率或基本频率，另一个 ω_2 为第二自振圆频率。

对于一个 n 质点的多自由度弹性体系，式(3-40)可写成

$$\left.\begin{array}{l}m_1\ddot{x}_1+k_{11}x_1+k_{12}x_2+\cdots+k_{1n}x_n=0\\m_2\ddot{x}_2+k_{21}x_1+k_{22}x_2+\cdots+k_{2n}x_n=0\\\cdots\\m_n\ddot{x}_n+k_{n1}x_1+k_{n2}x_2+\cdots+k_{nn}x_n=0\end{array}\right\} \tag{3-45}$$

写成矩阵形式为

$$[m]\{\ddot{x}\}+[k]\{x\}=0 \tag{3-46}$$

设方程(3-46)的解为

$$\{x\}=\{X\}\sin(\omega t+\varphi) \tag{3-47}$$

$$\{\ddot{x}\}=-\omega^2\{X\}\sin(\omega t+\phi)=-\omega^2\{x\} \tag{3-48}$$

式中 $\{X\}$ ——体系的振动幅值向量，即振型。

将式(3-47)和式(3-48)代入式(3-46)，得

$$([k]-\omega^2[m])\{X\}=0 \tag{3-49}$$

上式是多自由度弹性体系自由振动方程的代数方程形式，称为动力特征方程。

同理，$\{X\}$ 为体系的振动幅值向量，其元素不可能全为零，否则体系就不可能产生振动。因此，为了得到 $\{X\}$ 的非零解，系数行列式 $|[k]-\omega^2[m]|$（即为 n 个质点多自由度弹性体系的频率方程）须等于零，展开后是一个以 ω^2 为未知数的一元 n 次方程，可以求出这个方程的 n 个根 ω_1^2、ω_2^2、$\cdots$、ω_n^2，即可得出体系的 n 个自振频率。将求得的 n 个 ω 值由小到大顺序排列 $\omega_1<\omega_2<\cdots<\omega_j<\cdots<\omega_n$，用式(3-10)可由 n 个 ω 值求得 n 个自振周期 T，将 n 个自振周期由大到小顺序排列 $T_1>T_2>\cdots>T_j>\cdots>T_n$。其中 ω_1 称为第一频率或基本频率，T_1 称为第一周期或基本周期，而 ω_2、ω_3、$\cdots$、ω_n（或 T_2、T_3、$\cdots$、T_n）分别是第二、三、$\cdots$、n 自振频率（或自振周期）。

2. 主振型

由于式(3-42)为齐次方程组，两个方程是线性相关的，所以将式(3-44)求得的 ω_1、ω_2 代回式(3-42)后，只能求得两个质点位移幅值的相对比值。又由式(3-41)可得质点在任意时刻的位移，进而可得在振动过程中两质点的位移比值为

对应于 ω_1
$$\frac{x_{11}}{x_{12}} = \frac{X_{11}}{X_{12}} = \frac{-k_{12}}{k_{11} - m_1 \omega_1^2} \qquad (3\text{-}50)$$

对应于 ω_2
$$\frac{x_{21}}{x_{22}} = \frac{X_{21}}{X_{22}} = \frac{-k_{12}}{k_{11} - m_1 \omega_2^2} \qquad (3\text{-}51)$$

式中，X_{11} 和 X_{12} 分别表示第一振型质点 1、2 的位移幅值，X_{21} 和 X_{22} 分别表示第二振型质点 1、2 的位移幅值。由式(3-50)、式(3-51) 可见，这一比值与时间无关，且为常数。即在结构振动过程中的任意时刻，这两个质点的位移比值始终保持不变。

对于多质点弹性体系，将求得的 ω_j 依次代回到方程(3-49)，也可以求得对应于每一频率值时体系各质点的相对振幅值 $\{X\}$，同样可以证明，在结构振动过程中的任意时刻，各个质点的位移之间也保持着不变的比例关系。用这些相对振幅值绘制的体系各质点的侧移曲线就是对应于该频率的主振型，或简称为振型。

通常，体系有多少个自由度就有多少个频率，相应的就多少个主振型，它们是体系的固有特性。对应于 ω_1（或 T_1）的称为第一振型或基本振型，其他各振型统称为高振型。

3. 主振型的正交性

多自由度弹性体系作自由振动时，各振型对应的频率各不相同，任意两个不同的振型之间存在着正交性。利用振型的正交性原理可以简化多自由度弹性体系运动微分方程组的求解。

主振型的正交性表现在两个方面：

(1) 主振型关于质量矩阵是正交的 即

$$\{X\}_j^T [m] \{X\}_k = \begin{cases} 0 & (j \neq k) \\ M_j & (j = k) \end{cases} \qquad (3\text{-}52)$$

式中，$\{X\}_j$、$\{X\}_k$ 分别为体系第 j、k 振型的振幅向量。

振型关于质量矩阵正交性的物理意义是：某一振型在振动过程中所引起的惯性力不在其他振型上做功，这一振型的动能不会转移到其他振型上去，即体系按某一振型作自由振动时不会激起该体系其他振型的振动。

(2) 主振型关于刚度矩阵是正交的 即

$$\{X\}_j^T [k] \{X\}_k = \begin{cases} 0 & (j \neq k) \\ K_j & (j = k) \end{cases} \qquad (3\text{-}53)$$

振型关于刚度矩阵正交性的物理意义是：体系按某一振型（k）振动引起的弹性恢复力（$[k]\{X\}_k$）在其他振型（j）的位移（$\{X\}_j$）上所做的功之和等于零，即体系按某一振型振动时，它的位移能不会转移到其他振型上去。

三、振型分解法

振型分解法是求解多自由度弹性体系动力响应的一种重要方法。由前述分析可知，多自由度弹性体系在水平地震作用下的运动方程为一组互相耦联的微分方程，联立求解比较困难。振型分解法的思路是：利用振型的正交性，将原来耦联的多自由度微分方程组分解为若干彼此独立的单自由度微分方程，分别得出各个独立单自由度微分方程的解，然后再按照一定的规则，将各个独立解进行叠加，得出总的反应。

先考虑二自由度体系，将质点 m_1 和 m_2 在地震作用下任一时刻的位移 $x_1(t)$ 和 $x_2(t)$ 用两个振型的线性组合来表示，即

$$\left.\begin{aligned} x_1(t) &= q_1(t) X_{11} + q_2(t) X_{21} \\ x_2(t) &= q_1(t) X_{12} + q_2(t) X_{22} \end{aligned}\right\} \qquad (3\text{-}54)$$

这里用新坐标 $q_1(t)$ 和 $q_2(t)$ 代替原有的两个几何坐标 $x_1(t)$ 和 $x_2(t)$。只要 $q_1(t)$ 和 q_2

(t) 确定，$x_1(t)$ 和 $x_2(t)$ 也就可以确定，而 $q_1(t)$ 和 $q_2(t)$ 实际上表示在质点任一时刻的变位中第一振型与第二振型所占的分量。由于 $x_1(t)$ 和 $x_2(t)$ 为时间的函数，$q_1(t)$ 和 $q_2(t)$ 也为时间的坐标，一般称为广义坐标。

当为多自由度体系时，式(3-54) 可写成

$$x_i(t) = \sum_{j=1}^{n} q_j(t) X_{ji} \tag{3-55}$$

也可以写成下述矩阵的形式：

$$\{x\} = [X]\{q\} \tag{3-56}$$

一般来说，主振型关于阻尼矩阵不具有正交性。为了能利用振型分解法，假定阻尼矩阵也满足正交关系，即

$$\{X\}_j^T [c] \{X\}_k = \begin{cases} 0 & (j \neq k) \\ C_j & (j = k) \end{cases} \tag{3-57}$$

在分析中，通常采用瑞雷阻尼矩阵形式，将阻尼矩阵表示为质量矩阵与刚度矩阵的线性组合，即

$$[c] = \alpha_1 [m] + \alpha_2 [k] \tag{3-58}$$

式中，α_1、α_2 为比例常数。

这样，式(3-57) 可写成：

$$\{X\}_j^T [c] \{X\}_k = \begin{cases} 0 & (j \neq k) \\ \alpha_1 M_j + \alpha_2 K_j & (j = k) \end{cases} \tag{3-59}$$

有了上述正交性后，就可推导振型分解法。

将式(3-56)、式(3-58) 代入运动方程式(3-39)，并利用主振型关于质量矩阵、刚度矩阵的正交性原理，即式(3-52) 和式(3-53)，可将式(3-39) 简化得

$$\ddot{q}_j + (\alpha_1 + \alpha_2 \omega_j^2) \dot{q}_j + \omega_j^2 q_j = -\gamma_j \ddot{x}_0 \quad (j=1,2,\cdots,n) \tag{3-60}$$

式中

$$\gamma_j = \frac{\{X\}_j^T [m] \{1\}}{\{X\}_j^T [m] \{X\}_j} = \frac{\sum_{i=1}^{n} m_i X_{ji}}{\sum_{i=1}^{n} m_i X_{ji}^2} \tag{3-61}$$

令 $\alpha_1 + \alpha_2 \omega_j^2 = 2\xi_j \omega_j$，则式(3-60) 可以写成

$$\ddot{q}_j + 2\xi_j \omega_j \dot{q}_j + \omega_j^2 q_j = -\gamma_j \ddot{x}_0 \quad (j=1,2,\cdots,n) \tag{3-62}$$

在式(3-62) 中 ξ_j 为对应于 j 振型的阻尼比，系数 α_1 和 α_2 通常根据第一、第二振型的频率和阻尼比确定，即有

$$\begin{cases} \alpha_1 + \alpha_2 \omega_1^2 = 2\xi_1 \omega_1 \\ \alpha_1 + \alpha_2 \omega_2^2 = 2\xi_2 \omega_2 \end{cases} \tag{3-63}$$

解之，得

$$\alpha_1 = \frac{2\omega_1 \omega_2 (\xi_1 \omega_2 - \xi_2 \omega_1)}{\omega_2^2 - \omega_1^2}, \quad \alpha_2 = \frac{2(\xi_2 \omega_2 - \xi_1 \omega_1)}{\omega_2^2 - \omega_1^2}$$

式(3-62) 即相当于单自由度体系振动方程。依次取 $j=1,2,\cdots,n$，可得 n 个彼此独立的关于广义坐标 $q_j(t)$ 的运动方程，第 j 方程的振动频率和阻尼比即为原多自由度体系的第 j 振型的振动频率和阻尼比。通过上述步骤，即实现了将原来多自由度体系的耦联方程分解为若干彼此独立的单自由度方程的目的。对每一方程独立求解，可分别解得 $q_1, q_2, \cdots, q_n$。

可以看出，式(3-62) 与单自由度体系在地震作用下的运动微分方程式(3-5) 在形式上基本相同，只是方程式(3-62) 的等号右边多了一个系数 γ_j，所以方程式(3-62) 的解就可以

参照方程式(3-5)的解,即式(3-14)写出为

$$q_j(t) = -\frac{\gamma_j}{\omega_j}\int_0^t \ddot{x}_0(\tau)e^{-\xi_j\omega_j(t-\tau)}\sin\omega_j(t-\tau)d\tau = \gamma_j\Delta_j(t) \tag{3-64}$$

式中,$\Delta_j(t) = -\frac{1}{\omega_j}\int_0^t \ddot{x}_0(\tau)e^{-\xi_j\omega_j(t-\tau)}\sin\omega_j(t-\tau)d\tau$,相当于阻尼比为$\xi_j$、自振频率为$\omega_j$的单自由度弹性体系在地震作用下的位移反应,这个单自由度体系称作与振型j相应的振子。

将式(3-64)代入式(3-55),得

$$x_i(t) = \sum_{j=1}^{n} q_j(t)X_{ji} = \sum_{j=1}^{n} \gamma_j\Delta_j(t)X_{ji} \tag{3-65}$$

上式就是用振型分解法分解时,多自由度弹性体系在地震作用下其中任一质点m_i位移的计算公式。式中γ_j的表达式见式(3-61),称γ_j为体系在地震作用下第j振型的振型参与系数。

第四节 多自由度体系的水平地震作用计算

多自由度弹性体系的水平地震作用可采用振型分解反应谱法求得,在一定条件下还可采用比较简单的底部剪力法。现将这两种方法分别介绍如下。

一、振型分解反应谱法

振型分解反应谱法是在振型分解法和反应谱法基础上发展起来的一种计算多自由度弹性体系地震作用的方法,其主要思路是:利用振型分解法的概念,将多自由度体系分解成若干个单自由度体系的组合,然后引用单自由度体系的反应谱理论来计算各振型的地震作用。

1. 振型的最大地震作用

多自由度弹性体系第i质点在t时刻受到的水平地震作用即为质点所受到的惯性力,即

$$F_i(t) = -m_i[\ddot{x}_0(t) + \ddot{x}_i(t)] \tag{3-66}$$

由结构动力学可得

$$\sum_{j=1}^{n}\gamma_j X_{ji} = 1 \tag{3-67}$$

将式(3-65)和式(3-67)代入式(3-66),得

$$F_i(t) = -m_i\sum_{j=1}^{n}\gamma_j X_{ji}[\ddot{x}_0(t) + \ddot{\Delta}_j(t)] \tag{3-68}$$

则第j振型第i质点上的水平地震作用绝对最大标准值为

$$F_{ji} = |F_{ji}(t)|_{\max} = m_i\gamma_j X_{ji}[\ddot{x}_0(t) + \ddot{\Delta}_j(t)]_{\max} \tag{3-69}$$

式中的$[\ddot{x}_0(t) + \ddot{\Delta}_j(t)]_{\max}$为阻尼比$\xi_j$、自振频率$\omega_j$的单自由度弹性体系的最大绝对加速度反应$S_a(\xi_j, \omega_j)$,由式(3-31)可得$\alpha_j = S_a(\xi_j, \omega_j)/g$,则式(3-69)可写成

$$F_{ji} = \alpha_j\gamma_j X_{ji}G_i \quad (i=1,2,\cdots,n;j=1,2,\cdots,m) \tag{3-70}$$

式中 α_j——与第j振型自振周期T_j相应的地震影响系数,按本章第二节的方法确定;
G_i——集中于质点i的重力荷载代表值,按本章第二节的方法确定;
X_{ji}——j振型i质点的水平相对位移;
γ_j——j振型的振型参与系数,按式(3-61)计算。

式(3-70)即为按振型分解反应谱法计算多自由度弹性体系地震作用的一般表达式,由此可求得各阶振型下各个质点上的最大水平地震作用。

2. 地震作用效应的组合

求得相应于第 j 振型 i 质点上的地震作用 F_{ji} 后,就可按一般力学方法计算相应于各振型时结构的地震作用效应 S_j,包括弯矩、剪力、轴向力和变形等。根据振型分解法,结构任一时刻所受的地震作用为该时刻各振型地震作用之和,并且所求得的相应于各振型的地震作用 F_{ji} 均为最大值。这样,按 F_{ji} 求得的地震作用效应 S_j 也是最大值。但结构振动时,相应于各振型的最大地震作用效应一般不会同时发生。因此,在求结构总的地震效应时不应是各振型效应 S_j 的简单代数和,由此产生了地震作用效应如何组合的问题,即振型组合问题。

根据分析,如假定地震时地面运动为平稳随机过程,则对于各平动振型产生的地震作用效应可近似地采用平方和开方(SRSS)的方法来确定,即

$$S_{Ek} = \sqrt{\sum S_j^2} \tag{3-71}$$

式中 S_{Ek}——水平地震作用标准值的效应;

S_j——j 振型水平地震作用标准值的效应,可只取前 2～3 个振型,当基本自振周期大于 1.5s 或房屋高宽比大于 5 时,振型个数应适当增加。

二、底部剪力法

多自由度体系按振型分解法求解结构的地震反应时,需要计算结构的各个自振频率和振型,运算复杂。对于高度不超过 40m、以剪切变形为主且质量和刚度沿高度分布比较均匀的结构,以及近似于单质点体系的结构,由于其结构振动位移反应往往以第一振型为主,而且第一振型接近于直线,故对于满足上述条件的结构,可以近似采用底部剪力法。

1. 底部剪力法的基本公式

采用底部剪力法计算时,各楼层可仅取一个自由度,根据底部剪力相等的原则,把多质点体系用一个与其基本周期相同的单质点体系来等代。这样,结构总的水平地震作用(结构的底部剪力)标准值,可参照单自由度体系的公式(3-30),按下式确定:

$$F_{Ek} = \alpha_1 G_{eq} \tag{3-72}$$

式中 F_{Ek}——结构总水平地震作用标准值;

α_1——相应于结构基本自振周期的水平地震影响系数值,按图 3-8、表 3-2 和表 3-3 确定,对多层砌体房屋、底部框架-抗震墙砌体房屋,宜取水平地震影响系数最大值;

G_{eq}——结构等效总重力荷载,单质点应取总重力荷载代表值,多质点可取总重力荷载代表值的 85%。

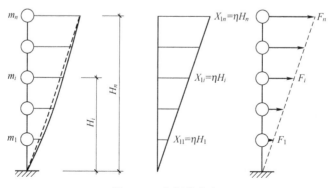

图 3-12 底部剪力法

求得结构的总水平地震作用后,就可将它分配于各个质点,以求得各质点上的地震作

用。由于结构振动以基本振型为主,而且基本振型接近直线,如图 3-12 所示,则作用于各质点的水平地震作用 F_i 近似等于 F_{1i},由式(3-70)可得

$$F_i \approx F_{1i} = \alpha_1 \gamma_1 X_{1i} G_i = \alpha_1 \gamma_1 \eta H_i G_i \tag{3-73}$$

则结构总水平地震作用可表示为

$$F_{Ek} = \sum_{j=1}^{n} F_{1j} = \sum_{j=1}^{n} \alpha_1 \gamma_1 \eta H_j G_j = \alpha_1 \gamma_1 \eta \sum_{j=1}^{n} H_j G_j \tag{3-74}$$

可得

$$\alpha_1 \gamma_1 \eta = \frac{F_{Ek}}{\sum_{j=1}^{n} G_j H_j} \tag{3-75}$$

将式(3-75)代入式(3-73),得

$$F_i = \frac{G_i H_i}{\sum_{j=1}^{n} G_j H_j} F_{Ek} \tag{3-76}$$

则,地震下各楼层水平地震层间剪力标准值 V_{ik} 为

$$V_{ik} = \sum_{j=i}^{n} F_j \quad (i=1,2,\cdots,n) \tag{3-77}$$

式中 η ——质点水平相对位移与质点计算高度的比例系数;
H_i, H_j ——质点 i、j 的计算高度;
G_i, G_j ——集中于质点 i、j 的重力荷载代表值。

2. 底部剪力法的修正

大量的结构地震反应直接动力分析表明,当结构层数较多、周期较长时,按式(3-76)计算得到的上部质点的水平地震作用往往小于振型分解反应谱法的计算结果。这是因为,高振型对结构反应的影响主要在结构上部,而且,震害经验也表明,一些基本周期较长的建筑上部震害比较严重。为此,规范规定,当结构的基本周期 $T_1 > 1.4 T_g$ 时需要对式(3-76)进行调整。调整的方法是将结构总地震作用的一部分作为集中力作用于结构顶部,再将余下的部分按倒三角形分配给各质点,这个附加的集中水平地震作用可表示为

$$\Delta F_n = \delta_n F_{Ek} \tag{3-78}$$

式中 ΔF_n ——顶部附加水平地震作用;
δ_n ——顶部附加地震作用系数,多层钢筋混凝土和钢结构房屋可按表 3-5 采用;其他房屋可采用 0.0。

这样,式(3-76)可改写成

$$F_i = \frac{G_i H_i}{\sum_{j=1}^{n} G_j H_j} F_{Ek} (1 - \delta_n) \quad (i=1,2,\cdots,n) \tag{3-79}$$

当房屋顶部有突出屋面的小建筑物时,上述附加集中水平地震作用 ΔF_n 应置于主体房屋的顶层而不应置于小建筑物的顶部。

表 3-5 顶部附加地震作用系数

T_g/s	$T_1 > 1.4 T_g$	$T_1 \leq 1.4 T_g$
$T_g \leq 0.35$	$0.08 T_1 + 0.07$	
$0.35 < T_g \leq 0.55$	$0.08 T_1 + 0.01$	0.0
$T_g > 0.55$	$0.08 T_1 - 0.02$	

底部剪力法适用于重量和刚度沿高度分布比较均匀的结构。当建筑物有突出屋面的小建筑如屋顶间、女儿墙和烟囱等时，由于该部分的重量和刚度突然变小，地震时将产生鞭端效应，使得突出屋面小建筑的地震反应特别强烈，其程度取决于突出物与建筑物的质量比、刚度比以及场地条件等。为了简化计算，《建筑抗震设计规范》规定，当采用底部剪力法计算这类小建筑的地震作用效应时，宜乘以增大系数 3，但此增大部分不应往下传递，但与该突出部分相连的构件应予计入；当采用振型分解法计算时，突出屋面部分可作为一个质点；单层厂房突出屋面天窗架地震作用效应的增大系数，应按第七章的有关规定采用。

3. 最低水平地震剪力的要求

由于地震影响系数在长周期段下降较快，对于基本周期大于 3.5s 的结构，根据上述方法计算所得的水平地震作用下的结构效应可能太小，特别是对于长周期结构，地震动态作用中的地面运动速度和位移可能对结构的破坏具有更大影响，而上述方法对此无法做出估计。因此，抗震规范出于结构安全的考虑，提出了对各楼层水平地震剪力最小值的要求，即在进行结构抗震验算时，结构任一楼层的水平地震剪力应符合下式要求：

$$V_{Eki} > \lambda \sum_{j=i}^{n} G_j \qquad (3-80)$$

式中 V_{Eki}——第 i 层对应于水平地震作用标准值的楼层剪力；

λ——剪力系数，不应小于表 3-6 规定的楼层最小地震剪力系数值，对竖向不规则结构的薄弱层，尚应乘以 1.15 的增大系数；

G_j——第 j 层的重力荷载代表值。

表 3-6 楼层最小地震剪力系数值

类　　别	6 度	7 度	8 度	9 度
扭转效应明显或基本周期小于 3.5s 的结构	0.008	0.016(0.024)	0.032(0.048)	0.064
基本周期大于 5.0s 的结构	0.006	0.012(0.018)	0.024(0.036)	0.048

注：1. 基本周期介于 3.5s 和 5.0s 之间的结构，可插入取值；
2. 括号内数值分别用于设计基本地震加速度为 0.15g 和 0.30g 的地区。

【例题 3-2】 钢筋混凝土四层框架计算简图如图 3-13 所示，层高均为 4m，重力荷载代表值 $G_1=450\text{kN}$，$G_2=G_3=440\text{kN}$，$G_4=380\text{kN}$。体系的前三阶自振周期为：$T_1=0.383\text{s}$，$T_2=0.154\text{s}$，$T_3=0.102\text{s}$。体系的前三阶振型见图 3-13。结构阻尼比 $\xi=0.05$，I_1 类建筑场地，设计地震分组第一组，抗震设防烈度为 8 度（设计基本地震加速度 0.20g）。试按振型分解反应谱法和底部剪力法分别确定该结构在多遇地震时的最大底部剪力。

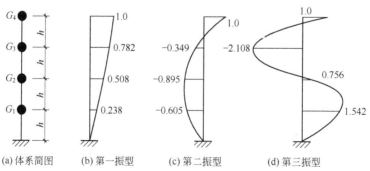

图 3-13　例题 3-2 图

【解】 1. 振型分解反应谱法

(1) 计算地震影响系数

由表 3-2 查得,抗震设防烈度为 8 度(设计基本地震加速度为 0.20g),在多遇地震时, $\alpha_{\max}=0.16$;由表 3-3 查得, I_1 类建筑场地,设计地震分组为第一组时, $T_g=0.25s$。

当阻尼比 $\xi=0.05$ 时,由式(3-32)和式(3-33)得 $\gamma=0.9$, $\eta_2=1.0$。

因 $T_g < T_1 \leqslant 5T_g$,故 $\alpha_1 = \left(\dfrac{T_g}{T}\right)^\gamma \eta_2 \alpha_{\max} = \left(\dfrac{0.25}{0.383}\right)^{0.9} \times 1.0 \times 0.16 = 0.109$

$0.1s \leqslant T_2$, $T_3 \leqslant T_g$,故 $\alpha_2 = \alpha_3 = \eta_2 \alpha_{\max} = 0.16$。

(2) 计算振型参与系数

$$\gamma_1 = \frac{\sum_{i=1}^{n} m_i X_{1i}}{\sum_{i=1}^{n} m_i X_{1i}^2} = \frac{450 \times 0.238 + 440 \times (0.508 + 0.782) + 380 \times 1}{450 \times 0.238^2 + 440 \times (0.508^2 + 0.782^2) + 380 \times 1^2} = 1.338$$

同理,可计算得 $\gamma_2 = -0.462$, $\gamma_3 = 0.131$。

(3) 计算水平地震作用标准值

第一振型时各质点地震作用 F_{1i}:

$F_{11} = \alpha_1 \gamma_1 X_{11} G_1 = 0.109 \times 1.338 \times 0.238 \times 450 = 15.62$ (kN)
$F_{12} = \alpha_1 \gamma_1 X_{12} G_2 = 0.109 \times 1.338 \times 0.508 \times 440 = 32.60$ (kN)
$F_{13} = \alpha_1 \gamma_1 X_{13} G_3 = 0.109 \times 1.338 \times 0.782 \times 440 = 50.18$ (kN)
$F_{14} = \alpha_1 \gamma_1 X_{14} G_4 = 0.109 \times 1.338 \times 1.0 \times 380 = 55.42$ (kN)

第二振型时各质点地震作用 F_{2i}:

$F_{21} = \alpha_2 \gamma_2 X_{21} G_1 = 0.16 \times (-0.462) \times (-0.605) \times 450 = 20.12$ (kN)
$F_{22} = \alpha_2 \gamma_2 X_{22} G_2 = 0.16 \times (-0.462) \times (-0.895) \times 440 = 29.11$ (kN)
$F_{23} = \alpha_2 \gamma_2 X_{23} G_3 = 0.16 \times (-0.462) \times (-0.349) \times 440 = 11.35$ (kN)
$F_{24} = \alpha_2 \gamma_2 X_{24} G_4 = 0.16 \times (-0.462) \times 1.0 \times 380 = -28.09$ (kN)

第三振型时各质点地震作用 F_{3i}:

$F_{31} = \alpha_3 \gamma_3 X_{31} G_1 = 0.16 \times 0.131 \times 1.542 \times 450 = 14.54$ (kN)
$F_{32} = \alpha_3 \gamma_3 X_{32} G_2 = 0.16 \times 0.131 \times 0.756 \times 440 = 6.97$ (kN)
$F_{33} = \alpha_3 \gamma_3 X_{33} G_3 = 0.16 \times 0.131 \times (-2.108) \times 440 = -19.44$ (kN)
$F_{34} = \alpha_3 \gamma_3 X_{34} G_4 = 0.16 \times 0.131 \times 1.0 \times 380 = 7.96$ (kN)

(4) 计算各振型水平地震作用下的底部剪力

$V_{11} = F_{11} + F_{12} + F_{13} + F_{14} = 153.82$ (kN)
$V_{21} = F_{21} + F_{22} + F_{23} + F_{24} = 31.49$ (kN)
$V_{31} = F_{31} + F_{32} + F_{33} + F_{34} = 10.03$ (kN)

(5) 通过振型组合求结构的最大底部剪力

$$V_1 = \sqrt{153.82^2 + 31.49^2 + 10.03^2} = 157.33 \text{ (kN)}$$

若只取前两阶振型反应进行组合,则

$$V_1 = \sqrt{153.82^2 + 31.49^2} = 157.01 \text{ (kN)}$$

2. 底部剪力法

(1) 计算地震影响系数 由前可知, $\alpha_1 = 0.109$

(2) 计算结构等效总重力荷载

$$G_{eq} = 0.85 \sum_{i=1}^{n} G_i = 0.85 \times (450 + 440 + 440 + 380) = 1453.5 \text{ (kN)}$$

(3) 计算底部剪力

$$F_{Ek} = \alpha_1 G_{eq} = 0.109 \times 1453.5 = 158.43 \text{ (kN)}$$

(4) 计算各质点的水平地震作用

因 $T_1 = 0.383s > 1.4 T_g = 0.35s$,所以需要考虑顶部附加地震作用。由表3-5得

$$\delta_n = 0.08 T_1 + 0.07 = 0.101$$

则:

$$\Delta F_n = \delta_n F_{Ek} = 0.101 \times 158.43 = 16.0 \text{ (kN)}$$

$$(1 - \delta_n) F_{Ek} = (1 - 0.101) \times 158.43 = 142.43 \text{ (kN)}$$

由式(3-79)和式(3-77)计算各层地震作用和地震剪力,计算结果列于表3-7。

表 3-7 底部剪力法计算结果

层数	G_i/kN	H_i/m	$G_i H_i$/kN·m	$\Sigma G_i H_i$/kN·m	$(1-\delta_n)F_{Ek}$/kN	F_i/kN	ΔF_n/kN	V_i/kN
4	380	16	6080			51.92		67.92
3	440	12	5280	16680	142.43	45.09	16.0	113.01
2	440	8	3520			30.06		143.07
1	450	4	1800			15.37		158.44

可见,底部剪力法的计算结果与振型分解反应谱法的计算结果是很接近的。

第五节 结构自振频率的实用计算方法

按振型分解反应谱法计算多质点体系的地震作用时,理论上可以通过求解动力特征方程来确定体系的周期以及相应的振型,但当体系的质点数多于5个时,手算就很困难。按底部剪力法计算地震作用可以省去烦琐的振型分析,但此时仍需知道结构的基本周期值。下面介绍几种实际工程计算中常采用的基本周期的近似方法。

一、能量法

能量法也称为瑞雷法,是计算多质点体系基本频率的一种近似方法,它的理论基础是能量守恒原理,即一个无阻尼的弹性体系作自由振动时,其总能量(变形能与动能之和)在任何时刻均保持不变。

图3-14表示一个具有 n 个质点的弹性体系,其质量矩阵 $[m]$,刚度矩阵 $[k]$。令 $\{x(t)\}$ 为体系在作自由振动过程中某一时刻 t 时质点的水平位移向量。体系的自由振动是简谐振动,$\{x(t)\}$ 可表示为

$$\{x(t)\} = \{X\} \sin(\omega t + \theta) \tag{3-81}$$

式中 $\{X\}$ ——体系的振型向量;

ω, θ ——体系的振动频率和初相角。

将式(3-81)求导数,可得

$$\{\dot{x}(t)\} = \omega \{X\} \cos(\omega t + \theta) \tag{3-82}$$

当体系振动达到平衡位置时,体系的动能将达到最大值 T_{max},而体系的变形能为零。因此

$$T_{max} = \frac{1}{2} \omega^2 \{X\}^T [m] \{X\} \tag{3-83}$$

当体系振动达到振幅最大位置时,体系变形能达到最大值 U_{max},而体系的动能为零。

因此

$$U_{\max} = \frac{1}{2}\{X\}^T[k]\{X\} \tag{3-84}$$

根据能量守恒原理，有 $T_{\max}=U_{\max}$，故

$$\omega^2 = \frac{\{X\}^T[k]\{X\}}{\{X\}^T[m]\{X\}} \tag{3-85}$$

当体系的质量矩阵 $[m]$ 和刚度矩阵 $[k]$ 已知时，ω^2 是振型向量 $\{X\}$ 的函数。在用能量法求多质点体系的自振频率时，首先要假设体系的振型向量 $\{X\}$。当所假设的振型向量 $\{X\}$ 与体系的某个振型相符时，则可求得该振型自振频率的精确值。一般地，假设体系第一振型的振型曲线比较容易，这一方法主要用于求解体系的基本频率。建筑结构的基本振型可以近似地取为把重力荷载当作水平荷载作用于质点上的结构弹性曲线，其计算简图如图 3-14 所示。

设把重力荷载 $G_i = m_i g$ 作为水平荷载，在其作用下质点 i 处的水平位移为 Δ_i，则体系的最大动能和变形能分别为

$$T_{\max} = \frac{1}{2}\sum_{i=1}^{n} m_i(\omega_1 \Delta_i)^2 \tag{3-86}$$

$$U_{\max} = \frac{1}{2}\sum_{i=1}^{n} G_i \Delta_i \tag{3-87}$$

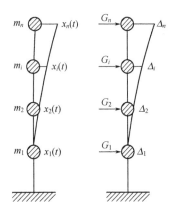

图 3-14 按能量法计算基本周期的计算简图

令 $T_{\max}=U_{\max}$，注意到 $g=9.8\text{m/s}^2$，$T_1=2\pi/\omega_1$ 与 $G_i = m_i g$，可得结构体系的基本频率和基本周期分别为

$$\omega_1 = \sqrt{\sum_{i=1}^{n} G_i \Delta_i / \sum_{i=1}^{n} m_i \Delta_i^2} = \sqrt{g \sum_{i=1}^{n} m_i \Delta_i / \sum_{i=1}^{n} m_i \Delta_i^2} \tag{3-88}$$

$$T_1 \approx 2\sqrt{\sum_{i=1}^{n} G_i \Delta_i^2 / \sum_{i=1}^{n} G_i \Delta_i} \tag{3-89}$$

式中　Δ_i——集中于各质点的重力荷载 G_i 视为水平荷载，在其作用下质点 i 处引起的位移。

二、折算质量法

这种方法又称等效质量法，它是求解多质点弹性体系基本频率的另一种常用的近似方法。它的基本思想是用一个等效单质点体系来代替原来的多质点体系。等效原则为：①等效单质点体系的自振频率与原多质点体系的基本自振频率相等；②等效单质点体系自由振动的最大动能与原多质点体系的基本自由振动的最大动能相等。

如图 3-15 所示，多质点体系按第一振型振动的最大动能为

$$T_{1\max} = \frac{1}{2}\sum_{i=1}^{n} m_i(\omega_1 x_i)^2 \tag{3-90}$$

等效的单质点体系的最大动能为

$$T_{2\max} = \frac{1}{2}M_{eq}(\omega_1 x_m)^2 \tag{3-91}$$

由 $T_{1\max}=T_{2\max}$，可得等效单质点体系的质量为

$$M_{eq} = \sum_{i=1}^{n} m_i x_i^2 / x_m^2 \tag{3-92}$$

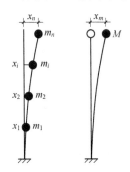

图 3-15 折算质量法

式中 x_m——体系按第一振型振动时，相应于折算质点处的最大位移，对图 3-15，$x_m = x_n$；
x_i——体系按第一振型振动时，质点 m_i 处的最大位移。

上式中，x_i、x_m 可以是单位力作用下的侧移，也可通过将体系各质点重力荷载当作水平力所产生的体系水平位移确定。

确定等效单质点体系的质量 M_{eq} 后，即可按单质点体系来计算原多质点体系的基本频率和基本周期：

$$\omega_1 = \sqrt{1/(M_{eq} \cdot \delta)} \quad (3\text{-}93)$$

$$T_1 = 2\pi \sqrt{M_{eq} \cdot \delta} \quad (3\text{-}94)$$

式中，δ 为体系在等效质点处受单位水平力作用所产生的水平位移。

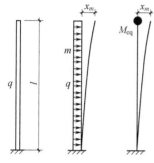

图 3-16 均质悬臂杆采用折算质量法

用折算质量法的动能等效原理，也可以算得图 3-16 所示的连续分布质量悬臂梁结构体系等效为单质点体系时的质量换算系数。当悬臂结构为等截面的均质体系，高度为 l，抗弯刚度为 EI，沿高度方向悬臂结构单位长度质量为 m，此时可近似采用水平均布荷载 $q = mg$ 产生的水平侧移曲线作为第一振型曲线，即

$$x(y) = \frac{q}{24EI}(y^4 - 4ly^3 + 6l^2y^2) \quad (3\text{-}95)$$

当 $y = l$ 时，顶点位移 $x_m = x(l) = \frac{ql^4}{8EI}$，参照式(3-92)，可求得折算质量为

$$M_{eq} = \frac{m \int_0^l x^2(y) dy}{x_m^2} = \frac{m \left(\frac{q}{24EI}\right)^2 \int_0^l (y^4 - 4ly^3 + 6l^2y^2)^2 dy}{\left(\frac{ql^4}{8EI}\right)^2} = 0.25ml \quad (3\text{-}96)$$

三、顶点位移法

顶点位移法也是常用的求结构基频的一种方法，它的基本原理是将结构按其质量分布情况，将框架结构简化成有限质点体系的悬臂杆，而将框架-抗震墙和抗震墙结构简化为无限质点体系的悬臂杆，然后求出以结构顶点位移表示的结构自振周期的计算公式。这样，只要求出结构的顶点水平位移，就可按公式计算出结构的基本自振周期。

（1）弯曲振动时　抗震墙结构可近似视为弯曲型杆，可简化为均匀的无限质点的悬臂直杆，如图 3-17 所示。其截面抗弯刚度为 EI 时，由结构动力学可知，其基本周期为

$$T_1 = 1.78 l^2 \sqrt{m/EI} \quad (3\text{-}97)$$

均布重量 mg 作为水平荷载 q 时，悬臂直杆的顶点位移可由式(3-95)计算为

$$u_T = ql^4/8EI \quad (3\text{-}98)$$

将 $m = q/g$ 和式(3-98)代入式(3-97)，整理得

$$T_1 = 1.6\sqrt{u_T} \quad (3\text{-}99)$$

（2）剪切振动时　框架结构可近似视为剪切型杆，由结构动力学可得，体系此时的基本周期为

$$T_1 = 1.28\sqrt{\zeta q l^2 / 2GA} \quad (3\text{-}100)$$

式中，ζ 为剪应力分布不均匀系数；G 为剪切模量；A 为杆件横截面面积；其余符号意义同前。

剪切型悬臂直杆在水平均布荷载 $q = mg$ 作用下的顶点位移为

$$u_T = \zeta q l^2 / GA \quad (3\text{-}101)$$

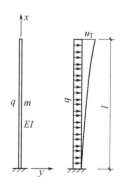

图 3-17 顶点位移法

将 $m=q/g$ 和式(3-101)代入式(3-100)，整理得

$$T_1=1.8\sqrt{u_T} \tag{3-102}$$

(3) 弯剪振动时 框架-剪力墙结构可近似视为弯剪型杆，同理可得其基本周期为

$$T_1=1.7\sqrt{u_T} \tag{3-103}$$

四、实用周期计算方法

为简化计算，在实际工程应用中，对于质量和刚度沿高度分布比较均匀的框架结构、框架-抗震墙结构和抗震墙结构，其基本自振周期可按下式计算：

$$T_1=1.7\psi_T\sqrt{u_T} \tag{3-104}$$

式中 T_1——结构基本自振周期，s；

u_T——假想的结构顶点水平位移，m，即假想把集中在各楼层处的重力荷载代表值 G_i 作为该楼层水平荷载，仅考虑计算单元全部柱的侧向刚度 ΣD，按弹性方法所求得的结构顶点位移；

ψ_T——考虑非承重墙刚度对结构自振周期影响的折减系数，当采用实砌填充砖墙时，框架结构可取 0.6～0.7；框架-抗震墙结构可取 0.7～0.8；抗震墙结构可取 0.9～1.0。对于其他结构体系或采用其他非承重墙体时，可根据工程情况确定。

【例题 3-3】 试求图 3-18 所示两层框架的基本周期。质点重力荷载 G_1、G_2 集中在楼层处。$G_1=400\text{kN}$，$G_2=300\text{kN}$，层间侧向刚度 $K_1=14280\text{kN/m}$，$K_2=10720\text{kN/m}$。

【解】 1. 能量法 [图 3-18(a)]

(1) 计算各层层间剪力

首层层间剪力：$V_1=400+300=700$ (kN)；二层层间剪力：$V_2=300\text{kN}$

(2) 计算各层楼层处的水平位移 u_i

第一层：$\Delta_1=V_1/K_1=700/14280=0.049$ (m)

第二层：$\Delta_2=u_1+V_2/K_2=0.049+300/10720=0.077$ (m)

(3) 计算基本周期：由式(3-89)得

$$T_1\approx 2\sqrt{\sum_{i=1}^n G_i\Delta_i^2/\sum_{i=1}^n G_i\Delta_i}=2\times\sqrt{\frac{400\times 0.049^2+300\times 0.077^2}{400\times 0.049+300\times 0.077}}=0.507(\text{s})$$

2. 折算质量法 [图 3-18(b)]

(1) 计算各层在单位力 $F=1$ 作用下的侧移

$x_1=F/K_1=1/(14280\times 10^3)=7.00\times 10^{-8}$ (m/N)

$x_2=x_1+F/K_2=7.00\times 10^{-8}+1/(10720\times 10^3)=16.33\times 10^{-8}$ (m/N)

$x_m=\delta=x_2=16.33\times 10^{-8}$ (m/N)

(2) 计算折算质量 M_{eq}

$$M_{eq}=\sum_{i=1}^n m_ix_i^2/x_m^2=\frac{400\times(7.00\times 10^{-8})^2+300\times(16.33\times 10^{-8})^2}{9.80\times(16.33\times 10^{-8})^2}\times 10^3=38112(\text{kg})$$

(3) 计算体系的基本周期

$$T_1=2\pi\sqrt{M_{eq}\cdot\delta}=2\pi\sqrt{38112\times 16.33\times 10^{-8}}=0.495(\text{s})$$

3. 顶点位移法

由能量法已经求得在重力荷载当作水平荷载作用下的顶点位移为 $u_T=0.077\text{m}$，且本例为剪切型结构，由式(3-102)计算结构基本周期为：

$$T_1=1.8\sqrt{u_T}=1.8\sqrt{0.077}=0.499(\text{s})$$

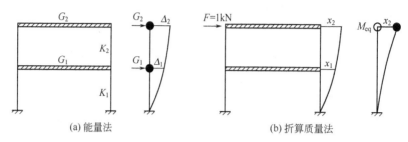

图 3-18 例题 3-3 图

第六节 考虑扭转和地基与结构相互作用影响的水平地震作用计算

一、考虑扭转的水平地震作用计算

从抗震要求来说，要尽量使建筑的平面简单、规则和对称，竖向体形规则、均匀。但是，为满足建筑上外观多样化和功能现代化的要求，结构平面往往满足不了均匀、规则、对称的要求。很多平立面复杂、不规则的建筑物，当其结构平面质量中心与刚度中心不重合时，在水平地震作用下由于惯性力的合力是通过结构的质心，而相应的各抗侧力构件恢复力的合力则通过结构的刚心，因而使结构除产生平移振动外，尚有围绕刚心的扭转振动，从而形成平扭耦联的振动，对结构抗震不利。因此，对于质量和刚度明显不均匀、不对称的结构，应考虑水平地震作用的扭转影响。

由于地震动是一种多维随机运动，地面运动存在着转动分量或地面各点的运动存在相位差，导致即使是对称结构也难免发生扭转；同时考虑到由于施工、使用等原因所产生的偶然偏心引起的地震扭转效应，因此我国抗震规范规定，对于不进行扭转耦联计算的规则结构，平行于地震作用方向的两个边榀各构件，其地震作用效应应乘以增大系数。一般情况下，短边可按 1.15 采用，长边可按 1.05 采用；当扭转刚度较小时，当扭转刚度较小时，周边各构件宜按不小于 1.3 采用。角部构件宜同时乘以两个方向各自的增大系数。

对于不规则结构，要按扭转耦联振型分解法计算地震作用及其效应。为了计算上的简化，采取以下基本假定：

（1）建筑各层楼板在其自身平面内为绝对刚性，在平面外的刚度很小，可以忽略不计，楼板在其水平面内的移动为刚体位移；

（2）建筑整体结构由多榀平面内受力的抗侧力结构（框架或抗震墙）构成，各榀抗侧力结构在其自身平面内刚度很大，在平面外刚度很小，可以忽略不计；

（3）结构的抗扭刚度主要由各榀抗侧力结构的侧移恢复力提供，结构所有构件都不考虑其自身的抗扭作用；

（4）在振动计算中，将质量（包括梁、柱、墙等的质量）都集中到各层楼板处。

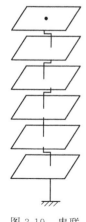

图 3-19 串联钢片模型

在上述假设下，扭转耦联振动时结构的计算简图可简化为图 3-19 所示的串联钢片系，而不是仅考虑平移振动时的串联质点系。每层钢片有 3 个自由度，即 x、y 两方向的平移和平面内的转角 ϕ。当结构为 n 层时，则结构共有 $3n$ 个自由度。

在自由振动条件下,任一振型 j 在任意层具有 3 个振型位移,即两个正交的水平位移 X_{ji}、Y_{ji} 和一个转角位移 ϕ_{ji}。按扭转耦联振型分解法计算时,j 振型第 i 层的水平地震作用标准值按下列公式计算:

$$\left.\begin{array}{l} F_{xji} = \alpha_j \gamma_{tj} X_{ji} G_i \\ F_{yji} = \alpha_j \gamma_{tj} Y_{ji} G_i \quad (i=1,2,\cdots,n; j=1,2,\cdots,m) \\ F_{tji} = \alpha_j \gamma_{tj} r_i^2 \varphi_{ji} G_i \end{array}\right\} \quad (3\text{-}105)$$

式中 F_{xji},F_{yji},F_{tji}——j 振型 i 层的 x 方向、y 方向和转角方向的地震作用标准值;

X_{ji},Y_{ji}——j 振型 i 层质心在 x、y 方向的水平相对位移;

φ_{ji}——j 振型 i 层的相对扭转角;

r_i——i 层转动半径,可取 i 层绕质心的转动惯量除以该层质量的商的正二次方根;

γ_{tj}——计入扭转的 j 振型的参与系数,可按下列公式确定。

当仅取 x 方向地震作用时,

$$\gamma_{tj} = \gamma_{xj} = \sum_{i=1}^{n} X_{ji} G_i / \sum_{i=1}^{n} (X_{ji}^2 + Y_{ji}^2 + \varphi_{ji}^2 r_i^2) G_i \quad (3\text{-}106)$$

当仅取 y 方向地震作用时,

$$\gamma_{tj} = \gamma_{yj} = \sum_{i=1}^{n} Y_{ji} G_i / \sum_{i=1}^{n} (X_{ji}^2 + Y_{ji}^2 + \varphi_{ji}^2 r_i^2) G_i \quad (3\text{-}107)$$

当取与 x 方向斜交的地震作用时,

$$\gamma_{tj} = \gamma_{xj} \cos\theta + \gamma_{yj} \sin\theta \quad (3\text{-}108)$$

式中 θ——地震作用方向与 x 方向的夹角。

自由振动条件下,j 振动第 i 层质心处的地震作用如图 3-20 所示。

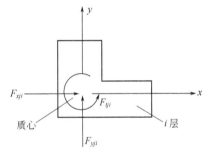

图 3-20 j 振动第 i 层质心处的地震作用

按式(3-105)求得对应于每一振型的最大地震作用后,即可进行振型组合求结构总的地震反应。考虑平扭耦合效应进行振型组合时,需注意由于平扭耦合体系有 x 向、y 向和扭转 3 个主振方向,若取 $3r$ 个振型组合则相当于不考虑平扭耦合影响时只取 r 个振型组合的情况,故平扭耦合体系的组合数比非平扭耦合体系的振型组合数要多,一般应为 3 倍以上。此外,由于平扭耦合影响,一些振型的频率间隔可能很小,振型组合时,需要考虑不同振型地震反应间的相关性。为此,可以采用完全二次振型组合法(CQC 法),按下式计算单向水平地震作用的扭转效应:

$$S_{Ek} = \sqrt{\sum_{j=1}^{m} \sum_{k=1}^{m} \rho_{jk} S_j S_k} \quad (3\text{-}109)$$

$$\rho_{jk} = \frac{8\sqrt{\xi_j \xi_k}(\xi_j + \lambda_T \xi_k)\lambda_T^{1.5}}{(1-\lambda_T^2)^2 + 4\xi_j \xi_k (1+\lambda_T)^2 \lambda_T + 4(\xi_j^2 + \xi_k^2)\lambda_T^2} \quad (3\text{-}110)$$

式中 S_{Ek}——地震作用标准值的扭转效应;

S_j,S_k——j、k 振型地震作用标准值的效应,可取前 9~15 个振型;

ξ_j,ξ_k——j、k 振型的阻尼比;

ρ_{jk}——j 振型与 k 振型的耦联系数；

λ_T——k 振型与 j 振型的自振周期比。

表 3-8 列出了 $\xi=0.05$ 时 ρ_{jk} 与 λ_T 的关系，从中可以看出，ρ_{jk} 随 λ_T 的减小而迅速衰减。当 $\lambda_T<0.7$ 时，两个振型间的相关性很小，可忽略不计。若忽略全部振型的相关性，只考虑自身振型的相关，则式(3-109)的 CQC 组合即为式(3-71)的 SRSS 组合。

表 3-8 ρ_{jk} 与 λ_T 的数值关系（$\xi=0.05$）

λ_T	0.4	0.5	0.6	0.7	0.8	0.9	0.95	1.0
ρ_{jk}	0.010	0.018	0.035	0.071	0.165	0.472	0.791	1.000

按式(3-105)可分别计算 x 向水平地震动和 y 向水平地震动产生的各阶水平地震作用，再按式(3-109)进行振型组合，可分别求出由 x 向水平地震动产生的某一特定地震作用效应（如楼层位移、构件内力等）和由 y 向水平地震动产生的同一地震效应，分别计为 S_x、S_y。由于 S_x、S_y 不一定在同一时刻发生，可采用平方和开方的方式估计由双向水平地震产生的地震作用效应。根据强震观测记录的统计分析，两个方向水平地震加速度的最大值不相等，二者之比约为 $1:0.85$，因此规范规定可按下列两式的较大值确定双向水平地震作用效应：

$$S_{Ek}=\sqrt{S_x^2+(0.85S_y)^2} \quad (3-111)$$

$$S_{Ek}=\sqrt{S_y^2+(0.85S_x)^2} \quad (3-112)$$

式中 S_x、S_y 分别为 x 向、y 向单向水平地震作用按式(3-109)计算的扭转效应。

二、考虑地基与结构相互作用影响的水平地震作用计算

结构抗震计算，一般情况下可不考虑地基与结构相互作用的影响。8 度和 9 度时建造于Ⅲ、Ⅳ类场地，采用箱基、刚性较好的筏基和桩箱联合基础的钢筋混凝土高层建筑，当结构基本自振周期处于特征周期的 1.2 倍至 5 倍范围时，若计入地基与结构动力相互作用的影响，对刚性地基假定计算的水平地震剪力可按下列规定折减，其层间变形可按折减后的楼层剪力计算。

(1) 高宽比小于 3 的结构，各楼层水平地震剪力的折减系数，可按下式计算：

$$\psi=\left(\frac{T_1}{T_1+\Delta T}\right)^{0.9} \quad (3-113)$$

式中 ψ——计入地基与结构动力相互作用后的地震剪力折减系数；

T_1——按刚性地基假定确定的结构基本自振周期，s；

ΔT——计入地基与结构动力相互作用的附加周期，s，可按表 3-9 采用。

(2) 高宽比不小于 3 的结构，底部的地震剪力按 (1) 款规定折减，顶部不折减，中间各层按线性插入值折减；

(3) 折减后各楼层的水平地震剪力，尚应满足式(3-80)规定的最小地震剪力要求。

表 3-9 附加周期 单位：s

烈 度	场 地 类 别	
	Ⅲ类	Ⅳ类
8 度	0.08	0.20
9 度	0.10	0.25

第七节 结构竖向地震作用计算

地震时，地面运动的竖向分量会引起建筑物的竖向振动。震害观察表明，高烈度区的竖向地震地面运动相当可观,尤其是对高层建筑、高耸结构及大跨结构的影响更为显著。例如,对一些高耸结构的计算分析发现,竖向地震应力 σ_v 与重力荷载产生的结构构件应力 σ_G 的比值 $\eta=\sigma_v/\sigma_G$ 沿建筑物高度向上逐渐增大。在 8 度、9 度烈度区,η 可达到或超过 1。由于地震作用是双向的,故可使结构上部产生拉应力,加重了上部结构的地震震害。对于大跨度结构,竖向地震使结构产生上下振动的惯性力,相当于增加了结构的上下荷载作用。因此我国抗震规范规定:8 度、9 度时的大跨度和长悬臂结构及 9 度时的高层建筑,应计算竖向地震作用。根据建筑类别不同,分别采用了竖向反应谱法和静力法。

一、高层建筑竖向地震作用计算

大量地震地面运动记录资料的分析研究表明:①竖向最大地震动加速度 α_{vmax} 与水平最大地面加速度 α_{max} 的比值大都在 $1/3\sim1/2$ 的范围内;②竖向地震动力系数 β 谱曲线与水平地震动力系数 β 谱曲线的形状大致相同。因此,在竖向地震作用的计算中,可近似采用水平反应谱,而竖向地震影响系数的最大值近似取为水平地震影响系数最大值的 65%。

根据大量高层建筑的计算实例分析,其主要振动规律为

(1) 竖向地震反应以基本振型为主,而且,第一振型接近于直线;

(2) 一般高层建筑和高耸结构竖向振动的基本周期均在 0.1~0.2s 之间,即处在地震影响系数最大值的范围内。

由此,可得到 9 度时高层建筑竖向地震作用计算的基本公式为

$$F_{Evk}=\alpha_{vmax}G_{eq} \tag{3-114}$$

$$F_{vi}=\frac{G_iH_i}{\sum G_jH_j}F_{Evk} \tag{3-115}$$

式中　F_{Evk}——结构总竖向地震作用标准值;

　　　F_{vi}——质点 i 的竖向地震作用标准值;

　　　α_{vmax}——竖向地震影响系数的最大值,可取水平地震影响系数最大值的 65%;

　　　G_{eq}——结构等效总重力荷载,可取其重力荷载代表值的 75%。

计算竖向地震作用效应时,可按各构件承受的重力荷载代表值的比例分配,并宜乘以 1.5 的竖向地震动力效应增大系数。

二、大跨度结构竖向地震作用计算

大量分析表明,对平板型网架、大跨度屋盖、长悬臂结构等大跨度结构的各主要构件,竖向地震作用内力与重力荷载的内力比值彼此相差一般不大,因而可以认为竖向地震作用的分布与重力荷载的分布相同。其大小可按下式计算:

$$F_{vi}=\xi_v G_i \tag{3-116}$$

式中　F_{vi}——结构或构件的竖向地震作用标准值;

　　　G_i——结构或构件的重力荷载代表值;

　　　ξ_v——竖向地震作用系数;对于规则的平板型网架屋盖和跨度大于 24m 的屋架、屋盖横梁及托架,按表 3-10 采用;对于长悬臂和其他大跨度结构,8 度时取 $\xi_v=0.10$,9 度时取 $\xi_v=0.20$,当设计基本地震加速度为 0.30g 时,取 $\xi_v=0.15$。

大跨度空间结构的竖向地震作用,尚可按竖向振型分解反应谱方法计算。其竖向地震影响系数可采用按本章第二节计算的水平地震影响系数的 65%,但特征周期可均按设计第一组采用。

表 3-10 竖向地震作用系数

结构类型	烈度	场地类别		
		I	II	III、IV
平板型网架、钢屋架	8度	可不计算(0.10)	0.08(0.12)	0.10(0.15)
	9度	0.15	0.15	0.20
钢筋混凝土屋架	8度	0.10(0.15)	0.13(0.19)	0.13(0.19)
	9度	0.20	0.25	0.25

注：括号中数值用于设计基本地震加速度为 $0.30g$ 的地区。

第八节 结构非弹性地震反应分析简介

在罕遇地震（大震）作用下，我国抗震规范的设防目标为"大震不倒"，也就是允许结构开裂，产生塑性变形，但不允许结构倒塌。为保证结构"大震不倒"，就需要进行结构非弹性地震反应分析。而前述的振型分解反应谱法是以反应谱理论和振型分解法为基础的地震作用计算方法，它以叠加原理为基础，因此只适用于线弹性地震反应分析，不能进行几何非线性和结构弹塑性地震反应分析；而且，振型分解反应谱法是把实际的地震动力作用换算为等效的水平静力荷载作用，然后对结构进行弹性静力分析，因此它只能计算出地震反应的最大值，但不能确切反映建筑物在地震过程中结构的内力与位移随时间的反应过程；该法也难以正确判断结构可能存在的薄弱环节和可能发生的震害；同时，由于计算简化，抗震承载力和变形的安全度也可能是有疑问的。

因此，有必要对结构进行非弹性地震反应分析。通过结构的非弹性地震反应分析，可以认识结构从弹性到弹塑性、从开裂到屈服、损坏直至倒塌的全过程，研究结构内力分配、内力重分配的机理，研究防止破坏的条件和防止倒塌的措施，实现结构设计兼顾安全性和经济性的原则。

《建筑抗震设计规范》规定了应进行罕遇地震作用下的弹塑性变形验算的建筑结构（见本章第九节），并且规定可分别采用静力弹塑性分析方法或弹塑性时程分析方法。下面介绍这两种方法的基本思路。

一、非弹性时程分析方法

地震发生时，作用在结构质点上的作用力有惯性力 $F(t)$、阻尼力 $R(t)$ 和恢复力 $S(t)$，三者在振动过程中达到平衡，可用动力方程（3-117）表示。将方程在整个振动过程中积分，以便获得任意时刻结构地震反应的方法就是时程分析法，即直接动力法，或分步积分方法。由于阻尼力与速度或位移的关系、恢复力与位移的关系可能是非弹性的，这种分析就是非弹性时程分析。如在分析时对结构物理参数引入弹塑性的假定，这种分析就是弹塑性时程分析。

$$F(t)+R(t)+S(t)=0 \tag{3-117}$$

时程分析法建立了地震动与结构相应之间的一一对应的关系，可有效地计算出结构从弹性到非弹性的工作过程，计算出结构和构件开裂、屈服、破坏的荷载代表值、位移代表值以及达到这些反应值的过程，可为结构设计提供必要的技术依据。

进行结构的时程分析，需要解决以下几个问题：

（1）选择结构的计算模型 结构的计算模型一般根据结构形式及构造特点、分析精度要求、计算机容量等确定。主要有层间模型、杆系模型和空间模型等。《建筑抗震设计规范》规定，规则结构可采用弯剪层模型或平面杆系模型，属于表 1-3、表 1-4 规定的不规则结构应采用空间结构模型。

(2) 确定结构或构件的恢复力特性曲线　恢复力是结构或构件在外荷载除去以后恢复原来形状的能力，恢复力特性曲线表明结构或构件在受扰产生变形时，企图恢复原有状态的抗力与变形的关系。这种曲线一般是对结构或构件进行反复循环加载试验得来的。它的形状取决于结构或构件的材料性能以及受力状态等，可以表示为构件的弯矩和转角、弯矩和曲率、荷载与位移、应力与应变等的对应关系。对钢筋混凝土结构构件，常采用双线型和刚度退化三线型模型。

(3) 选择合适的地震波记录　采用时程分析法计算结构的地震反应，就是把地面运动的加速度数值直接输入动力方程，作为结构受迫振动时所受到的地震作用。我国《建筑抗震设计规范》规定，采用时程分析法时，应按建筑场地类别和设计地震分组选用不少于二组的实际强震记录和一组人工模拟的加速度时程曲线，其平均地震影响系数曲线应与振型分解反应谱法所采用的地震影响系数曲线在统计意义上相符，其加速度时程的最大值可按表 3-11 采用。弹性时程分析时，每条时程曲线计算所得结构底部剪力不应小于振型分解反应谱法计算结果的 65%，多条时程曲线计算所得结构底部剪力的平均值不应小于振型分解反应谱法计算结果的 80%。

表 3-11　时程分析所用地震加速度时程曲线的最大值　　　　　单位：cm/s^2

地震影响	6 度	7 度	8 度	9 度
多遇地震	18	35(55)	70(110)	140
罕遇地震	125	220(310)	400(510)	620

注：括号内数值分别用于设计基本地震加速度 $0.15g$ 和 $0.30g$ 的地区。

(4) 确定数值求解方法和编制计算程序　采用逐步积分法求解微分方程。常用的有线性加速度法、Newmark-β 法和 Wilson-θ 法。逐步积分法计算工作量大，只能由计算机完成。中国建筑科学研究院工程抗震研究所已编制了适用于微机的多种时程分析程序（如 EQCC、EPAI、PEEP 等），可以计算各种常规结构及组合结构在水平和竖向地震作用下的弹性和弹塑性动力反应。

(5) 根据计算结果评估抗震性能　将结构弹性、非弹性时程分析的结果，与本书第九节的位移角限值进行比较分析，若不满足，则修改参数，重新计算，直至满足要求为止。同时，由时程分析得到的楼层层间剪力应符合式(3-80)规定的楼层最小地震剪力的要求。

二、结构静力弹塑性分析

结构静力弹塑性分析方法（也称推覆分析法或 Push-over 方法）是在结构计算模型上施加某种侧向荷载（比如倒三角形或均布荷载），荷载强度逐级增加，按顺序计算结构反应并记录每级加载下开裂、屈服、塑性铰形成以及各种结构构件的破坏行为，并根据抗震需求对结构抗震性能进行评估。这一方法可以估计结构构件的内力和变形，观察其全过程的变化，判断结构和构件的破坏状态，有效地发现结构薄弱环节，比一般线性抗震分析提供更为有用的设计信息；比动力非线性分析节省计算工作量。但也有一定的使用局限性和适用性，对计算结果需要工程经验判断，若使用不当，将不能正确理解结构的工作特性。

完整的推覆分析和抗震评估过程主要由两部分组成：计算结构在侧向静力荷载下的荷载-位移曲线；根据结构的荷载-位移曲线和抗震设计要求评估结构的抗震能力。

1. 建立荷载-位移曲线

建立荷载-位移曲线的目的是确认结构在预定荷载作用下所表现出的抵抗能力。将这种抵抗能力以承载力-位移谱的形式体现出来，以便进行抗震能力的比较与评估。主要步骤如下：

(1) 建立结构和构件的计算模型,这部分内容同时程分析法。
(2) 确定侧向荷载分布形式。
(3) 逐级增加侧向荷载,当某些构件开裂或进入弹塑性阶段时,对该构件进行刚度和计算模型修正,并计算此时的构件内力、变形。
(4) 继续加载,重复上述步骤,直到结构性能达到预定指标或破坏。
(5) 作出控制点荷载-位移曲线,作为推覆分析荷载-位移曲线代表图。

2. 结构抗震能力评估

对结构进行抗震能力评估,需将上述荷载-位移曲线与地震反应谱放在同等条件下比较。这需要以下三个步骤:
(1) 将推覆分析荷载-位移曲线代表图转换为承载力谱,也叫供给谱。
(2) 将规范给出的加速度反应谱转换为地震需求谱,也称加速度-位移谱(ADRS)。
(3) 将承载力谱和需求谱绘制在同一 ADRS 谱内,两图的交点为性能点。关于性能点的建立和判断,并没有统一的标准,各个国家采用了不同的方法,例如:

① FEMA-273 采用了"目标位移法",用一组修正系数修正结构在"有效刚度"时的位移值,以估计结构非弹性位移。

② ACT-40 采用"承载力谱法",先建立 5% 阻尼的线性弹性反应谱,再用能量耗散效应降低反应谱值,并以此估计结构的非弹性位移。

以承载力谱法为例,介绍性能点的建立和评估过程。
(1) 预设性能点:在承载力谱上选定性能点加速度设定值 α_p 和位移设定值 d_p。
(2) 根据 α_p、d_p 值和承载力谱设定结构滞回曲线(可用等能量原理简化为双线型或三线型曲线)。
(3) 按下式计算结构等效阻尼比 ζ_p:

$$\zeta_p = E_h/(4\pi E_d) \tag{3-118}$$

式中,E_h 为滞回阻尼耗能;E_d 为变形能。
(4) 将承载力谱曲线和地震需求谱曲线放在同一 ADRS 图中,由预设性能点对应的周期 T_p 及弹性地震需求谱计算弹性加速度需求值 α_e 和弹性位移需求值 δ_e。
(5) 根据 δ_e 及 ζ_p 计算结构加速度实际需求值和位移实际需求值。
(6) 比较加速度、位移设定值与实际需求值的差异,误差达到要求后,确认性能点。

如果该点存在,并且该点所代表的功能状态可以接收,则该结构抗震设计满足推覆分析预定目标,推覆分析及评估完成。否则,需改进设计,继续进行上述工作,重新分析和评估。这是一个反复迭代的过程。

前述"目标位移法"和"承载力谱法",都是以弹性反应谱为基础,将结构化成等效单自由度体系,因此,它主要反映结构第一周期的性质,对于高层建筑和具有局部薄弱部位的建筑,由于高振型的影响较大,故采用非线性静力分析法要受到限制。

第九节 结构抗震验算

一、结构抗震验算的一般原则

各类建筑结构的地震作用,应符合下列规定:
(1) 一般情况下,应允许在建筑结构的两个主轴方向分别计算水平地震作用并进行抗震验算,各方向的水平地震作用应由该方向抗侧力构件承担。

(2) 有斜交抗侧力构件的结构,当相交角度大于15°时,应分别计算各抗侧力构件方向的水平地震作用。

(3) 质量和刚度分布明显不对称的结构,应计入双向水平地震作用下的扭转影响;其他情况,应允许采用调整地震作用效应的方法考虑扭转影响。

(4) 不同方向的抗侧力结构的共同构件(如框架结构角柱),应考虑双向水平地震作用的影响。

(5) 8、9度时的大跨度和长悬臂结构及9度时的高层建筑,应考虑竖向地震作用。

二、结构抗震计算方法的确定

根据建筑类别、设防烈度以及结构的规则程度和复杂性,《建筑抗震设计规范》为各类建筑结构的抗震计算,规定了以下三种基本方法:

(1) 高度不超过40m,以剪切变形为主且质量和刚度沿高度分布比较均匀的结构,以及近似于单质点体系的结构,可采用底部剪力法等简化方法。

(2) 除(1)款外的建筑结构,宜采用振型分解反应谱法。

(3) 特别不规则的结构、甲类建筑和表3-12所列高度范围的高层建筑,应采用时程分析法进行多遇地震下的补充计算,可取多条时程曲线计算结果的平均值与振型分解反应谱法计算结果的较大值。

(4) 计算罕遇地震下结构的变形应按本章第八节的规定,采用简化的弹塑性分析方法或弹塑性时程分析法。

表3-12 采用时程分析的房屋高度范围

烈度、场地类别	房屋高度范围/m
8度Ⅰ、Ⅱ类场地和7度	>100
8度Ⅲ、Ⅳ类场地	>80
9度	>60

三、截面抗震验算

以下情况当符合有关抗震构造措施时,可不进行截面抗震验算:

(1) 6度时的建筑(不规定建筑及建造于Ⅳ类场地上的较高的高层建筑除外),以及生土房屋和木结构房屋等。

(2) 四级钢筋混凝土框架的节点核心区。

(3) 7度Ⅰ、Ⅱ类场地,柱高不超过10m且结构单元两端均有山墙的单跨及等高多跨单层钢筋混凝土柱厂房(锯齿形厂房除外)的横向和纵向抗震验算。

(4) 7度(0.10g)Ⅰ、Ⅱ类场地,柱顶标高不超过4.5m,且结构单元两端均有山墙的单跨及等高多跨单层砖柱厂房的横向和纵向抗震验算。

(5) 7度(0.10g)Ⅰ、Ⅱ类场地,柱顶标高不超过6.6m,两侧设有厚度不小于240mm且开洞截面面积不超过50%的外纵墙,结构单元两端均有山墙的单跨单层砖柱厂房的纵向抗震验算。

除上述情况外,均应采用下列设计表达式进行结构构件承载力的截面抗震验算:

$$S \leqslant R/\gamma_{RE} \tag{3-119}$$

式中 S——包含地震作用效应的结构构件内力组合设计值,按式(3-120)计算;

R——结构构件承载力设计值,按各有关结构设计规范计算;

γ_{RE}——承载力抗震调整系数,除另有规定外,按表 3-13 采用,但当仅计算竖向地震作用时,各类结构构件承载力抗震调整系数均应采用 1.0。

表 3-13 承载力抗震调整系数

材料	结构构件	受力状态	γ_{RE}
钢	柱,梁,支撑,节点板件,螺栓,焊缝	强度	0.75
	柱,支撑	稳定	0.80
砌体	两端均有构造柱、芯柱的抗震墙	受剪	0.9
	其他抗震墙	受剪	1.0
混凝土	梁	受弯	0.75
	轴压比小于 0.15 的柱	偏压	0.75
	轴压比不小于 0.15 的柱	偏压	0.80
	抗震墙	偏压	0.85
	各类构件	受剪、偏拉	0.85

进行结构抗震设计时,用 γ_{RE} 对有地震作用组合时结构构件承载力设计值加以调整,反映了将众值烈度地震作用下的构件承载力验算形式,替代了抗震设防烈度地震作用下的结构弹塑性变形验算。另外,在有地震作用组合时不再考虑结构重要性系数 γ_0,因为在确定建筑类别时已考虑了该建筑物的重要性,γ_0 的作用已经体现,故不必重复。

结构构件的地震作用效应和其他荷载效应的基本组合,应按下式计算:

$$S = \gamma_G S_{GE} + \gamma_{Eh} S_{Ehk} + \gamma_{Ev} S_{Evk} + \psi_w \gamma_w S_{wk} \tag{3-120}$$

式中 S——结构构件内力组合的设计值,包括组合的弯矩、轴向力和剪力设计值;

γ_G——重力荷载分项系数,一般情况应采用 1.2,当重力荷载效应对构件承载能力有利时,不应大于 1.0;

γ_{Eh},γ_{Ev}——分别为水平、竖向地震作用分项系数,应按表 3-14 采用;

γ_w——风荷载分项系数,应采用 1.4;

S_{GE}——重力荷载代表值的效应,有吊车时,尚应包括悬吊物重力标准值的效应;

S_{Ehk}——水平地震作用标准值的效应,尚应乘以相应的增大系数或调整系数;

S_{Evk}——竖向地震作用标准值的效应,尚应乘以相应的增大系数或调整系数;

S_{wk}——风荷载标准值的效应;

ψ_w——风荷载组合值系数,一般结构取 0.0,风荷载起控制作用的建筑应采用 0.2。

表 3-14 地震作用分项系数

地震作用	γ_{Eh}	γ_{Ev}
仅计算水平地震作用	1.3	0.0
仅计算竖向地震作用	0.0	1.3
同时计算水平与竖向地震作用(水平地震为主)	1.3	0.5
同时计算水平与竖向地震作用(竖向地震为主)	0.5	1.3

四、多遇地震作用下结构的弹性变形验算

为了避免建筑物的非结构构件(包括围护墙、填充墙和各类装饰物等)在多遇地震作用下出现破坏,同时也为了控制重要抗侧力构件的开裂程度,须对表 3-15 所列各类结构进行多遇地震作用下的抗震变形验算,使其最大层间弹性位移小于规定的限值,其验算公式为:

$$\Delta u_e \leqslant [\theta_e] h \tag{3-121}$$

式中 Δu_e——多遇地震作用标准值产生的楼层内最大的弹性层间位移;计算时,除以弯曲

变形为主的高层建筑外，可不扣除结构整体弯曲变形，应计入扭转变形，各作用分项系数均应采用 1.0；钢筋混凝土结构构件的截面刚度可采用弹性刚度；

$[\theta_e]$——弹性层间位移角限值，宜按表 3-15 采用；

h——计算楼层层高。

表 3-15 弹性层间位移角限值

结 构 类 型	$[\theta_e]$
钢筋混凝土框架	1/550
钢筋混凝土框架-抗震墙、板柱-抗震墙、框架-核心筒	1/800
钢筋混凝土抗震墙、筒中筒	1/1000
钢筋混凝土框支层	1/1000
多、高层钢结构	1/250

五、罕遇地震作用下结构的弹塑性变形验算

一般地，罕遇地震的地面运动加速度峰值是多遇地震的 4~6 倍，因此，在多遇地震下处于弹性阶段的结构，在罕遇地震下势必进入弹塑性阶段，结构接近或达到屈服。这时，结构已无强度储备，为抵抗地震的持续作用，要求结构有较好的延性，通过发展塑性变形来消耗地震输入的能量。若结构的变形能力不足，就会由于薄弱层（或薄弱部位）的弹塑性变形过大而发生倒塌。经过第一阶段抗震设计，虽然构件已具备必要的延性，多数结构可以满足在罕遇地震作用下不倒塌的要求，但对某些处于特定条件下的结构，必须计算其在罕遇地震下的弹塑性变形，即进行第二阶段的抗震设计，使其弹塑性变形小于某一限值，以保证结构不至于倒塌。因此，《建筑抗震设计规范》规定，对下列结构应进行弹塑性变形验算：①8 度Ⅲ、Ⅳ类场地和 9 度时，高大的单层钢筋混凝土柱厂房的横向排架；②7~9 度时楼层屈服强度系数小于 0.5 的钢筋混凝土框架结构和框排架结构；③高度大于 150m 的钢结构；④甲类建筑和 9 度时乙类建筑中的钢筋混凝土结构和钢结构；⑤采用隔震和消能减震设计的结构。

同时规定，对下列结构宜进行弹塑性变形验算：①表 3-12 所列高度范围且属于表 1-4 所列竖向不规则类型的高层建筑结构；②7 度Ⅲ、Ⅳ类场地和 8 度时乙类建筑中的钢筋混凝土结构和钢结构；③板柱-抗震墙结构和底部框架-抗震墙砌体房屋；④高度不大于 150m 的其他高层钢结构；⑤不规则的地下建筑结构及地下空间综合体。

结构在罕遇地震作用下的弹塑性地震反应分析是个十分复杂的非线性振动问题，可采用静力弹塑性分析方法或弹塑性时程分析法等。但按上述方法计算较为复杂。因此，《建筑抗震设计规范》建议，对不超过 12 层且层刚度无突变的钢筋混凝土框架结构和框排架结构、单层钢筋混凝土柱厂房可采用下述简化方法计算，步骤如下：

（1）计算楼层屈服强度系数 大震作用下一般存在塑性变形集中的薄弱层（部位）。所谓薄弱层就是在强烈地震作用下结构首先产生屈服并产生较大弹塑性位移的部位。这种抗震薄弱层变形能力的大小将直接影响整个结构的抗倒塌性能。规范中用楼层屈服强度系数的大小及其沿高度的分布情况来判断结构薄弱层位置。楼层屈服强度系数定义为

$$\xi_y(i) = V_y(i)/V_e(i) \tag{3-122}$$

式中 $\xi_y(i)$——结构第 i 层的楼层屈服强度系数；

$V_y(i)$——按框架或排架梁、柱实际截面、实际配筋和材料强度标准值计算的第 i 层

的实际抗剪承载力；

$V_e(i)$——按罕遇地震作用标准值计算的楼层弹性地震剪力。

(2) 确定结构薄弱层位置　楼层屈服强度系数反映了结构中楼层的实际承载力与该楼层所受弹性地震剪力的比值关系。当各楼层屈服强度系数并不都大于 0.5 时，楼层屈服强度系数最小或相对较小的楼层往往率先屈服并出现较大的层间弹塑性位移，且楼层屈服强度系数愈小，层间弹塑性位移愈大，故可根据楼层屈服强度系数来确定结构薄弱层（部位）的位置。规范中给出如下原则来确定结构薄弱层的位置：

① 楼层屈服强度系数沿高度分布均匀的结构，可取底层；

② 楼层屈服强度系数沿高度分布不均匀的结构，可取该系数最小的楼层（部位）和相对较小的楼层，一般不超过 2～3 处；

③ 单层厂房，可取上柱。

当楼层屈服强度系数符合下述条件时，可认为是沿高度分布均匀的结构，即

对标准层：　　　　$\xi_y(i) \geqslant 0.8[\xi_y(i+1) + \xi_y(i-1)]/2$；

对顶层：　　　　　$\xi_y(n) \geqslant 0.8\xi_y(n-1)$；

对底层：　　　　　$\xi_y(1) \geqslant 0.8\xi_y(2)$；

否则，认为该楼层屈服强度系数沿高度分布不均匀。

(3) 计算薄弱层弹塑性层间位移　薄弱层弹塑性层间位移可按下列公式计算：

$$\Delta u_p = \eta_p \Delta u_e \tag{3-123}$$

或

$$\Delta u_p = \mu \Delta u_y = \frac{\eta_p}{\xi_y} \Delta u_y \tag{3-124}$$

式中　Δu_e——罕遇地震作用下按弹性分析的层间位移；

Δu_p，Δu_y——分别为弹塑性层间位移和层间屈服位移；

μ——楼层延性系数；

η_p——弹塑性层间位移增大系数，当薄弱层（部位）的屈服强度系数不小于相邻层（部位）该系数平均值的 0.8 倍时，可按表 3-16 采用。当不大于该平均值的 0.5 倍时，可按表内相应数值的 1.5 倍采用；其他情况可采用内插法取值；

ξ_y——楼层屈服强度系数。

表 3-16　弹塑性层间位移增大系数

结构类型	总层数 n 或部位	ξ_y		
		0.5	0.4	0.3
多层均匀框架结构	2～4	1.30	1.40	1.60
	5～7	1.50	1.65	1.80
	8～12	1.80	2.00	2.20
单层厂房	上柱	1.30	1.60	2.00

(4) 弹塑性层间位移验算　结构薄弱层（部位）弹塑性层间位移应符合下式要求：

$$\Delta u_p \leqslant [\theta_p]h \tag{3-125}$$

式中　$[\theta_p]$——弹塑性层间位移角限值，可按表 3-17 采用；对钢筋混凝土框架结构，当轴压比小于 0.40 时，可提高 10%；当柱全高的箍筋构造比表 4-13 规定的最小配箍特征值大 30% 时，可提高 20%，但累计不超过 25%；

h —— 薄弱层楼层高度或单层厂房上柱高度。

表 3-17 弹塑性层间位移角限值

结 构 类 型	$[\theta_p]$
单层钢筋混凝土柱排架	1/30
钢筋混凝土框架	1/50
底部框架-抗震墙砌体房屋中的框架-抗震墙	1/100
钢筋混凝土框架-抗震墙、板柱-抗震墙、框架-核心筒	1/100
钢筋混凝土抗震墙、筒中筒	1/120
多、高层钢结构	1/50

小 结

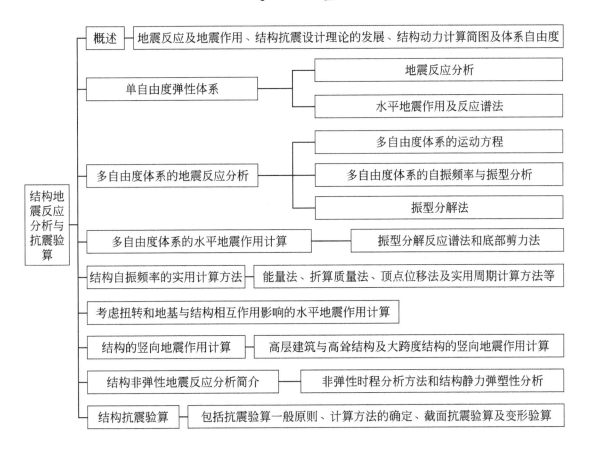

思考题

1. 什么是反应谱？如何用反应谱法确定单质点弹性体系的水平地震作用？
2. 动力系数、地震系数和地震影响系数三者之间有何关系？
3. 如何采用振型分解反应谱法计算结构的地震作用？如何进行振型组合？什么情况下可不考虑振型的耦合作用？

4. 什么情况下可采用底部剪力法计算房屋建筑的地震作用？
5. 结构抗震设计时什么情况下应考虑竖向地震作用？如何计算？
6. 结构抗震设计时哪些建筑应进行弹性和弹塑性变形验算？如何验算？
7. 如何计算结构自振周期？
8. 抗震设计中何时要考虑土与结构相互作用的影响？如何考虑？
9. 什么是楼层屈服强度系数？如何计算？

习题

1. 已知某两质点弹性体系如图 3-21 所示，层间刚度 $k_1=k_2=21600 \text{kN/m}$，质点质量为 $m_1=m_2=60\times 10^3 \text{kg}$，试求该体系的自振周期和振型。

2. 单自由度体系，结构自振周期 $T=0.496\text{s}$，阻尼比 $\xi=0.05$，质点质量 $G=260\text{kN}$，位于抗震设防烈度为 8 度的 I 类场地上，设计基本地震加速度为 $0.30g$，设计地震分组为第一组，试计算该结构在多遇地震时的水平地震作用。

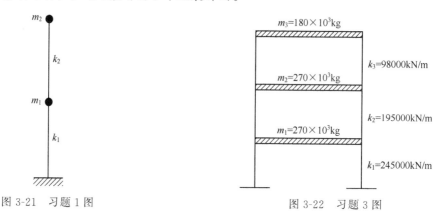

图 3-21　习题 1 图　　　　　　　图 3-22　习题 3 图

3. 三层框架结构如图 3-22 所示，横梁刚度为无穷大，位于抗震设防烈度为 8 度的 II 类场地上，该地区设计基本地震加速度为 0.30s，设计地震分组为第一组，结构各层的层间侧向刚度及质量见图，结构的自振周期分别为 $T_1=0.467\text{s}$，$T_2=0.208\text{s}$，$T_3=0.134\text{s}$，阻尼比 $\xi=0.05$，各振型为：

$$\begin{Bmatrix} X_{13} \\ X_{12} \\ X_{11} \end{Bmatrix} = \begin{Bmatrix} 1.000 \\ 0.667 \\ 0.334 \end{Bmatrix}, \begin{Bmatrix} X_{23} \\ X_{22} \\ X_{21} \end{Bmatrix} = \begin{Bmatrix} 1.000 \\ -0.666 \\ -0.667 \end{Bmatrix}, \begin{Bmatrix} X_{33} \\ X_{32} \\ X_{31} \end{Bmatrix} = \begin{Bmatrix} 1.000 \\ -3.035 \\ 4.019 \end{Bmatrix}$$

层高取以下两种值：(1) 一层 6.5m，二层 6.0m，三层 5m；(2) 一层 4m，二层 4m，三层 4m。分别用振型分解反应谱法和底部剪力法计算该结构在多遇地震作用下的各层层间地震剪力。

第四章　多层和高层钢筋混凝土房屋的抗震设计

【知识目标】
- 了解多层和高层钢筋混凝土结构房屋震害的一般现象
- 掌握和深刻理解多层和高层钢筋混凝土结构抗震设计的基本要求与一般规定
- 熟练掌握钢筋混凝土框架结构房屋抗震设计的内容与方法步骤
- 了解框架-抗震墙结构房屋的抗震设计方法
- 掌握多层和高层钢筋混凝土结构的主要抗震构造措施，深刻理解其意义

【能力目标】
- 能解释多层和高层钢筋混凝土结构房屋震害的原因
- 能理解应用多层和高层钢筋混凝土结构的要求与规定
- 能进行框架结构的抗震设计与计算
- 能分析和处理实际施工过程中遇到的一般结构抗震问题

开章语　历次地震经验表明，钢筋混凝土结构具有较好的抗震性能，在结构设计中，只要选择较好的结构体系，注意抗震概念设计，在一般烈度区建造多层和高层钢筋混凝土结构是可以保证安全的。多层和高层钢筋混凝土结构体系包括：框架结构、框架-抗震墙结构、抗震墙结构、筒体结构和框架-筒体结构等。本章重点讨论了多层和高层钢筋混凝土结构房屋中框架结构、抗震墙结构和框架-抗震墙结构的抗震设计问题。

第一节　震害现象及其分析

一、结构布置不合理引起的震害

1. 平面刚度不均匀、不对称产生的震害

结构平面不对称有两种情况，一是结构平面形状的不对称，如 L 形、Z 形平面等；二是结构的平面形状对称但结构的刚度分布不对称，这往往是楼梯间或抗震墙布置不对称造成。结构平面不对称会使结构的质心与刚度中心不重合，导致结构在水平地震作用下产生扭转和局部应力集中（尤其是在凹角处），若不采取相应的加强措施，则会造成严重的震害。例如，在 1976 年唐山地震中，天津人民印刷厂一幢 L 形建筑物，楼梯间偏置，地震时由于受扭而使几根角柱破坏；汉沽化工厂的一些框架厂房因平面形状和刚度不对称，产生了显著的扭转，从而使角柱上下错位、断裂；又如天津市 754 厂 11 号厂房，平面为矩形，中间为五层现浇钢筋混凝土框架，两端均与 490mm 厚砖砌电梯间相接，总平面布置对称。但是由于厂房长度达 110m，在中央设置了一道伸缩缝，致使分成的两个独立单元刚度分布不均匀、不对称，唐山地震时，该厂房发生了显著的扭转效应，致使框架柱严重扭裂，楼梯间墙体产生严重开裂和错位。

2. 竖向刚度突变产生的震害

结构刚度沿竖向分布突然变化时，在刚度突变处形成地震中的薄弱部位，产生较大的应力集中或塑性变形集中。如果不对可能出现的薄弱部位采取相应的措施，就会产生严重的震害。唐山地震中，天津碱厂蒸吸塔为 13 层纯框架，沿竖向质量和刚度变化太大，在 11 层产生了过大的层间变形（经分析层间位移角达 1/40），故导致该层中柱首先破坏，接着 6 层以上全部倒塌。1971 年美国圣费尔南多地震（震中烈度 8 度）中，Olive View 医院六层钢筋混凝土主楼，其中一、二层为框架，三～六层为框架-抗震墙，上下刚度相差十倍。地震导致柔性的底部框架柱严重酥裂，产生很大的塑性变形，侧移达 600mm。在 1995 年日本兵库县南部 7.2 级地震中，鸡腿式建筑物底层柱发生剪切破坏或脆性压弯破坏，导致上部倒塌；有不少中高层建筑物，因沿竖向刚度分布不合理而导致中间层破坏或倒塌。

3. 防震缝宽度不足产生的震害

一些高层建筑由于预留的防震缝宽度不足，出现了房屋相互碰撞而引起损坏的现象。例如天津友谊宾馆，东段为 8 层框架结构，高 35.5m，西段为 11 层的框架-抗震墙结构，高 45.9m，东西段之间设置宽为 150mm 的防震缝，结构按 7 度设防。唐山地震时处于 8 度区，震后主体结构基本完好，但由于防震缝宽度不足，房屋发生碰撞，缝两侧墙体、屋面等刚性建筑构造均遭局部破坏。北京地区因烈度不高，高层建筑没有严重破坏现象，但一些建筑物防震缝两侧结构单元的相互碰撞却产生了震害：民航局办公大楼防震缝处发生碰撞，女儿墙被撞坏，相反，18 层的北京饭店东楼因防震缝宽度达 600mm，则未出现碰撞引起的损坏。

二、场地影响产生的震害

1. 地基失效引起上部结构破坏

最典型的工程实例是 1964 年日本新潟地震。见图 4-1，因砂土地基液化造成一栋四层公寓大楼连同基础倾倒了 80°。而这次地震中，用桩基支承在密实土层上的建筑破坏较少。1999 年 9 月 21 日台湾大地震中也有很多因地基液化而导致建筑物倾斜的例子。

图 4-1 日本新潟地震地基液化

2. 共振效应引起的震害

房屋建筑总是依具体的场地条件来考虑布局和朝向，当房屋的抗震薄弱朝向（一般为横向）与地震波的振动方向一致时，就会加剧房屋的震害；当场地的卓越周期与房屋的自振周期、地震的振动传播周期相近时会引起一定的共振效应，也会加剧房屋的震害。在同一区域内，相邻的同类房屋建筑也可能产生截然不同的破坏结果：有的倒塌、有的破坏轻微。1972 年 12 月 22 日，尼加拉瓜的马那瓜发生 6.5 级地震，17 层（带两层地下室）的美洲银行大楼震害轻微，而相临的 15 层中央银行大楼却遭到极为严重的破坏，震后的修复费用高达原房屋造价的 80%。其中一个主要的原因是中央银行大楼的结构体系较柔，结构的自振周期与软土地基地面运动卓越周期接近，发生了共振现象。在 1976 年的唐山地震中，位于塘沽地区（烈度为 8 度强）的 7～10 层框架结构，因其自振周期（0.6～1.0s）与该场地土（海滨）的自振周期（0.8～1.0s）相一致，发生共振，导致该类框架破坏严重。

三、框架结构的震害

框架结构的震害主要是由于强度和延性不足引起，一般规律是：柱的震害重于梁，角柱的震害重于内柱，短柱的震害重于一般柱，柱上端的震害重于下端。因此，可以归纳为框架柱和节点的破坏，其主要形式如下。

1. 框架柱

（1）弯曲破坏　由于变号弯矩的作用，柱子纵筋不足，使柱产生周圈水平裂缝，裂缝宽度一般比较小，较易修复。具体表现为：上下柱端出现水平裂缝和斜裂缝（也有交叉裂缝），混凝土局部压碎，柱端形成塑性铰。严重混凝土剥落，箍筋外鼓崩断，柱筋屈曲。见图4-2。

（2）剪切破坏　柱子在往复水平地震剪力作用下，出现斜裂缝或交叉裂缝，裂缝宽度较大，箍筋屈服崩断，难以修复，属脆性破坏。如上海某车间为 6 层框架结构，刚度不均匀；第二层的中柱产生严重的 X 裂缝，系剪扭复合作用引起。

（3）压弯破坏　柱子在轴力和变号弯矩作用下，混凝土压碎剥落，主筋压曲成灯笼状。柱子轴压比过大、主筋不足、箍筋过稀等都会导致这种破坏。破坏大多出现在梁底与柱顶交接处。这是一种脆性破坏，较难修复。需要注意的是，箍筋在施工时由于端部接口处弯曲角度不足（如只有 90°），使箍筋端部接口仅锚固在柱混凝土保护层中，在地震反复作用下，混凝土保护层剥落、箍筋迸开失效，使柱混凝土和纵向钢筋得不到约束，从而导致柱子破坏。

（4）角柱破坏　由于房屋不可避免地要发生扭转，因此角柱所受剪力最大，同时角柱承受双向弯矩作用，而约束又较其他柱小，故震害比内柱严重。有的上、下柱身错动，钢筋由柱内拔出。

（5）短柱破坏　当有错层、夹层或有半高的填充墙，或不适当地设置某些连系梁时，容易形成柱高小于 4 倍柱截面高度（$H/h_c \leqslant 4$）的短柱。短柱刚度大，易产生剪切破坏。见图4-3。

（6）柱牛腿破坏　牛腿外侧混凝土压碎，预埋件拔出，柱边混凝土拉裂，其主要原因是由水平力引起的。

柱破坏的原因是抗弯和抗剪承载力不足，箍筋太少，对混凝土约束很差，在压力、弯

图4-2　弯曲破坏

图4-3　短柱破坏

矩、剪力共同作用下，柱的截面承载力达到极限。

2. 框架梁

震害多发生在梁端。在地震作用下梁端纵向钢筋屈服，出现上下贯通的垂直裂缝和交叉斜裂缝。在梁负弯矩钢筋切断处由于抗弯能力削弱也容易产生裂缝，造成梁剪切破坏。

梁剪切破坏的主要原因是梁端屈服后产生的剪力较大，超过了梁的受剪承载力，梁内箍筋配置较稀，以及反复荷载作用下混凝土抗剪强度降低等因素引起的。

3. 梁柱节点

节点核芯区的破坏大都是因为节点内箍筋很少或没有放箍筋，产生对角方向的斜裂缝或交叉斜裂缝，混凝土剪碎剥落，柱纵向钢筋压曲外鼓，梁筋锚固破坏，梁纵向钢筋锚固长度不足，从节点内被拔出，将混凝土拉裂。

4. 板

板的破坏不太多，出现的震害有：板四角的 45°斜裂缝，平行于梁的通长裂缝等。

5. 框架填充墙的震害

由各种烧结砖、混凝土砌块、轻质墙体材料等组成的框架填充墙，因墙体材料与框架梁、柱连接的构造措施不完善等因素，震害都比较严重，容易发生墙面斜裂缝，并沿柱周边开裂。端墙、窗间墙和门窗洞口边角部位破坏更加严重。烈度较高时墙体容易倒塌。由于框架变形属剪切型，下部层间位移大，填充墙震害呈现"下重上轻"的现象。

框架与填充墙之间没有钢筋拉结，墙面开洞过大过多，砂浆强度等级低，施工质量差，灰缝不饱满等因素，都会使填充墙的震害加重。

6. 楼梯破坏

楼梯间是地震时重要的逃生通道。楼梯间及其构件的破坏会延误人员撤离及救援工作，造成严重伤亡。汶川地震中，许多框架结构的楼梯发生严重破坏，甚至楼梯板断裂而使得逃生通道被切断。

框架结构楼梯震害严重的原因是：框架结构侧向刚度较小，当楼梯构件与主体结构整浇时，楼梯板类似斜撑，对结构刚度、承载力、规则性均有较大影响；且楼梯结构复杂，传力路径也复杂，也使得楼梯的震害加重。楼梯震害主要有以下几方面：

（1）上下梯段交叉处梯梁和梯梁支座剪扭破坏，如图 4-4 所示；

（2）梯板受拉破坏或拉断；

（3）休息平台处短柱破坏，如图 4-5 所示。

图 4-4　某建筑楼梯梁破坏

图 4-5　某在建工程楼梯间短柱破坏

四、抗震墙的震害

连梁和墙肢底层的破坏是抗震墙的主要震害。开洞抗震墙中，由于洞口应力集中，连梁端部在约束弯矩下容易形成垂直的弯曲裂缝；若连梁跨高比较小，梁腹还容易出现斜裂缝；若连梁抗剪强度不足，可能发生剪切破坏，使墙肢间失去联系，抗震墙承载力降低。

在强震作用下，抗震墙的震害主要表现为墙肢之间连梁的剪切破坏。这主要是由于连梁的跨度较小、高度大形成深梁，在反复荷载作用下形成 X 形剪切裂缝（图 4-6），这种破坏为剪切型脆性破坏，尤其是在房屋 1/3 高度处的连梁破坏更为明显。

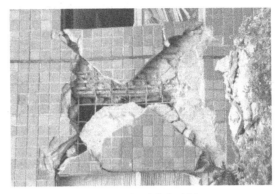

图 4-6 抗震墙的破坏

狭而高的墙肢，其工作性能与悬臂梁相似，震害常出现在底部。

第二节 抗震设计的一般规定

一、结构体系选择及最大适用高度

不同的结构体系，其抗震性能、使用效果与经济指标也不同。

框架结构体系由梁和柱组成，平面布置灵活，易于满足建筑物设置大房间的要求，在工业与民用建筑中应用广泛。由于框架结构抗侧刚度小，在层数增加的情况下其内力和侧移增长很快，为使房屋柱截面不致过大影响使用，往往在房屋结构的适当部位布置一定数量的钢筋混凝土墙，以增加房屋结构的抗侧向刚度，这样形成了框架-抗震墙结构。

抗震墙结构体系由钢筋混凝土纵横墙组成，抗侧力性能较强，但平面布置不灵活，纯抗震墙体系一般用于住宅、旅馆和办公楼建筑。国内大量建造的板式小高层住宅中，采用抗震墙结构体系，在结构抗震计算上有较高的安全度。

筒体结构由四周封闭的抗震墙构成单筒式的筒状结构，或以楼电梯为内筒，密排柱深梁框架为外框筒组成筒中筒结构。这种结构的空间刚度大，抗侧和抗扭刚度都很强，建筑布局亦灵活，常用于超高层公寓、办公楼和商业大厦建筑等。目前全世界最高的一百幢高层建筑约有 2/3 采用筒体结构。

规范在总结国内外大量震害和工程设计经验的基础上，根据地震烈度、场地类别、抗震性能、使用要求及经济效果等因素，规定了地震区各种结构体系的最大适用高度，见表 4-1。平面和竖向均不规则的结构，适用的最大高度应降低。超过表 4-1 内高度的房屋，应进行专门研究和论证，采取有效的加强措施。

选择结构体系时还应注意：（1）结构的自振周期避开场地的特征周期，以免发生类共振而加重震害；（2）选择合理的基础形式，保证基础有足够的埋置深度，有条件时宜设置地下室。软弱地基土时宜选用桩基、片筏基础、箱形基础或桩-箱、桩-筏联合基础。

二、钢筋混凝土结构的抗震等级

钢筋混凝土多高层房屋的抗震设计要求，不仅与建筑物的重要性和设防烈度有关，而且与建筑结构本身潜在的抗震能力，主要是结构类型和房屋高度有关。震害和研究都表明，框架-抗震墙结构或抗震墙结构的抗震性能，特别是抗倒塌能力优于框架结构。对次要抗侧力结构单元的抗震要求可低于主要抗侧力结构单元，如框架-抗震墙结构中的框架，其抗震要

表 4-1 现浇钢筋混凝土房屋适用的最大高度   单位：m

结构体系	烈度				
	6	7	8(0.2g)	8(0.3g)	9
框架(不包括异形柱框架)	60	50	40	35	25
框架-抗震墙	130	120	100	80	50
抗震墙	140	120	100	80	60
部分框支抗震墙	120	100	80	50	不应采用
框架-核心筒	150	130	100	90	70
筒中筒	180	150	120	100	80
板柱-抗震墙	80	70	55	40	不应采用

注：1. 房屋高度指室外地面到主要屋面板板顶的高度（不包括局部突出屋顶部分）；
2. 框架-核心筒结构指周边稀柱框架与核心筒组成的结构；部分框支抗震墙结构指首层或底部两层为框支层的结构，不包括仅个别框支墙的情况；板柱-抗震墙结构指板柱、框架和抗震墙组成抗侧力体系的结构；
3. 乙类建筑可按本地区抗震设防烈度确定其适用的最大高度。

求可低于框架结构中的框架，而抗震墙则应比抗震墙结构中的抗震墙要求提高；再如，多层房屋的抗震要求可低于高层房屋，因为前者的地震反应小，延性要求可低于后者。

规范根据房屋的设防烈度、结构类型和房屋高度，分别采用不同的抗震等级，即一、二、三、四级，如表 4-2 所示。其中一级抗震要求最高，四级最低。不同抗震等级的结构，应符合相应的计算、构造措施要求。

表 4-2 丙类多层和高层现浇钢筋混凝土房屋的抗震等级

结构类型		设防烈度							
		6		7			8		9
		≤24	>24	≤24	>24		≤24	>24	≤24
框架结构	框架	四	三	三	二		二	一	一
	大跨度框架	三		二			一		一
	高度/m	≤60	>60	≤24	25~60	>60	≤24	25~60	>60	≤24	25~50
框架-抗震墙结构	框架	四	三	四	三	二	三	二	一	二	一
	抗震墙	三	三	三	二		二	一		一	
	高度/m	≤80	>80	≤24	25~80	>80	≤24	25~80	>80	≤24	25~60
抗震墙结构	抗震墙	四	三	四	三	二	三	二	一	二	一
部分框支抗震墙结构	高度/m	≤80	>80	≤24	25~80	>80	≤24	25~80			
	抗震墙 一般部位	四	三	四	三	二	三	二			
	抗震墙 加强部位	三	二	三	二	一	二	一			
	框支层框架	二		二		一	一				
框架-核心筒结构	框架	三		二			一			一	
	核心筒	二		二			一			一	
筒中筒结构	外筒	三		二			一			一	
	内筒	三		二			一			一	
板柱-抗震墙结构	高度/m	≤35	>35	≤35	>35		≤35	>35			
	框架、板柱的柱	三	二	二	二		一	一			
	抗震墙	二	二	二	一		二	一			

注：1. 建筑场地为Ⅰ类时，除6度外允许按表内降低一度所对应的抗震等级采取抗震构造措施，但相应的计算要求不应降低；
2. 接近或等于高度分界时，应允许结合房屋不规则程度及场地、地基条件确定抗震等级；
3. 大跨度框架指跨度不小于18m的框架；
4. 高度不超过60m的框架-核心筒结构按框架-抗震墙的要求设计时，应按表中框架-抗震墙结构的规定确定其抗震等级。

钢筋混凝土房屋抗震等级的确定，尚应符合下列要求：

（1）设置少量抗震墙的框架结构，在规定的水平力作用下，计算嵌固端所在的底层框架部分所承担的地震倾覆力矩大于结构总地震倾覆力矩的50%时，其框架的抗震等级应按框架结构确定，抗震墙的抗震等级可与其框架的抗震等级相同。

（2）设置个别或少量框架的抗震墙结构，此时结构属于抗震墙体系的范畴，其抗震墙的抗震等级，仍按抗震墙结构确定；框架的抗震等级可参照框架-抗震墙结构的框架确定。

（3）框架-抗震墙结构设有足够的抗震墙，其抗震墙底部承受的地震倾覆力矩不小于结构底部总地震倾覆力矩的50%时，其框架部分是次要抗侧力构件，按表4-2中框架-抗震墙结构确定其抗震等级。

（4）裙房与主楼相连，相关范围（一般可从主楼周边外延3跨且不大于20m）不应低于主楼的抗震等级，相关范围以外的区域可按裙房自身的结构类型确定其抗震等级。主楼结构在裙房顶板对应的上下各一层受刚度与承载力突变影响较大，抗震构造措施应适当加强。裙房与主楼分离时，应按裙房本身确定抗震等级。大震作用下裙房与主楼可能发生碰撞，需要采取加强措施；当裙房偏置时，其端部有较大扭转效应，也需要加强。

（5）带地下室的多层和高层建筑，当地下室结构的刚度和受剪承载力比上部楼层相对较大时，地下室顶板可视作嵌固部位，在地震作用下的屈服部位将发生在地上楼层，同时将影响地下一层。地面以下地震响应虽然逐渐减小，但地下一层的抗震等级不能降低，应与上部结构相同；地下二层及以下抗震构造措施的抗震等级可逐层降低一级，但不应低于四级；地下室中无上部结构的部分，抗震构造措施的抗震等级可根据具体情况采用三级或四级。

（6）抗震设防类别为丙类建筑的抗震等级应按表4-2确定；抗震设防类别为甲、乙、丁类的建筑，应按规定调整抗震设防烈度后，再根据表4-2确定抗震等级。房屋的高度超过表4-2相应规定的上界时，应采取比一级更有效的抗震构造措施。

三、防震缝的设置

高层钢筋混凝土房屋宜避免采用不规则建筑结构方案，宜采用合理的结构方案而不设防震缝，同时采用合适的计算方法和有效的措施，以消除不设防震缝带来的影响。

当需要设防震缝时，可以结合沉降缝要求贯通到地基，当无沉降问题时也可以从基础或地下室以上贯通。当有多层地下室形成大底盘，上部结构为带裙房的单塔或多塔结构时，可将裙房用防震缝自地下室以上分隔，地下室顶板应有良好的整体性和刚度，能将上部结构地震作用分布到地下室结构。

规范规定当需要设置防震缝时，其最小宽度应符合下列要求：（1）框架结构（包括设置少量抗震墙的框架结构）房屋的防震缝宽度，当高度不超过15m时不应小于100mm；高度超过15m时，6度、7度、8度和9度相应每增加高度5m，4m，3m和2m，宜加宽20mm；（2）框架-抗震墙结构房屋的防震缝宽度不应小于上述对框架规定数值的70%，抗震墙结构房屋的防震缝宽度不应小于上述对框架规定数值的50%，且均不宜小于100mm；（3）防震缝两侧结构类型不同时，宜按需要较宽防震缝的结构类型和较低房屋高度确定缝宽。

8、9度框架结构房屋防震缝两侧结构层高相差较大时，防震缝两侧框架柱的箍筋应沿房屋全高加密，并可根据需要在缝两侧沿房屋全高各设置不少于两道垂直于防震缝的抗撞墙。抗撞墙的布置宜避免加大扭转效应，其长度可不大于1/2层高，抗震等级可同框架结构；框架构件的内力应按设置和不设置抗撞墙两种计算模型的不利情况取值。

四、建筑设计和建筑结构的规则性

震害调查表明，建筑平面和立面不规则常是造成震害的主要原因。因此，建筑及其抗侧力结构的平面布置宜规则对称,并具有良好的整体性;建筑的立面和竖向剖面宜规则,结构的侧向刚度宜均匀变化,竖向抗侧力构件的截面尺寸和材料强度宜自下而上逐渐减少,避免抗侧力结构的侧向刚度和承载力突变。

当存在表 1-3 所列举的平面不规则类型或表 1-4 所列举的竖向不规则类型时,应按下列要求进行水平地震作用计算和内力调整,并应对薄弱部位采取有效的抗震构造措施。

(1) 平面不规则而竖向规则的建筑结构,应采用空间结构计算模型,并应符合下列要求:①扭转不规则时,应计入扭转影响,且楼层竖向构件最大的弹性水平位移和层间位移分别不宜大于楼层两端弹性水平位移和层间位移平均值的 1.5 倍,当最大层间位移远小于规范限值时,可适当放宽;②凹凸不规则或楼板局部不连续时,应采用符合楼板平面内实际刚度变化的计算模型;高烈度或不规则程度较大时,宜计入楼板局部变形的影响;③平面不对称且凹凸不规则或局部不连续,可根据实际情况分块计算扭转位移比,对扭转较大的部位应采用局部的内力增大系数。

(2) 平面规则而竖向不规则的建筑,应采用空间结构计算模型,刚度小的楼层的地震剪力应乘以不小于 1.15 的增大系数,其薄弱层应进行弹塑性变形分析,并应符合下列要求:①竖向抗侧力构件不连续时,该构件传递给水平转换构件的地震内力应根据烈度高低和水平转换构件的类型、受力情况、几何尺寸等,乘以 1.25~2.0 的增大系数;②侧向刚度不规则时,相邻层的侧向刚度比应依据其结构类型符合有关规定;③楼层承载力突变时,薄弱层抗侧力结构的受剪承载力不应小于相邻上一楼层的 65%。

(3) 平面不规则且竖向不规则的建筑,应根据不规则类型的数量和程度,有针对性地采取不低于上述两项要求的各项抗震措施。

当存在多项不规则或某项不规则超过表中规定的参考指标较多时,应属特别不规则的建筑;建筑形体复杂,多项指标超过前述上限值或某一项指标大大超过表 1-3、表 1-4 的规定值,具有现有技术和经济条件不能克服的严重的抗震薄弱环节,可能导致地震破坏的严重后果,应属严重不规则建筑。特别不规则的建筑,应经专门研究和论证,采取更有效的加强措施或对薄弱部位采用相应的抗震性能化设计方法。严重不规则的建筑不应采用。

五、结构布置

结构体系确定后,结构布置应当密切结合建筑设计进行,使建筑物具有良好的体型,结构受力构件得到合理的组合,结构体系受力性能与技术经济指标能否做到先进合理,与结构布置密切相关。

多高层钢筋混凝土结构房屋结构布置的基本原则是:①结构平面应力求简单规则,结构的主要抗侧力构件应对称均匀布置,尽量使结构的刚心与质心重合,避免地震时引起结构扭转及局部应力集中;②结构的竖向布置,应使其质量沿高度方向均匀分布,避免结构刚度突变,并应尽可能降低建筑物的重心,以利结构的整体稳定性;③合理地设置变形缝;④加强楼屋盖的整体性;⑤尽可能做到技术先进,经济合理。

为抵抗不同方向的地震作用,框架结构和框架-抗震墙结构中,框架和抗震墙均应双向设置,柱中线与抗震墙中线、梁中线与柱中线之间偏心距大于柱宽的 1/4 时,应计入偏心的影响。甲、乙类建筑以及高度大于 24m 的丙类建筑,不应采用单跨框架结构;高度不大于 24m 的丙类建筑不宜采用单跨框架结构。

楼电梯间不宜设在结构单元的两端及拐角处,因为单元角部扭转应力大,受力复杂,容易造成破坏。多、高层钢筋混凝土结构宜采用现浇钢筋混凝土楼梯;对于框架结构,楼梯间的布置不应导致结构平面特别不规则;楼梯构件与主体结构整浇时,应计入楼梯构件对地震作用及其效应的影响,楼梯构件地震下的受力复杂,应进行楼梯构件的抗震承载力验算;宜采取构造措施,减少楼梯构件对主体结构刚度的影响;楼梯间两侧填充墙与柱之间应加强拉结。

框架刚度沿高度不宜突变,以免造成薄弱层。同一结构单元宜将框架梁设置在同一标高处,尽可能不采用复式框架,避免出现错层和夹层,造成短柱破坏。出屋面小房间不要做成砖混结构,可将框架柱延伸上去或做钢木轻型结构,以防鞭端效应造成结构破坏。

框架结构中,非承重墙体的材料、选型和布置,应根据烈度、房屋高度、建筑体型、结构层间变形、墙体抗侧力性能的利用等因素,经综合分析后确定。应优先采用轻质墙体材料,刚性非承重墙体的布置,在平面和竖向的布置宜均匀对称,避免形成薄弱层或短柱。

框架单独柱基有下列情况之一时,宜沿两个主轴方向设置基础系梁:①一级框架和Ⅳ类场地的二级框架;②各柱基础底面在重力荷载代表值作用下的压应力差别较大;③基础埋置较深,或各基础埋置深度差别较大;④地基主要受力层范围内存在软弱黏性土层、液化土层和严重不均匀土层;⑤桩基承台之间。

为了使楼盖、屋盖有效地将楼层地震剪力传给抗震墙,框架-抗震墙结构和板柱-抗震墙结构以及框支层结构中,抗震墙之间无大洞口的楼盖、屋盖的长宽比,不宜超过表 4-3 的规定;超过时,应计入楼盖平面内变形的影响。

表 4-3　抗震墙之间楼、屋盖的长宽比

楼、屋盖类型		设 防 烈 度			
		6	7	8	9
框架-抗震墙结构	现浇或叠合楼、屋盖	4	4	3	2
	装配整体式楼、屋盖	3	3	2	不宜采用
板柱-抗震墙结构的现浇楼、屋盖		3	3	2	—
框支层的现浇楼、屋盖		2.5	2.5	2	—

框架-抗震墙结构和板柱-抗震墙结构中的抗震墙设置,应符合下列要求:抗震墙宜贯通房屋全高;楼梯间宜设置抗震墙,但不宜造成较大的扭转效应;为减小温度应力的影响,当房屋较长时,刚度较大的纵向抗震墙不宜设置在房屋的端开间;抗震墙的两端(不包括洞口两侧)宜设置端柱或与另一方向的抗震墙相连;抗震墙洞口宜上下对齐;洞边距端柱不宜小于 300mm。

框架-抗震墙结构、板柱-抗震墙结构中的抗震墙基础和部分框支抗震墙结构的落地抗震墙基础,应有良好的整体性和抗转动的能力。

抗震墙结构和部分框支抗震墙结构中的抗震墙设置,应符合下列要求:抗震墙的两端(不包括洞口两侧)宜设置端柱或与另一方向的抗震墙相连;框支部分落地墙的两端(不包括洞口两侧)应设置端柱或与另一方向的抗震墙相连;较长的抗震墙宜设置跨高比大于 6 的连梁形成洞口,将一道抗震墙分成长度较均匀的若干墙段,各墙段的高宽比不宜小于 3;墙肢的长度沿结构全高不宜有突变;抗震墙有较大洞口时,以及一、二级抗震墙的底部加强部位,洞口宜上下对齐;矩形平面的部分框支抗震墙结构,其框支层的楼层侧向刚度不应小于相邻非框支层楼层侧向刚度的 50%,框支层落地抗震墙间距不宜大于 24m,框支层的平面布置宜对称,且宜设抗震筒体,底层框架部分承担的地震倾覆力矩,不应大于结构总地震倾覆力矩的 50%。

部分框支抗震墙结构的抗震墙,其底部加强部位的高度,可取框支层加框支层以上二层的高度及落地抗震墙总高度的 1/10 二者的较大值。其他结构的抗震墙,房屋高度大于 24m

时，底部加强部位的高度可取底部两层和墙体总高度的 1/10 二者的较大值；房屋高度不大于 24m 时，底部加强部位可取底部一层。底部加强部位的高度，应从地下室顶板算起。当结构计算嵌固端位于地下一层的底板或以下时，底部加强部位尚宜向下延伸到计算嵌固端。

地下室顶板作为上部结构的嵌固部位时，应避免在地下室顶板开设大洞口，且地下室在地上结构相关范围的顶板应采用现浇梁板结构并应采用现浇梁板结构，相关范围以外的地下室顶板宜采用现浇梁板结构，其楼板厚度不宜小于 180mm，混凝土强度等级不宜小于 C30，应采用双层双向配筋，且每层每个方向的配筋率不宜小于 0.25%；结构地上一层的侧向刚度，不宜大于相关范围地下一层侧向刚度的 0.5 倍，地下室周边宜有与其顶板相连的抗震墙；地下一层抗震墙墙肢端部边缘构件纵向钢筋的截面面积，不应少于地上一层对应墙肢端部边缘构件纵向钢筋的截面面积。

地下室顶板对应于地上框架柱的梁柱节点除应满足抗震计算要求外，尚应符合下列规定之一：①地下一层柱截面每侧纵向钢筋不应小于地上一层柱对应纵向钢筋的 1.1 倍；且地下一层柱上端和节点左右梁端实配的抗震受弯承载力之和应大于地上一层柱下端实配的抗震受弯承载力的 1.3 倍；②地下一层梁刚度较大时，柱截面每侧的纵向钢筋面积应大于地上一层对应柱每侧纵向钢筋面积的 1.1 倍；同时梁端顶面和底面的纵向钢筋面积均应比计算增大 10% 以上。

钢筋混凝土结构中的砌体填充墙，应符合下列要求：①填充墙在平面和竖向的布置，宜均匀对称，宜避免形成薄弱层和短柱；②砌体的砂浆强度等级不应低于 M5；实心块体的强度等级不宜低于 MU2.5，空心块体的强度等级不宜低于 MU3.5；墙顶应与框架梁密切结合；③填充墙应沿框架柱全高每隔 500～600mm 设 2ϕ6 拉筋，拉筋伸入墙内的长度，6、7 度时宜沿墙全长贯通；8、9 度时应全长贯通；④墙长大于 5m 时，墙顶与梁宜有拉结；墙长超过 8m 或层高 2 倍时，宜设置钢筋混凝土构造柱；墙高超过 4m 时，墙体半高宜设置与柱连接且沿墙全长贯通的钢筋混凝土水平系梁；⑤楼梯间和人流通道的填充墙，尚应采用钢丝网砂浆面层加强。

第三节 框架结构的抗震设计

一、地震作用计算

与其他结构一样，作用在结构上的荷载无外乎有两大类：竖向荷载和水平荷载。构件自重、房屋屋面上的雪荷载、积灰荷载以及楼屋面上的使用荷载属于竖向荷载，风荷载和水平地震作用属于水平荷载。对于多层房屋，通常认为竖向的地震作用影响很小，可以不予考虑。结构的竖向荷载和风荷载的计算分析可按常规方法进行，而水平地震作用计算需按第三章的内容，分别采用底部剪力法和振型分解反应谱法等进行计算。

底部剪力法已在第三章详细介绍，这里仅针对框架结构补充、强调几点。

(1) 由于结构纵、横两个方向上的质量或刚度不一定相同，故地震作用需要分向计算。

(2) 结构的基本自振周期可用顶点位移法或能量法计算，填充墙影响系数视情况在 0.6～0.8 间取值。《建筑结构荷载规范》根据对大量建筑物周期实测结果，给出了钢筋混凝土框架和框架-抗震墙结构基本自振周期经验计算公式：

$$T_1 = 0.25 + 0.53 \times 10^{-3} \frac{H^2}{\sqrt[3]{B}} \tag{4-1}$$

式中 H——房屋主体结构高度，m，不包括屋面以上特别细高的突出部分；

B——房屋振动方向的长度，m。

二、框架内力和侧移的计算

多层框架是高次超静定结构，如果按精确方法用手工计算它的内力和位移是十分困难的。因此，目前在工程结构计算中，通常采用近似的分析方法。计算在水平荷载作用下框架结构的内力和位移时，通常采用的近似方法有反弯点法和 D 值法，竖向荷载作用下则采用弯矩二次分配法。

1. 水平荷载作用下框架内力的计算

（1）反弯点法　框架在水平荷载作用下，结点将同时产生转角和侧移。根据分析，当梁的线刚度 k_b 和柱的线刚度 k_c 之比大于 3 时，结点转角 θ 将很小，其对框架的内力影响不大。因此，为简化计算，通常假定 $\theta=0$。实际上，这等于把框架横梁简化成线刚度无限大的刚性梁。这种处理，可使计算大大简化，而其误差一般不超过 5%。见图 4-7。

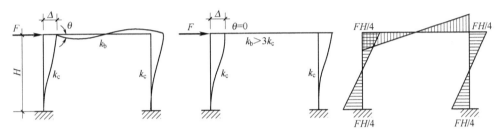

图 4-7　反弯点法

采用上述假定后，对一般层柱，在其 1/2 高度处截面弯矩为零，柱的弹性曲线在该处改变凹凸方向，故此处称为反弯点。反弯点距柱底的距离称为反弯点高度。而对于首层柱，取其 2/3 高度处截面弯矩为零。

柱端弯矩可由柱的剪力和反弯点高度的数值确定，边结点梁端弯矩可由结点力矩平衡条件确定，而中间结点两侧梁端弯矩则可按梁的转动刚度分配柱端弯矩求得。

假定楼板平面内刚度无限大，楼板将各平面抗侧力结构连接在一起共同承受水平力，当不考虑结构扭转变形时，同一楼层柱端侧移相等。根据同一楼层柱端侧移相等的假定，框架各柱所分配的剪力与其侧向刚度成正比，即第 i 层第 k 根柱所分配的剪力为：

$$V_{ik}=\left(k_{ik}/\sum_{k=1}^{m}k_{ik}\right)V_i \quad (k=1,\cdots,m) \tag{4-2}$$

式中，k_{ik} 为第 i 层第 k 根柱的侧向刚度；V_i 为第 i 层楼层剪力。

反弯点法适用于层数较少的框架结构，因为这时柱截面尺寸较小，容易满足梁柱线刚度比大于 3 的条件。

（2）修正反弯点法（D 值法）　上述反弯点法只适用于梁柱线刚度比大于 3 的情形。如不满足这个条件，柱的侧向刚度和反弯点位置，都将随框架结点转角大小而改变。这时再采用反弯点法求框架内力，就会产生较大误差。

下面介绍改进的反弯点法。这个方法近似考虑了框架结点转动对柱的侧向刚度和反弯点高度的影响，是目前分析框架内力比较简单而又比较精确的一种近似方法，因此，在工程上广泛采用。改进反弯点法求得柱的侧向刚度，工程上用 D 表示，故改进的反弯点法又称为"D 值法"。用 D 值法计算框架内力的步骤如下。

① 计算各层柱的侧向刚度 D：

$$D=\alpha\frac{12k_c}{h^2} \tag{4-3}$$

式中，k_c 和 h 分别为柱的线刚度和高度；α 为结点转动影响系数，是考虑柱上下端结点弹性约束的修正系数，由梁柱线刚度，按表 4-4 取用。

计算梁的线刚度时，可以考虑楼板对梁刚度的有利影响，即板作为梁的翼缘参加工作。通常梁均先按矩形截面计算其惯性矩 I_0，然后再乘以增大系数，以考虑现浇楼板或装配整体式楼板上的现浇层对梁的刚度的影响。增大系数的取值：现浇整体梁板结构中框架为 2.0，边框架为 1.5；装配整体式楼盖梁中框架为 1.5，边框架 1.2。

② 计算各柱所分配的剪力 V_{ik} 按刚度分配：

表 4-4 结点转动影响系数 α 的计算公式

楼 层	计算简图 边柱	计算简图 中柱	$\overline{K}$	α
一般层	k_1 / k_2	k_1 k_2 / k_3 k_4	$\overline{K}=\dfrac{k_1+k_2}{2k_c}$ $\overline{K}=\dfrac{k_1+k_2+k_3+k_4}{2k_c}$	$\alpha=\dfrac{\overline{K}}{2+\overline{K}}$
首层	k_2	k_1 k_2	$\overline{K}=\dfrac{k_2}{k_c}$ $\overline{K}=\dfrac{k_1+k_2}{k_c}$	$\alpha=\dfrac{0.5+\overline{K}}{2+\overline{K}}$

$$V_{ik}=\left(D_{ik}\bigg/\sum_{k=1}^{m}D_{ik}\right)V_i \quad (k=1,\cdots,m) \tag{4-4}$$

式中，V_{ik} 是第 i 层第 k 根柱所分配的剪力；D_{ik} 为第 i 层第 k 根柱的侧向刚度。

③ 确定反弯点高度 h' 影响柱子反弯点高度的主要因素是柱上下端的约束条件，影响柱两端的约束刚度的主要因素有：结构总层数及该层所在的位置；梁柱的线刚度比；上层与下层梁刚度比；上、下层层高变化。因此框架柱的反弯点高度按以下公式计算：

$$h'=(y_0+y_1+y_2+y_3)h \tag{4-5}$$

式中 y_0——标准反弯点高度比，取决于框架总层数 m、该柱所在层数 n 及梁柱线刚度比 $\overline{K}$，查表 4-5 求得；

y_1——某层上、下梁线刚度不同时，该层柱反弯点高度比的修正值，根据比值 α_1 和梁、柱线刚度比 $\overline{K}$，由表 4-6 查得；当 $k_1+k_2<k_3+k_4$，$\alpha_1=(k_1+k_2)/(k_3+k_4)$，这时反弯点上移，故 y_1 取正值；当 $k_1+k_2>k_3+k_4$ 时，$\alpha_1=(k_3+k_4)/(k_1+k_2)$，这时反弯点下移，故 y_1 取负值；对于首层不考虑 y_1 值；

y_2，y_3——上层高度（$h_上$）、下层高度（$h_下$）与本层高度 h 不同时反弯点高度比的修正值，其值可由表 4-7 查得。$\alpha_2=h_上/h$，$\alpha_3=h_下/h$。

表 4-5 规则框架承受倒三角形分布力作用时标准反弯点的高度比 y_0 值

m	$\overline{K}$ \ n	0.1	0.2	0.3	0.4	0.5	0.6	0.7	0.8	0.9	1.0	2.0	3.0	4.0	5.0
1	1	0.80	0.75	0.70	0.65	0.65	0.60	0.60	0.60	0.60	0.55	0.55	0.55	0.55	0.55
2	2	0.50	0.45	0.40	0.40	0.40	0.40	0.40	0.40	0.40	0.45	0.45	0.45	0.45	0.50
2	1	1.00	0.85	0.75	0.70	0.70	0.65	0.65	0.65	0.60	0.60	0.55	0.55	0.55	0.55
3	3	0.25	0.25	0.25	0.30	0.30	0.35	0.35	0.35	0.40	0.40	0.45	0.45	0.45	0.50
3	2	0.60	0.50	0.50	0.50	0.50	0.45	0.45	0.45	0.45	0.45	0.50	0.50	0.50	0.50
3	1	1.15	0.90	0.80	0.75	0.75	0.70	0.70	0.65	0.65	0.65	0.55	0.55	0.55	0.55

续表

m	n \ $\overline{K}$	0.1	0.2	0.3	0.4	0.5	0.6	0.7	0.8	0.9	1.0	2.0	3.0	4.0	5.0
4	4	0.10	0.15	0.20	0.25	0.30	0.30	0.35	0.35	0.35	0.40	0.45	0.45	0.45	0.45
	3	0.35	0.35	0.35	0.40	0.40	0.40	0.40	0.45	0.45	0.45	0.45	0.50	0.50	0.50
	2	0.70	0.60	0.55	0.50	0.50	0.50	0.50	0.50	0.50	0.50	0.50	0.50	0.50	0.50
	1	1.20	0.95	0.85	0.80	0.75	0.70	0.70	0.70	0.65	0.65	0.55	0.55	0.55	0.55
5	5	−0.05	0.10	0.20	0.25	0.30	0.30	0.35	0.35	0.35	0.35	0.40	0.45	0.45	0.45
	4	0.20	0.25	0.35	0.35	0.40	0.40	0.40	0.40	0.40	0.45	0.45	0.50	0.50	0.50
	3	0.40	0.40	0.45	0.45	0.45	0.45	0.45	0.45	0.45	0.45	0.50	0.50	0.50	0.50
	2	0.75	0.60	0.55	0.55	0.50	0.50	0.50	0.50	0.50	0.50	0.50	0.50	0.50	0.50
	1	1.30	1.00	0.85	0.80	0.75	0.70	0.70	0.65	0.65	0.65	0.55	0.55	0.55	0.55
6	6	−0.15	0.05	0.15	0.20	0.25	0.30	0.30	0.35	0.35	0.35	0.40	0.45	0.45	0.45
	5	0.10	0.25	0.30	0.35	0.35	0.40	0.40	0.40	0.45	0.45	0.45	0.50	0.50	0.50
	4	0.30	0.35	0.40	0.40	0.45	0.45	0.45	0.45	0.45	0.45	0.50	0.50	0.50	0.50
	3	0.50	0.45	0.45	0.45	0.45	0.45	0.45	0.45	0.45	0.50	0.50	0.50	0.50	0.50
	2	0.80	0.65	0.55	0.55	0.55	0.55	0.50	0.50	0.50	0.50	0.50	0.50	0.50	0.50
	1	1.30	1.00	0.85	0.80	0.75	0.70	0.70	0.65	0.65	0.65	0.60	0.55	0.55	0.55
7	7	−0.20	0.05	0.15	0.20	0.25	0.30	0.30	0.35	0.35	0.35	0.45	0.45	0.45	0.45
	6	0.05	0.20	0.30	0.35	0.35	0.40	0.40	0.40	0.40	0.45	0.45	0.50	0.50	0.50
	5	0.20	0.30	0.35	0.40	0.40	0.45	0.45	0.45	0.45	0.45	0.50	0.50	0.50	0.50
	4	0.35	0.40	0.40	0.45	0.45	0.45	0.45	0.45	0.45	0.45	0.50	0.50	0.50	0.50
	3	0.55	0.50	0.50	0.50	0.50	0.50	0.50	0.50	0.50	0.50	0.50	0.50	0.50	0.50
	2	0.80	0.65	0.60	0.55	0.55	0.55	0.50	0.50	0.50	0.50	0.50	0.50	0.50	0.50
	1	1.30	1.00	0.90	0.80	0.75	0.70	0.70	0.70	0.65	0.65	0.60	0.55	0.55	0.55
8	8	−0.20	−0.05	0.15	0.20	0.25	0.30	0.30	0.35	0.35	0.35	0.45	0.45	0.45	0.45
	7	0.00	0.20	0.30	0.35	0.35	0.40	0.40	0.40	0.40	0.45	0.45	0.50	0.50	0.50
	6	0.15	0.30	0.35	0.40	0.40	0.45	0.45	0.45	0.45	0.45	0.50	0.50	0.50	0.50
	5	0.30	0.35	0.40	0.45	0.45	0.45	0.45	0.45	0.45	0.45	0.50	0.50	0.50	0.50
	4	0.40	0.45	0.45	0.45	0.45	0.45	0.45	0.50	0.50	0.50	0.50	0.50	0.50	0.50
	3	0.60	0.50	0.50	0.50	0.50	0.50	0.50	0.50	0.50	0.50	0.50	0.50	0.50	0.50
	2	0.85	0.65	0.60	0.55	0.55	0.55	0.50	0.50	0.50	0.50	0.50	0.50	0.50	0.50
	1	1.30	1.00	0.90	0.80	0.75	0.70	0.70	0.70	0.65	0.65	0.60	0.55	0.55	0.55
9	9	−0.25	0.00	0.15	0.20	0.25	0.30	0.35	0.35	0.35	0.40	0.45	0.45	0.45	0.45
	8	−0.00	0.20	0.30	0.35	0.35	0.40	0.40	0.40	0.40	0.45	0.45	0.50	0.50	0.50
	7	0.15	0.30	0.35	0.40	0.40	0.45	0.45	0.45	0.45	0.45	0.50	0.50	0.50	0.50
	6	0.25	0.35	0.40	0.40	0.45	0.45	0.45	0.45	0.45	0.45	0.50	0.50	0.50	0.50
	5	0.35	0.40	0.45	0.45	0.45	0.45	0.45	0.45	0.45	0.50	0.50	0.50	0.50	0.50
	4	0.45	0.45	0.45	0.45	0.45	0.50	0.50	0.50	0.50	0.50	0.50	0.50	0.50	0.50
	3	0.60	0.50	0.50	0.50	0.50	0.50	0.50	0.50	0.50	0.50	0.50	0.50	0.50	0.50
	2	0.85	0.65	0.60	0.55	0.55	0.55	0.55	0.50	0.50	0.50	0.50	0.50	0.50	0.50
	1	1.35	1.00	0.90	0.80	0.75	0.75	0.70	0.70	0.65	0.65	0.60	0.55	0.55	0.55
10	10	−0.25	0.00	0.15	0.20	0.25	0.30	0.30	0.35	0.35	0.40	0.45	0.45	0.45	0.45
	9	−0.05	0.20	0.30	0.35	0.35	0.40	0.40	0.40	0.40	0.45	0.45	0.50	0.50	0.50
	8	0.10	0.30	0.35	0.40	0.40	0.40	0.45	0.45	0.45	0.45	0.50	0.50	0.50	0.50
	7	0.20	0.35	0.40	0.40	0.45	0.45	0.45	0.45	0.45	0.45	0.50	0.50	0.50	0.50
	6	0.30	0.40	0.40	0.45	0.45	0.45	0.45	0.45	0.45	0.50	0.50	0.50	0.50	0.50
	5	0.40	0.45	0.45	0.45	0.45	0.45	0.45	0.50	0.50	0.50	0.50	0.50	0.50	0.50
	4	0.50	0.45	0.45	0.45	0.50	0.50	0.50	0.50	0.50	0.50	0.50	0.50	0.50	0.50
	3	0.60	0.50	0.50	0.50	0.50	0.50	0.50	0.50	0.50	0.50	0.50	0.50	0.50	0.50
	2	0.85	0.65	0.60	0.55	0.55	0.55	0.55	0.50	0.50	0.50	0.50	0.50	0.50	0.50
	1	1.35	1.00	0.90	0.80	0.75	0.75	0.70	0.70	0.65	0.65	0.60	0.55	0.55	0.55

续表

m	$\overline{K}$ / n	0.1	0.2	0.3	0.4	0.5	0.6	0.7	0.8	0.9	1.0	2.0	3.0	4.0	5.0
11	11	−0.25	0.00	0.15	0.20	0.25	0.30	0.30	0.30	0.35	0.35	0.45	0.45	0.45	0.45
	10	−0.05	0.20	0.25	0.30	0.35	0.40	0.40	0.40	0.40	0.45	0.45	0.50	0.50	0.50
	9	0.10	0.30	0.35	0.40	0.40	0.40	0.45	0.45	0.45	0.45	0.50	0.50	0.50	0.50
	8	0.20	0.35	0.40	0.40	0.45	0.45	0.45	0.45	0.45	0.45	0.50	0.50	0.50	0.50
	7	0.25	0.40	0.40	0.45	0.45	0.45	0.45	0.45	0.45	0.50	0.50	0.50	0.50	0.50
	6	0.35	0.40	0.45	0.45	0.45	0.45	0.45	0.50	0.50	0.50	0.50	0.50	0.50	0.50
	5	0.40	0.45	0.45	0.45	0.45	0.50	0.50	0.50	0.50	0.50	0.50	0.50	0.50	0.50
	4	0.50	0.50	0.50	0.50	0.50	0.50	0.50	0.50	0.50	0.50	0.50	0.50	0.50	0.50
	3	0.65	0.55	0.50	0.50	0.50	0.50	0.50	0.50	0.50	0.50	0.50	0.50	0.50	0.50
	2	0.85	0.65	0.60	0.55	0.55	0.55	0.55	0.50	0.50	0.50	0.50	0.50	0.50	0.50
	1	1.35	1.05	0.90	0.80	0.75	0.75	0.70	0.70	0.65	0.65	0.60	0.55	0.55	0.55
12	自上 1	−0.30	0.00	0.15	0.20	0.25	0.30	0.30	0.30	0.35	0.35	0.40	0.45	0.45	0.45
	2	−0.10	0.20	0.25	0.30	0.35	0.40	0.40	0.40	0.40	0.45	0.45	0.45	0.45	0.45
	3	0.05	0.25	0.35	0.40	0.40	0.40	0.45	0.45	0.45	0.45	0.45	0.50	0.50	0.50
	4	0.15	0.30	0.40	0.45	0.45	0.45	0.45	0.45	0.45	0.45	0.50	0.50	0.50	0.50
	5	0.25	0.35	0.40	0.40	0.45	0.45	0.45	0.45	0.45	0.50	0.50	0.50	0.50	0.50
	6	0.30	0.40	0.40	0.45	0.45	0.45	0.45	0.50	0.50	0.50	0.50	0.50	0.50	0.50
	7	0.35	0.40	0.45	0.45	0.45	0.45	0.50	0.50	0.50	0.50	0.50	0.50	0.50	0.50
	8	0.35	0.45	0.45	0.45	0.50	0.50	0.50	0.50	0.50	0.50	0.50	0.50	0.50	0.50
	中间	0.45	0.45	0.45	0.45	0.50	0.50	0.50	0.50	0.50	0.50	0.50	0.50	0.50	0.50
	自下 4	0.55	0.50	0.50	0.50	0.50	0.50	0.50	0.50	0.50	0.50	0.50	0.50	0.50	0.50
	3	0.65	0.55	0.50	0.50	0.50	0.50	0.50	0.50	0.50	0.50	0.50	0.50	0.50	0.50
	2	0.70	0.70	0.60	0.55	0.55	0.55	0.55	0.50	0.50	0.50	0.50	0.50	0.50	0.50
	1	1.35	1.05	0.90	0.80	0.75	0.70	0.70	0.70	0.65	0.65	0.60	0.55	0.55	0.55

表 4-6 上、下层横梁线刚度比对 y_0 的修正值 y_1

$\overline{K}$ / α_1	0.1	0.2	0.3	0.4	0.5	0.6	0.7	0.8	0.9	1.0	2.0	3.0	4.0	5.0
0.4	0.55	0.40	0.30	0.25	0.20	0.20	0.20	0.15	0.15	0.15	0.05	0.05	0.05	0.05
0.5	0.45	0.30	0.20	0.20	0.15	0.15	0.15	0.10	0.10	0.10	0.05	0.05	0.05	0.05
0.6	0.30	0.20	0.15	0.15	0.10	0.10	0.10	0.10	0.05	0.05	0.05	0.05	0	0
0.7	0.20	0.15	0.10	0.10	0.10	0.05	0.05	0.05	0.05	0.05	0	0	0	0
0.8	0.15	0.10	0.05	0.05	0.05	0.05	0.05	0.05	0.05	0	0	0	0	0
0.9	0.05	0.05	0.05	0.05	0	0	0	0	0	0	0	0	0	0

表 4-7 上、下层柱高度比对 y_0 的修正值 y_1 和 y_3

α_2	α_3	$\overline{K}$ 0.1	0.2	0.3	0.4	0.5	0.6	0.7	0.8	0.9	1.0	2.0	3.0	4.0	5.0
2.0		0.25	0.15	0.15	0.10	0.10	0.10	0.10	0.10	0.05	0.05	0.05	0.05	0.0	0.0
1.8		0.20	0.15	0.10	0.10	0.10	0.05	0.05	0.05	0.05	0.05	0.05	0.0	0.0	0.0
1.6	0.4	0.15	0.10	0.10	0.05	0.05	0.05	0.05	0.05	0.05	0.05	0.0	0.0	0.0	0.0
1.4	0.6	0.10	0.05	0.05	0.05	0.05	0.05	0.05	0.05	0.05	0.05	0.0	0.0	0.0	0.0
1.2	0.8	0.05	0.05	0.05	0.0	0.0	0.0	0.0	0.0	0.0	0.0	0.0	0.0	0.0	0.0
1.0	1.0	0.0	0.0	0.0	0.0	0.0	0.0	0.0	0.0	0.0	0.0	0.0	0.0	0.0	0.0
0.8	1.2	−0.05	−0.05	−0.05	0.0	0.0	0.0	0.0	0.0	0.0	0.0	0.0	0.0	0.0	0.0
0.6	1.4	−0.10	−0.05	−0.05	−0.05	−0.05	−0.05	−0.05	−0.05	0.0	0.0	0.0	0.0	0.0	0.0
0.4	1.6	−0.15	−0.10	−0.10	−0.05	−0.05	−0.05	−0.05	−0.05	−0.05	0.0	0.0	0.0	0.0	0.0
	1.8	−0.20	−0.15	−0.10	−0.10	−0.10	−0.05	−0.05	−0.05	−0.05	−0.05	0.0	0.0	0.0	0.0
	2.0	−0.25	−0.15	−0.15	−0.10	−0.10	−0.10	−0.10	−0.10	−0.05	−0.05	−0.05	0.0	0.0	0.0

注：1. y_2 按 α_2 查表求得，上层较高时为正值，但对最上层，不考虑 y_2 修正值。

2. y_3 按 α_3 查表求得，但对最下层，不考虑 y_3 修正值。

④ 计算柱端弯矩 M_c 和梁端弯矩 M_b 由柱剪力 V_{ik} 和反弯点高度 h',可求出各柱的弯矩 M_c。求出所有柱的弯矩后,考虑各结点的力矩平衡,对每个结点,由梁端弯矩之和等于柱端弯矩之和,可求出梁端弯矩之和 $\sum M_b$。把 $\sum M_b$ 按与该结点相连的梁的线刚度进行分配(即某梁所分配到的弯矩与该梁的线刚度成正比),即可求出该结点各梁的梁端弯矩。

⑤ 计算梁端剪力 V_b 和柱轴力 N 根据梁的两端弯矩,可计算出梁端剪力 V_b。由梁端剪力进而可计算出柱轴力,边柱轴力为各层梁端剪力按层叠加,中柱轴力为柱两侧梁端剪力之差,并按层叠加。

2. 竖向荷载作用下框架内力计算

框架结构在竖向荷载作用下的内力分析,除可采用精确计算法(如矩阵位移法)以外,还可以采用分层法、弯矩二次分配法等近似计算法。以下介绍弯矩二次分配法。

(1) 弯矩二次分配法 这种方法的特点是先求出框架梁的梁端弯矩,再对各结点的不平衡弯矩同时作分配和传递,并且以两次分配为限,故称弯矩二次分配法。这种方法虽然是近似方法,但其结果与精确法相比,相差甚小,其精度可满足工程需要。其原理和计算方法可参阅相关文献,这里不再详述。

(2) 梁端弯矩的调幅 在竖向荷载作用下梁端的负弯矩较大,导致梁端的配筋量较大;同时柱的纵向钢筋以及另一个方向的梁端钢筋也通过节点,因此节点的施工较困难。即使钢筋能排下,也会因钢筋过于密集使浇筑混凝土困难,不容易保证施工质量。考虑到钢筋混凝土框架属超静定结构,具有塑性内力重分布的性质,因此可以通过在重力荷载作用下,梁端弯矩乘以调整系数 β 的办法适当降低梁端弯矩的幅值。根据工程经验,考虑到钢筋混凝土构件的塑性变形能力有限的特点,调幅系数 β 的取值为:

对现浇框架:$\beta=0.8\sim0.9$;对装配式框架:$\beta=0.7\sim0.8$。

梁端弯矩降低后,由平衡条件可知,梁跨中弯矩相应增加。按调幅后的梁端弯矩的平均值与跨中弯矩之和不应小于按简支梁计算的跨中弯矩值,即可求得跨中弯矩。如图 4-8 所示,跨中弯矩为:

$$M_4 = M_3 + [0.5(M_1+M_2) - 0.5(\beta M_1 + \beta M_2)] \tag{4-6}$$

梁端弯矩调幅后,不仅可以减小梁端配筋数量,方便施工,而且还可以使框架在破坏时梁端先出现塑性铰,保证柱的相对安全,以满足"强柱弱梁"的设计原则。这里应注意,梁端弯矩的调幅只是针对竖向荷载作用下产生的弯矩进行的,而对水平荷载作用下产生的弯矩不进行调幅。因此,不应采用先组合后调幅的做法。

3. 框架结构的内力调整及其内力不利组合

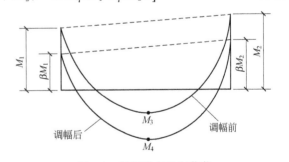

图 4-8 框架梁在竖向荷载作用下的调幅

由于考虑活荷载最不利布置的内力计算量太大,故一般不考虑活荷载的最不利布置,而采用"满布荷载法"进行内力分析。这样求得的结果与按考虑活荷载最不利位置所求得的结果相比,在支座处极为接近,在梁跨中则明显偏低。因此,应对梁在竖向活荷载作用下按不考虑活荷载的最不利布置所计算出的跨中弯矩进行调整,通常乘以 1.1~1.2 的系数。

在进行构件截面设计时,需求得控制截面上的最不利内力作为配筋的依据。对于框架梁,一般选梁的两端截面和跨中截面作为控制截面;对于柱,则选柱的上、下端截面作控制截面。内力不利组合就是控制截面最大的内力组合。

结构设计时，应根据可能出现的最不利情况确定构件内力设计值，进行截面设计。多、高层钢筋混凝土框架结构抗震设计时，一般应考虑以下两种基本组合。

（1）地震作用效应与重力荷载代表值效应的组合　对于一般的框架结构，可不考虑风荷载的组合，按承载力极限状态设计表达式的一般形式如式(3-120)，当只考虑水平地震作用和重力荷载代表值参与组合的情况时，其内力组合设计值 S 为：

$$S = \gamma_G S_{GE} + \gamma_{Eh} S_{Ehk} \tag{4-7}$$

式中符号及系数同式(3-120)。

（2）竖向荷载效应（包括全部恒荷载与活荷载的组合）　无地震作用时，结构受到全部恒荷载和活荷载的作用，其值一般要比重力荷载代表值大。且计算承载力时不引入承载力抗震调整系数，因此，非抗震情况下所需的构件承载力有可能大于水平地震作用下所需要的构件承载力，竖向荷载作用下的内力组合，就可能对某些截面设计起控制作用。此时，其内力组合设计值 S 为：

$$S = 1.2 S_{Gk} + 1.4 S_{Qk} \tag{4-8}$$

$$S = 1.35 S_{Gk} + 0.7 \times 1.4 S_{Qk} \tag{4-9}$$

式中，S_{Gk}、S_{Qk} 分别为恒荷载和活荷载的荷载效应值。

下面给出不考虑风荷载参与组合时，框架梁、柱的内力组合及控制截面内力。

① 框架梁　框架梁通常选取梁端支座内边缘处的截面和跨中截面作为控制截面。

梁端负弯矩，应考虑以下三种组合，并选取不利组合值，取以下公式绝对值较大者：

$$M = 1.3 M_{Ek} + 1.2 M_{GE} \tag{4-10}$$

$$M = 1.2 M_{Gk} + 1.4 M_{Qk} \tag{4-11}$$

$$M = 1.35 M_{Gk} + 0.98 M_{Qk} \tag{4-12}$$

梁端正弯矩按下式确定：

$$M = 1.3 M_{Ek} - 1.0 M_{GE} \tag{4-13}$$

梁端剪力，取下式较大者：

$$V = 1.3 V_{Ek} + 1.2 V_{GE} \tag{4-14}$$

$$V = 1.2 V_{Gk} + 1.4 V_{Qk} \tag{4-15}$$

$$V = 1.35 V_{Gk} + 0.98 V_{Qk} \tag{4-16}$$

跨中正弯矩，取下式较大者：

$$M = 1.3 M_{Ek} + 1.2 M_{GE} \tag{4-17}$$

$$M = 1.2 M_{Gk} + 1.4 M_{Qk} \tag{4-18}$$

$$M = 1.35 M_{Gk} + 0.98 M_{Qk} \tag{4-19}$$

式中　M_{Ek}，V_{Ek}——由地震作用在梁内产生的弯矩标准值、剪力标准值；

M_{GE}，V_{GE}——由重力荷载代表值在梁内产生的弯矩标准值、剪力标准值；

M_{Gk}，V_{Gk}——由竖向恒荷载在梁内产生的弯矩标准值、剪力标准值；

M_{Qk}，V_{Qk}——由竖向活荷载在梁内产生的弯矩标准值、剪力标准值。

② 框架柱　框架柱通常选取上梁下边缘处和下梁上边缘处的柱截面作为控制截面。由于框架柱一般是偏心受力构件，而且通常为对称配筋，故同一截面的控制弯矩和轴力应同时考虑以下四组，分别配筋后选用最多者作为最终配筋方案。

a. $\pm M_{max}$ 及其相应的 N；b. N_{max} 及其相应的 M；c. N_{min} 及其相应的 M；d. $\pm M$ 比较大，但 N 比较小或比较大。

有地震作用时的组合：

$$M = 1.2 M_{GE} \pm 1.3 M_{Ek} \tag{4-20}$$

$$N = 1.2N_{GE} \pm 1.3N_{Ek} \tag{4-21}$$

当无地震作用时以可变荷载为主的组合：

$$M = 1.2M_{Gk} + 1.4M_{Qk} \tag{4-22}$$

$$N = 1.2N_{Gk} + 1.4N_{Qk} \tag{4-23}$$

当无地震作用时以永久荷载为主的组合：

$$M = 1.35M_{Gk} + 0.98M_{Qk} \tag{4-24}$$

$$N = 1.35N_{Gk} + 0.98N_{Qk} \tag{4-25}$$

式中，N_{Gk} 是由竖向恒载在柱内产生的轴力标准值；N_{Qk} 是由竖向活载在柱内产生的轴力标准值。其他各符号意义同前。

4. 框架结构水平位移验算

框架结构由于其侧向刚度小，水平位移较大，因此位移计算是框架结构抗震计算的一个重要内容。框架结构的构件尺寸往往取决于结构的侧移变形要求。按照二阶段三水准的设计思想，框架结构应进行两方面的侧移验算：①多遇地震作用下层间弹性位移验算，对所有框架都应进行此项计算；②罕遇地震下层间弹塑性位移验算，7～9度时楼层屈服强度系数小于 0.5 的钢筋混凝土框架结构应进行此项计算。现分述如下。

(1) 多遇地震作用下层间弹性位移验算　多遇地震作用下，框架结构的层间弹性位移应满足式(3-121)的要求，即

$$\Delta u_e \leqslant [\theta_e]h \tag{4-26}$$

式中，h 为计算楼层层高；$[\theta_e]$ 为弹性层间位移角限值，取 1/550；Δu_e 可依 D 值法按下式计算：

$$\Delta u_e = V_i / \sum_{k=1}^{n} D_{ik} \tag{4-27}$$

(2) 罕遇地震下层间弹塑性位移验算　对不超过 12 层且层刚度无突变的钢筋混凝土框架结构，可按式(3-125)采用简化方法，验算框架薄弱层的弹塑性变形，即

$$\Delta u_p \leqslant [\theta_p]h \tag{4-28}$$

式中，h 为计算楼层层高；$[\theta_p]$ 为弹塑性层间位移角限值，对钢筋混凝土框架结构取 1/50；Δu_p 可按式(3-123)计算。

三、框架结构截面抗震验算

1. 一般原则

为了保证当建筑遭受中等烈度的地震影响时，具有良好的耗能能力，以及当建筑遭受高于本地区设防烈度的预估的罕遇地震影响时，不致倒塌或发生危及生命的严重破坏，要求结构具有足够的延性。要保证结构的延性就必须保证构件有足够大的延性，特别是重要构件。构件的延性一般用结构顶点的延性系数 μ 表示：

$$\mu = \Delta u_p / \Delta u_y \tag{4-29}$$

式中，Δu_y、Δu_p 分别为结构顶点屈服位移和结构顶点弹塑性位移限值。一般认为，在抗震结构中结构顶点延性系数应不小于 3～4。

框架结构顶点位移是由楼层的层间位移积累产生的，而层间位移又是由结构构件的变形形成的。因此，要求结构具有一定的延性就必须保证框架梁、柱有足够大的延性，使塑性铰首先在框架梁端出现，尽量避免或减少在柱中出现。即按照节点处梁端实际受弯承载力小于柱端实际受弯承载力的思想进行计算，以争取使结构能够形成总体机制，避免结构形成层间机制，见图 4-9。

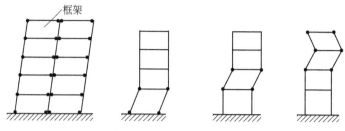

图 4-9 框架结构破坏机制

根据震害分析,以及近年来国内外试验研究资料,关于梁、柱塑性铰设计,应遵循下述一些原则。

(1) 强柱弱梁　要控制梁、柱的相对强度,使塑性铰首先在梁中出现,尽量避免或减少在柱中出现。因为塑性铰在柱中出现,很容易形成几何可变体系而倒塌。

(2) 强剪弱弯　对于梁、柱构件而言,要保证构件出现塑性铰,而不过早地发生剪切破坏。这就要求构件的抗剪承载力大于塑性铰的抗弯承载力。为此,要提高构件的抗剪强度,形成"强剪弱弯"。

(3) 强节点、强锚固　为了保证延性结构的要求,在梁的塑性铰充分发挥作用前,框架节点、钢筋的锚固不应过早地破坏。

2. 框架梁的截面验算

框架梁抗震设计时,应遵循"强剪弱弯"的设计原则。梁的塑性铰应出现在梁端截面,并具有足够的变形能力;应保证框架梁先发生延性的弯曲破坏,避免发生脆性的剪切破坏。

(1) 梁的正截面受弯承载力验算　按式(4-17)、式(4-18) 和式(4-19) 求出梁的控制截面组合弯矩后,即可按一般钢筋混凝土结构构件的计算方法进行配筋计算,其抗震承载力应满足式(3-119) 的要求,即

$$S \leqslant R/\gamma_{RE} \tag{4-30}$$

式中,S 为验算截面的弯矩设计值;R 为结构构件非抗震设计时的受弯承载力设计值;γ_{RE} 为承载力抗震调整系数。

(2) 梁的斜截面受剪承载力验算

① 剪压比的限制　梁内平均剪应力与混凝土抗压强度设计值之比,称为梁的剪压比。梁的截面出现斜裂缝之前,构件剪力基本上由混凝土抗剪强度来承受,箍筋因抗剪而引起的拉应力很低。如果构件截面的剪压比过大,混凝土就会过早地发生斜压破坏。因此,必须对剪压比加以限制。实际上,对梁的剪压比的限制,也就是对梁的最小截面的限制。

框架梁和连梁的截面组合剪力设计值应符合下列要求:

跨高比大于 2.5 的梁和连梁及剪跨比大于 2 的柱和抗震墙:

$$V_b \leqslant (0.20 f_c b h_0)/\gamma_{RE} \tag{4-31}$$

跨高比不大于 2.5 的连梁、剪跨比不大于 2 的柱和抗震墙、部分框支抗震墙结构的框支柱和框支梁、以及落地抗震墙的底部加强部位:

$$V_b \leqslant (0.15 f_c b h_0)/\gamma_{RE} \tag{4-32}$$

式中,V_b 为内力调整后的梁端、柱端或墙端截面组合的剪力设计值;f_c 为混凝土轴心抗压强度设计值;b 为梁、柱截面宽度或抗震墙墙肢截面宽度,圆形截面柱可按面积相等的方形截面柱计算;h_0 为截面有效高度,抗震墙可取墙肢长度。剪跨比按式(4-40) 计算。

② 按"强剪弱弯"的原则调整梁的截面剪力　为了避免梁在弯曲破坏前发生剪切破坏,应按"强剪弱弯"的原则调整框架梁和抗震墙的连梁端部截面组合的剪力设计值:

一、二、三级框架梁和抗震墙的连梁，其梁端截面组合的剪力设计值 V_b 应按下式调整：

$$V_b = \eta_{vb}(M_b^l + M_b^r)/l_n + V_{Gb} \tag{4-33}$$

一级的框架结构和 9 度的一级框架梁、连梁可不按上式调整，但应符合下式要求：

$$V_b = 1.1(M_{bua}^l + M_{bua}^r)/l_n + V_{Gb} \tag{4-34}$$

式中 M_b^l，M_b^r——分别为梁左、右端截面反时针或顺时针方向组合的弯矩设计值，一级框架两端弯矩均为负弯矩时，绝对值较小一端的弯矩取零；

M_{bua}^l，M_{bua}^r——分别为梁左、右端反时针或顺时针方向实配的正截面抗震受弯承载力所对应的弯矩值，根据实配钢筋面积（计入受压钢筋和相关楼板钢筋）和材料强度标准值确定；

l_n——梁的净跨；

V_{Gb}——梁在重力荷载代表值（9 度时高层建筑还应包括竖向地震作用标准值）作用下，按简支梁分析的梁端截面剪力设计值；

η_{vb}——梁端剪力增大系数，一级为 1.3，二级为 1.2，三级为 1.1。

③ 斜截面受剪承载力的验算 矩形、T 形和工字形截面一般框架梁，其斜截面抗震承载力仍采用非地震时梁的斜截面受剪承载力公式形式进行验算，但除应除以承载力抗震调整系数外，尚应考虑在反复荷载作用下，钢筋混凝土斜截面强度有所降低，因此，框架梁受剪承载力抗震验算公式为：

$$V_b \leqslant \frac{1}{\gamma_{RE}}\left[0.6\alpha_{cv} f_t b h_0 + f_{yv}\frac{A_{sv}}{s}h_0\right] \tag{4-35}$$

式中 α_{cv}——截面混凝土受剪承载力系数，对于一般受弯构件取 0.7；对集中荷载作用下（包括作用有多种荷载，其中集中荷载对支座截面或节点边缘产生的剪力值占总剪力的 75% 以上的情况）的框架梁，取 α_{cv} 为 $[1.75/(\lambda+1)]$；

λ——计算截面的剪跨比，可取 $\lambda = a/h_0$，a 为集中荷载作用点至支座截面或节点边缘的距离；$\lambda < 1.5$ 时为 1.5，$\lambda > 3$ 时取为 3；

f_{yv}——箍筋抗拉强度设计值；

A_{sv}——配置在同一截面内箍筋各肢的全部截面面积；

s——沿构件长度方向上的箍筋间距。

3. 框架柱的截面抗震验算

（1）柱正截面承载力验算 与梁一样，按式(4-30)计算。计算时，截面弯矩设计值应取用经过各项调整后的值。柱端弯矩设计值，根据"强柱弱梁"原则确定。

一、二、三、四级框架的梁、柱节点处，除框架顶层和柱轴压比小于 0.15 者及框支梁与框支柱的节点外，柱端组合的弯矩设计值应符合下式要求：

$$\sum M_c = \eta_c \sum M_b \tag{4-36}$$

一级的框架结构和 9 度的一级框架可不符合上式要求，但应符合下式要求：

$$\sum M_c = 1.2\sum M_{bua} \tag{4-37}$$

式中 $\sum M_c$——节点上下柱端截面顺时针或反时针方向组合的弯矩设计值之和，上下柱端的弯矩设计值，可按弹性分析分配；

$\sum M_b$——节点左右梁端截面反时针或顺时针方向组合的弯矩设计值之和，一级框架节点左右梁端均为负弯矩时，绝对值较小的弯矩应取零；

$\sum M_{bua}$——节点左、右梁端截面反时针或顺时针方向实配的正截面抗震受弯承载力所对应的弯矩值之和，根据实配钢筋面积（计入梁受压筋和相关楼板钢筋和材料强度标准值确定；

η_c——框架柱端弯矩增大系数；对框架结构，一、二、三、四级可分别取 1.7、1.5、1.3、1.2；其他结构类型中的框架，一级可取 1.4，二级可取 1.2，三、四级可取 1.1。

当反弯点不在柱的层高范围内时，柱端弯矩设计值可直接乘以柱端弯矩增大系数 η_c。

一、二、三、四级框架结构的底层，柱下端截面组合的弯矩设计值，应分别乘以增大系数 1.7、1.5、1.3 和 1.2。底层柱纵向钢筋宜按上下端的不利情况配置。此处底层指无地下室的基础以上或地下室以上的首层。一、二、三、四级框架的角柱，经"强柱弱梁"、"强剪弱弯"及"柱底层弯矩"调整后的弯矩、剪力设计值尚应乘以不小于 1.10 的增大系数。

（2）斜截面承载力抗震验算

① 柱端剪力设计值　同梁一样，需按"强剪弱弯"原则确定。一、二、三、四级的框架柱和框支柱组合的剪力设计值 V_c 应按下式调整：

$$V_c = \eta_{vc}(M_c^b + M_c^t)/H_n \tag{4-38}$$

一级框架结构和 9 度的一级框架可不按上式调整，但应符合下式要求：

$$V_c = 1.2(M_{cua}^b + M_{cua}^t)/H_n \tag{4-39}$$

式中　M_c^t，M_c^b——分别为柱的上下端顺时针或反时针方向截面组合的弯矩设计值，应符合前述对柱端弯矩设计值的要求；

M_{cua}^t，M_{cua}^b——分别为偏心受压柱的上下端顺时针或反时针方向实配的正截面抗震受弯承载力所对应的弯矩值，根据实配钢筋面积、材料强度标准值和轴压力等确定；

η_{vc}——柱剪力增大系数，对框架结构，一、二、三、四级可分别取 1.5、1.3、1.2、1.1；对其他结构类型的框架，一级可取 1.4，二级可取 1.2，三、四级可取 1.1；

H_n——柱的净高。

② 柱截面尺寸限制　为了防止因剪压比过大而发生脆性破坏，柱的截面尺寸也必须加以控制。当剪跨比大于 2 时，须符合式（4-31）的要求；当剪跨比不大于 2 时，须符合式（4-32）的要求。此时，式中的 V_b 应为 V_c，b、h_0 为柱的截面宽度和截面有效高度。

剪跨比 λ 应按下式计算：

$$\lambda = M^c/(V^c h_0) \tag{4-40}$$

式中，M^c、V^c 分别为柱端截面组合的弯矩计算值及对应的截面组合剪力计算值，均取上下端计算结果的较大值。反弯点位于柱高中部的框架柱，剪跨比 λ 可按柱净高与 2 倍柱截面高度之比计算。

③ 斜截面承载力验算　在进行框架柱斜截面承载力抗震验算时，仍采用非地震时承载力验算的公式形式，但应除以承载力抗震调整系数，同时考虑地震作用对钢筋混凝土框架柱承载力降低的不利影响，即可得出矩形截面框架柱和框支柱斜截面抗震承载力验算公式：

$$V_c \leqslant \frac{1}{\gamma_{RE}}\left(\frac{1.05}{\lambda+1}f_t b h_0 + f_{yv}\frac{A_{sv}}{s}h_0 + 0.056N\right) \tag{4-41}$$

式中　λ——框架柱和框支柱的计算剪跨比，按式（4-40）计算。当 $\lambda<1$ 时，取为 1，当 $\lambda>3$ 时取为 3；

N——考虑地震作用组合的框架柱和框支柱轴向压力设计值，当 $N>0.3f_cA$ 时，取 $N=0.3f_cA$。

当矩形截面框架柱和框支柱出现拉力时，其斜截面受剪承载力应按下列公式计算：

$$V_c \leqslant \frac{1}{\gamma_{RE}}\left(\frac{1.05}{\lambda+1}f_t bh_0 + f_{yv}\frac{A_{sv}}{s}h_0 - 0.2N\right) \tag{4-42}$$

式中 N——与剪力设计值 V 对应的轴向拉力设计值，取正值；

λ——框架柱的剪跨比。

当公式（4-42）右端括号内的计算值小于 $f_{yv}h_0 A_{sv}/s$ 时，应取等于 $f_{yv}h_0 A_{sv}/s$，且 $f_{yv}h_0 A_{sv}/s$ 值不应小于 $0.36 f_t bh_0$。

④ 轴压比的限制　轴压比是指柱组合的轴压力设计值 N 与柱的全截面面积 bh 和混凝土抗压强度设计值 f_c 乘积之比，即 $N/f_c bh$。轴压比是影响柱延性的重要因素之一。试验研究表明，柱的延性随轴压比的增大急剧下降，尤其在高轴压比的条件下，箍筋对柱的变形能力影响很小。因此，在框架抗震设计中，必须限制轴压比，以保证柱有足够的延性。因此《建筑抗震规范》规定，轴压比不应超过表 4-8 的规定。Ⅳ类场地上较高的高层建筑，柱轴压比限值应适当减小。一定的有利条件下，柱轴压比的限值可适当提高，但不应大于 1.05。

表 4-8　柱轴压比限值

结 构 类 型	抗 震 等 级			
	一	二	三	四
框架结构	0.65	0.75	0.85	0.90
框架-抗震墙，板柱-抗震墙、框架-核心筒及筒中筒	0.75	0.85	0.90	0.95
部分框支抗震墙	0.60	0.70	—	—

注：1. 可不进行地震作用计算的结构，取无地震作用组合的轴力设计值；

2. 表内限值适用于剪跨比大于 2、混凝土强度等级不高于 C60 的柱；剪跨比不大于 2 的柱轴压比限值应降低 0.05；剪跨比小于 1.5 的柱，轴压比限值应专门研究并采取特殊构造措施；

3. 沿柱全高采用井字复合箍且箍筋肢距不大于 200mm、间距不大于 100mm、直径不小于 12mm，或沿柱全高采用复合螺旋箍、螺旋间距不大于 100mm、箍筋肢距不大于 200mm、直径不小于 12mm，或沿柱全高采用连续复合矩形螺旋箍、螺旋净距不大于 80mm、箍筋肢距不大于 200mm、直径不小于 10mm，轴压比限值均可增加 0.10；上述三种箍筋的最小配箍特征值均应按增大的轴压比由表 4-13 确定；

4. 在柱的截面中部附加芯柱，其中另加的纵向钢筋的总面积不少于柱截面面积的 0.8%，轴压比限值可增加 0.05；此项措施与第 3 项措施共同采用时，轴压比限值可增加 0.15，但箍筋的体积配箍率仍可按轴压比增加 0.10 的要求确定。

4. 框架节点核芯区的抗震验算

为实现"强节点、强锚固"的设计要求，一、二、三级框架的节点核芯区应进行抗震验算。四级框架节点核芯区可不进行抗震验算，但应符合抗震构造措施的要求。

（1）一、二、三级框架梁柱节点核芯区组合的剪力设计值，应按下列公式确定：

$$V_j = \frac{\eta_{jb}\sum M_b}{h_{b0}-a'_s}\left(1-\frac{h_{b0}-a'_s}{H_c-h_b}\right) \tag{4-43}$$

一级框架结构和 9 度的一级框架结构可不按上式确定，但应符合下式要求：

$$V_j = \frac{1.15\sum M_{bua}}{h_{b0}-a'_s}\left(1-\frac{h_{b0}-a'_s}{H_c-h_b}\right) \tag{4-44}$$

式中 V_j——梁柱节点核芯区组合的剪力设计值；

h_{b0}——梁截面的有效高度，节点两侧梁截面高度不等时可采用平均值；

a'_s——梁受压钢筋合力点至受压边缘的距离；

H_c——柱的计算高度，可采用节点上、下柱反弯点之间的距离；

h_b——梁的截面高度，节点两侧梁截面高度不等时可采用平均值；

$\sum M_b$——节点左右梁端反时针或顺时针方向组合弯矩设计值之和，一级时节点左右梁端均为负弯矩，绝对值较小的弯矩应取零；

$\sum M_{\text{bua}}$——节点左右梁端反时针或顺时针方向实配的正截面抗震受弯承载力所对应的弯矩值之和,根据实配钢筋面积(计入受压筋)和材料强度标准值确定;

η_{jb}——强节点系数,对于框架结构,一级宜取1.5,二级宜取1.35,三级宜取1.2;对于其他结构中的框架,一级宜取1.35,二级宜取1.2,三级宜取1.1。

同时,节点核芯区组合的剪力设计值,应符合下列要求:

$$V_j \leqslant (0.30\eta_j f_c b_j h_j)/\gamma_{\text{RE}} \tag{4-45}$$

式中 η_j——正交梁的约束影响系数,楼板为现浇,梁柱中线重合,四侧各梁截面宽度不小于该侧柱截面宽度的1/2,且正交方向梁高度不小于框架梁高度的3/4时,可采用1.5,9度的一级宜采用1.25,其他情况均采用1.0;

h_j——节点核芯区的截面高度,可采用验算方向的柱截面高度;

γ_{RE}——承载力抗震调整系数,可采用0.85。

(2) 节点核芯区截面有效验算宽度 b_j,应按下列规定采用:当验算方向的梁截面宽度不小于该侧柱截面宽度的1/2时,可按式(4-46)的第一式计算取值;当小于柱截面宽度的1/2时,按式(4-46)的第一、二式计算,然后取较小值;当梁、柱的中线不重合且偏心距不大于柱宽的1/4时,按式(4-46)的三式分别计算,然后取其较小值。

$$\begin{cases} b_j = b_c \\ b_j = b_b + 0.5h_c \\ b_j = 0.5(b_b + b_c) + 0.25h_c - e \end{cases} \tag{4-46}$$

式中 b_c、h_c——验算方向的柱截面宽度,验算方向的柱截面高度;

b_b——梁截面宽度;

e——梁与柱中线偏心距。

(3) 节点核芯区截面抗震受剪承载力,应采用下列公式验算:

$$V_j = \frac{1}{\gamma_{\text{RE}}}\left(1.1\eta_j f_t b_j h_j + 0.05\eta_j N \frac{b_j}{b_c} + f_{yv} A_{svj} \frac{h_{b0} - a'_s}{s}\right) \tag{4-47}$$

9度的一级:

$$V_j = \frac{1}{\gamma_{\text{RE}}}\left(0.9\eta_j f_t b_j h_j + f_{yv} A_{svj} \frac{h_{b0} - a'_s}{s}\right) \tag{4-48}$$

式中 N——对应于组合剪力设计值的上柱组合轴向压力较小值,其取值不应大于柱的截面面积和混凝土轴心抗压设计值的乘积的50%,当 N 为拉力,取 $N=0$;

$h_{b0} - a'_s$——梁上部钢筋合力点至下部钢筋合力点的距离;

f_{yv}——箍筋的抗拉强度设计值;

f_t——混凝土轴心抗拉强度设计值;

A_{svj}——核芯区有效验算宽度范围内同一截面验算方向箍筋的总截面面积;

s——箍筋间距。

四、框架结构的抗震构造措施

由于影响地震作用和结构承载力的因素十分复杂,地震破坏机理尚不十分清楚,故结构设计中的地震作用、地震作用效应以及承载力计算是相当近似的。为了从总体上保障工程结构的抗震能力,就必须重视概念设计,充分合理地采取抗震构造措施。对于钢筋混凝土框架结构,其关键在于做好梁、柱及其节点的构造设计。

1. 框架梁的构造要求

梁的截面尺寸,宜符合下列要求:梁的截面宽度不宜小于200mm;梁截面的高宽比不宜大于4;为了避免发生剪切破坏,梁净跨与截面高度之比不宜小于4。

采用梁宽大于柱宽的扁梁时,楼板应现浇,梁中线宜与柱中线重合,扁梁应双向布置。

扁梁的截面尺寸应符合下列要求，并应满足现行有关规范对挠度和裂缝宽度的规定：

$$b_b \leqslant 2b_c \tag{4-49}$$

$$b_b \leqslant b_c + h_b \tag{4-50}$$

$$h_b \leqslant 16d \tag{4-51}$$

式中，b_c 为柱截面宽度，圆形截面取柱直径的 0.8 倍；b_b、h_b 分别为梁截面宽度和高度；d 为柱纵筋直径。

梁的纵向钢筋配置，应符合下列各项要求：梁端纵向受拉钢筋的配筋率不宜大于 2.5%，且计入受压钢筋的梁端混凝土受压区高度和有效高度之比，一级不应大于 0.25，二、三级不应大于 0.35；梁端截面的底面和顶面配筋量的比值，除按计算确定外，一级不应小于 0.5；二、三级不应小于 0.3；沿梁全长顶面和底面的配筋，一、二级不应少于 $2\phi14$，且分别不应少于梁两端顶面和底面纵向配筋中较大截面面积的 1/4，三、四级不应少于 $2\phi12$；一、二、三级框架梁内贯通中柱的每根纵向钢筋直径，对框架结构不应大于矩形截面柱在该方向截面尺寸的 1/20，或纵向钢筋所在位置圆形截面柱弦长的 1/20，对其他结构类型的框架不宜大于矩形截面柱在该方向截面尺寸的 1/20，或纵向钢筋所在位置圆形截面柱弦长的 1/20；纵向受拉钢筋的配筋率，不应小于表 4-9 规定数值的较大值。

表 4-9 框架梁纵向受拉钢筋最小配筋率 ρ_{min}　　　　单位：%

抗震等级	梁中位置	
	支座	跨中
一级	0.4 和 $80f_t/f_y$	0.3 和 $65f_t/f_y$
二级	0.3 和 $65f_t/f_y$	0.25 和 $55f_t/f_y$
三、四级	0.25 和 $55f_t/f_y$	0.2 和 $45f_t/f_y$

2. 框架柱的构造要求

柱的截面尺寸宜符合下列要求：截面的宽度和高度，四级或不超过 2 层时不宜小于 300mm，一、二、三级且超过 2 层时不宜小于 400mm；圆柱的直径，四级或不超过 2 层时不宜小于 350mm，一、二、三级且超过 2 层时不宜小于 450mm；剪跨比宜大于 2，圆形截面柱可按面积相等的方形截面柱计算；截面长边与短边的边长比不宜大于 3。

柱的纵向钢筋配置，应符合下列各项要求：柱纵向钢筋的最小总配筋率应按表 4-10 采用，同时每一侧配筋率不应小于 0.2%；对建造于Ⅳ类场地且较高的高层建筑，表中的数值应增加 0.1；柱的纵向钢筋宜对称配置；截面尺寸大于 400mm 的柱，纵向钢筋间距不宜大于 200mm；柱总配筋率不应大于 5%；一级且剪跨比不大于 2 的柱，每侧纵向钢筋配筋率不宜大于 1.2%；边柱、角柱及抗震墙端柱在地震作用组合产生小偏心受拉时，柱内纵筋总截面面积应比计算值增加 25%；柱纵向钢筋的绑扎接头应避开柱端的箍筋加密区。

表 4-10 柱截面纵向钢筋的最小总配筋率（百分率）

类别	抗震等级			
	一	二	三	四
中柱和边柱	0.9(1.0)	0.7(0.8)	0.6(0.7)	0.5(0.6)
角柱和框支柱	1.1	0.9	0.8	0.7

注：1. 表中括号内数值用于框架结构的柱；
2. 钢筋强度标准值小于 400MPa 时，表中数值应增加 0.1，钢筋强度标准值为 400MPa 时，表中数值应增加 0.05；
3. 混凝土强度等级高于 C60 时，上述数值应相应增加 0.1。

3. 梁柱及节点核芯区箍筋的配置

震害调查和理论分析表明，在地震作用下，梁柱端部剪力最大，该处极易产生剪切破坏。因此《建筑抗震设计规范》规定，在梁柱端部一定长度范围内，箍筋间距应适当加密。一般称梁柱端部这一范围为箍筋加密区。

(1) 梁的箍筋配置　梁端箍筋加密区的长度、箍筋最大间距和最小直径应按表 4-11 采用。当梁端纵向受拉钢筋配筋率大于 2% 时，表中箍筋最小直径应增大 2mm。梁端加密区箍筋肢距，一级不宜大于 200mm 和 20 倍箍筋直径的较大值，二、三级不宜大于 250mm 和 20 倍箍筋直径的较大值，四级不宜大于 300mm。

表 4-11　梁端箍筋加密区的长度、箍筋的最大间距和最小直径

抗震等级	加密区长度(采用较大值)/mm	箍筋最大间距(采用最小值)/mm	箍筋最小直径/mm
一	$2h_b$, 500	$6d$, $h_b/4$, 100	10
二	$1.5h_b$, 500	$8d$, $h_b/4$, 100	8
三	$1.5h_b$, 500	$8d$, $h_b/4$, 150	8
四	$1.5h_b$, 500	$8d$, $h_b/4$, 150	6

注：1. d 为纵向钢筋直径，h_b 为梁截面高度；
2. 箍筋直径大于 12mm、数量不少于 4 肢且肢距不大于 150mm 时，一、二级的最大间距应允许适当放宽，但不得大于 150mm。

(2) 柱的箍筋配置　柱的箍筋加密范围按下列规定采用：柱端，取截面高度（圆柱直径），柱净高的 1/6 和 500mm 的较大值；底层柱，柱根不小于柱净高的 1/3；当有刚性地面时，除柱端外尚应取刚性地面上下各 500mm；剪跨比不大于 2 的柱和因填充墙等形成的柱净高与柱截面高度之比不大于 4 的柱，取全高；一级、二级的框架角柱，取全高；框支柱，取全高。

一般情况下，加密区箍筋的最大间距和最小直径，按表 4-12 取用。一级框架柱的箍筋直径大于 12mm 且箍筋肢距不大于 150mm，及二级框架柱的箍筋直径不小于 10mm 且箍筋肢距不大于 200mm 时，除底层柱下端外，最大间距应允许采用 150mm；三级框架柱的截面尺寸不大于 400mm 时，箍筋最小直径应允许采用 6mm；四级框架柱剪跨比不大于 2 时，箍筋直径不应小于 8mm。框支柱和剪跨比不大于 2 的柱，箍筋间距不应大于 100mm。

箍筋的形式应根据截面情况合理选取，一般采用普通箍、复合箍或螺旋箍等（图 4-10）。至少每隔一根纵向钢筋宜在两个方向有箍筋或拉筋约束；采用拉筋复合箍时，拉筋宜紧靠纵向钢筋并钩住箍筋。柱箍筋加密区箍筋肢距，一级不宜大于 200mm，二、三级不宜大于 250mm，四级不宜大于 300mm。

表 4-12　柱箍筋加密区的箍筋最大间距和最小直径

抗　震　等　级	箍筋最大间距(采用最小值)/mm	箍筋最小直径/mm
一	$6d$, 100	10
二	$8d$, 100	8
三	$8d$, 150（柱根 100）	8
四	$8d$, 150（柱根 100）	6（柱根 8）

注：d 为柱纵筋最小直径；柱根指底层柱下端箍筋加密区。

柱箍筋加密区的体积配箍率，宜符合下式要求：

$$\rho_v \geqslant \lambda_v f_c / f_{yv} \tag{4-52}$$

式中　ρ_v——柱箍筋加密区的体积配箍率，一、二、三、四级分别不应小于 0.8%、0.6%、0.4% 和 0.4%；计算复合螺旋箍的体积配箍率时，其非螺旋箍的箍筋体积应乘以换算系数 0.8；

　　　f_c——混凝土轴心抗压强度设计值，强度等级低于 C35 时，应按 C35 计算；

　　　f_{yv}——箍筋或拉筋抗拉强度设计值；

　　　λ_v——最小配箍特征值，宜按表 4-13 采用。

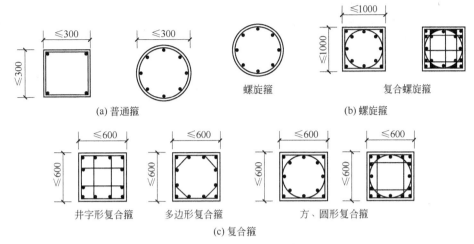

图 4-10 各类箍筋示意

表 4-13 柱箍筋加密区的箍筋最小配箍特征值

抗震等级	箍筋形式	柱轴压比								
		≤0.3	0.4	0.5	0.6	0.7	0.8	0.9	1.0	1.05
一	普通箍、复合箍	0.10	0.11	0.13	0.15	0.17	0.20	0.23		
	螺旋箍、复合或连续复合矩形螺旋箍	0.08	0.09	0.11	0.13	0.15	0.18	0.21		
二	普通箍、复合箍	0.08	0.09	0.11	0.13	0.15	0.17	0.19	0.22	0.24
	螺旋箍、复合或连续复合矩形螺旋箍	0.06	0.07	0.09	0.11	0.13	0.15	0.17	0.20	0.22
三、四	普通箍、复合箍	0.06	0.07	0.09	0.11	0.13	0.15	0.17	0.20	0.22
	螺旋箍、复合或连续复合矩形螺旋箍	0.05	0.06	0.07	0.09	0.11	0.13	0.15	0.18	0.20

注：1. 普通箍指单个矩形箍和单个圆形箍；复合箍指由矩形、多边形、圆形箍或拉筋组成的箍筋；复合螺旋箍指由螺旋箍与矩形、多边形、圆形箍或拉筋组成的箍筋；连续复合矩形螺旋箍指全部螺旋箍为同一根钢筋加工而成的箍筋；

2. 框支柱宜采用复合螺旋箍或井字复合箍，其最小配箍特征值应比表内数值增加 0.02，且体积配箍率不应小于 1.5%；

3. 剪跨比不大于 2 的柱宜采用复合螺旋箍或井字复合箍，其体积配箍率不应小于 1.2%，9 度时不应小于 1.5%；

4. 计算复合螺旋箍的体积配箍率时，其非螺旋箍的箍筋体积应乘以换算系数 0.8。

柱箍筋非加密区的体积配箍率不宜小于加密区的 50%；箍筋间距，一、二级框架柱不应大于 10 倍纵向钢筋直径，三、四级框架柱不应大于 15 倍纵向钢筋直径。

(3) 节点核芯区箍筋配置 抗震框架的节点核芯区必须设置足够量的横向箍筋，其最大间距、最小直径宜按柱端加密区的要求取用，或比其要求更高。一、二、三级抗震时，节点核芯区的箍筋最小配箍特征值分别不宜小于 0.12、0.10 和 0.08，体积配箍率分别不宜小于 0.6%、0.5% 和 0.4%。柱剪跨比不大于 2 的框架节点核芯区体积配箍率不宜小于核芯区上、下柱端的较大体积配箍率。

4. 钢筋的接头和锚固

钢筋的接头和锚固，除应符合《混凝土结构设计规范》有关规定外，尚应符合下列要求：

(1) 结构构件中纵向受拉钢筋的抗震锚固长度 l_{aE} 及抗震搭接长度 l_{lE}，应符合下列要求：

$$l_{aE} = \zeta_{aE} l_a \tag{4-53}$$

$$l_{lE} = \zeta_l l_{aE} \tag{4-54}$$

式中 l_a——纵向受拉钢筋的非抗震锚固长度；

ζ_{aE}——纵向受拉钢筋抗震锚固长度修正系数，对一、二级抗震等级取 1.15，对三级抗震等级取 1.05，对四级抗震等级取 1.0；

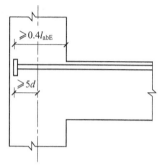
(a) 中间层端节点梁筋加锚头(锚板)锚固

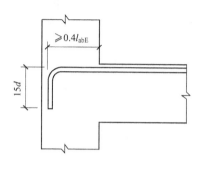
(b) 中间层端节点梁筋90°弯折锚固

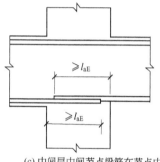
(c) 中间层中间节点梁筋在节点内直锚固

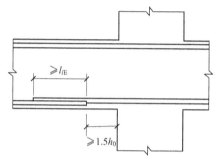
(d) 中间层中间节点梁筋在节点外搭接

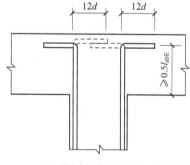
(e) 顶层中间节点柱筋90°弯折锚固

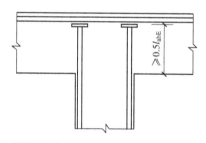
(f) 顶层中间节点柱筋加锚头(锚板)锚固

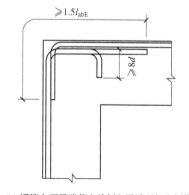
(g) 钢筋在顶层端节点外侧和梁端顶部弯折搭接

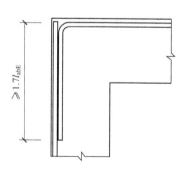
(h) 钢筋在顶层端节点外侧直线搭接

图 4-11 梁和柱的纵向受力钢筋在节点区的锚固和搭接

ζ_l——纵向受拉钢筋搭接长度修正系数,同一连接区段内搭接钢筋面积百分率为小于等于 25%、50%、100% 时,ζ_l 分别取 1.2、1.4、1.6。

(2) 受力钢筋的连接接头宜设置在构件受力较小部位;钢筋连接可按不同情况采用机械连接、绑扎搭接或焊接。①框架柱:一、二级抗震等级及三级抗震等级的底层,宜采用机械连接接头,也可采用绑扎搭接或焊接接头;三级抗震等级的其他部位和四级抗震等级,可采用绑扎搭接或焊接接头;②框支梁、框支柱:宜采用机械连接接头;③框架梁:一级宜采用机械连接接头,二、三、四级可采用绑扎搭接或焊接接头。

(3) 位于同一连接区段内的纵向受力钢筋接头面积百分率不宜超过 50%;纵向受力钢筋连接接头的位置宜避开梁端、柱端箍筋加密区;当无法避开时,应采用机械连接或焊接;受拉钢筋直径大于 28mm、受压钢筋直径大于 32mm 时,不宜采用绑扎搭接接头。

(4) 箍筋的末端应做成 135°弯钩,弯钩端头平直段长度不应小于箍筋直径的 10 倍;在纵向受力钢筋搭接长度范围内的箍筋间距不应大于搭接钢筋较小直径的 5 倍,且不宜大于 100mm。

(5) 框架中间层中间节点处,框架梁的上部纵向钢筋应贯穿中间节点。贯穿中柱的每根梁纵向钢筋直径,对于 9 度设防烈度的各类框架和一级抗震等级的框架结构,当柱为矩形截面时,不宜大于柱在该方向截面尺寸的 1/25,当柱为圆形截面时,不宜大于纵向钢筋所在位置柱截面弦长的 1/25;对一、二、三级抗震等级,当柱为矩形截面时,不宜大于柱在该方向截面尺寸的 1/20,对圆柱截面,不宜大于纵向钢筋所在位置柱截面弦长的 1/20。

(6) 对于框架中间层中间节点、中间层端节点、顶层中间节点以及顶层端节点,梁、柱纵向钢筋在节点部位的锚固和搭接,应符合图 4-11 的相关构造规定。图中 l_{lE} 按式 (4-54) 取用,l_{abE} 按下式取用:

$$l_{abE} = \zeta_{aE} l_{ab} \tag{4-55}$$

式中,l_{ab} 为受拉钢筋的基本锚固长度,ζ_{aE} 按式 (4-53) 取用。

第四节 抗震墙结构的抗震设计

一、抗震墙的破坏形态

1. 单肢抗震墙的破坏形态

单肢墙,也包括小开洞墙,不包括联肢墙,但弱连梁连系的联肢墙墙肢可视作若干个单肢墙。所谓弱连梁联肢墙是指在地震作用下各层墙段截面总弯矩不小于该层及以上连梁总约束弯矩 5 倍的联肢墙。悬臂抗震墙随着墙高 H_w 与墙宽 l_w 比值的不同,大致有以下几种破坏形态。

(1) 弯曲破坏 [图 4-12(a)] 此种破坏多发生在 $H_w/l_w > 2$ 时,墙的破坏发生在下部的一个范围内 [图 4-12(a) 的②],虽然该区段内也有斜裂缝,但它是绕 A 点斜截面受弯,其弯矩与根部正截面①的弯矩相等,若不计水平腹筋的影响,该区段内竖筋(受弯纵筋)的拉力也几乎相等。这是一种理想的塑性破坏,塑性区长度也比较大,要力争实现。为防止在该区段内过早地发生剪切破坏,其受剪配筋及构造应加强,所以该区又称抗剪加强部位。加强部位高度 h_s,取 $H_w/8$ 或 l_w 两者中的较大值。有框支层时,尚应不小于到框支层上一层的高度。

(2) 剪压型剪切破坏 [图 4-12(b)] 此种破坏发生在 H_w/l_w 为 1~2 时,斜截面上的腹筋及受弯纵筋也都屈服,最后以剪压区混凝土破坏而达到极限状态。为避免发生这种破

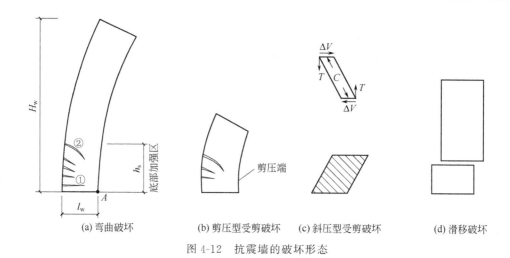

(a) 弯曲破坏　　(b) 剪压型受剪破坏　　(c) 斜压型受剪破坏　　(d) 滑移破坏

图 4-12　抗震墙的破坏形态

坏，构造上应加强措施，如墙的水平截面两端设端柱等，以增强混凝土的剪压区。在截面设计上要求剪压区不宜太大。

(3) 斜压型剪切破坏 [图 4-12(c)]　此种破坏发生在 $H_w/l_w<1$ 时，往往发生在框支层的落地抗震墙上。这种形态的斜裂缝将抗震墙划分成若干个平行的斜压杆，延性较差，在墙板周边应设置梁（或暗梁）和端柱组成的边框加强。此外，试验表明，如能严格控制截面的剪压比，则可以使斜裂缝较为分散而细，可以吸收较大地震能量而不致发生突然的脆性破坏。在矮的抗震墙中，竖向腹筋虽不能像水平腹筋那样直接承受剪力，但也很重要，它的拉力 T 将用来平衡 ΔV 引起的弯矩，或是与斜压力 C 合成后与 ΔV 平衡 [图 4-12(c)]。

(4) 滑移破坏 [图 4-12(d)]　此种破坏多发生在新旧混凝土施工缝的地方。在施工缝处应增设插筋并进行验算。

2. 双肢墙的破坏形态

抗震墙经过门窗洞口分割之后，形成了联肢墙。洞口上下之间的部位称为连梁，洞口左右之间的部位称为墙肢，两个墙肢的联肢墙称为双肢墙。墙肢是联肢墙的要害部位，双肢墙在水平地震力作用下，一肢处于压、弯、剪，而另一肢处于拉、弯、剪的复杂受力状态，墙肢的高宽比也不会太大，容易形成受剪破坏，延性要差一些。双肢墙的破坏和框架柱一样，可以分为"弱梁型"及"弱肢型"。弱肢型破坏是墙肢先于连梁破坏，因为墙肢以受剪破坏为主，延性差，连梁也不能充分发挥作用，是不理想的破坏形态。弱梁型破坏是连梁先于墙肢屈服，因为连梁仅是受弯受剪，容易保证形成塑性铰转动而吸收地震变形能从而也减轻了端肢的负担。所以联肢墙的设计应把连梁放在抗震第一道防线，在连梁屈服之前，不允许墙肢破坏。而连梁本身还要保证能做到受剪承载力高于弯曲承载力，概括起来就是"强肢弱梁"和"强剪弱弯"。

国内双肢墙的抗震试验还表明，当墙的一肢出现拉力时，拉肢刚度降低，内力将转移集中到另一墙肢（压肢）。这也应引起注意。

二、抗震墙的内力设计值

有些部位或部件的抗震墙的内力设计值是按内力组合结果取值的，但是也有一些部位或部件为了实现"强肢弱梁"、"强剪弱弯"的目标，或为了把塑性铰限制发生在某个指定的部位，它们的内力设计值有专门的规定。

(1) 弯矩设计值　按强墙肢弱连梁设计的抗震墙，在连梁屈服后，随着地震作用增大，墙肢底部一定区域受拉钢筋屈服，出现塑性铰区。墙肢底部可能出现塑性铰的高度范围，即为抗震墙的底部加强部位。一级抗震等级的单肢墙，其底部加强部位及以上部位的正截面弯矩设计值，不完全依照静力法求得的设计弯矩图，而是按照图 4-13 的示意图。具体做法是，一级抗震墙的底部加强部位各墙肢的弯矩设计值取其实际的组合弯矩设计值，一级抗震墙的底部加强部位以上部位，墙肢的组合弯矩设计值应乘以增大系数，其值可采用 1.2。底部加强部位以上部位的弯矩增大后，其抗剪承载力应相应增大。

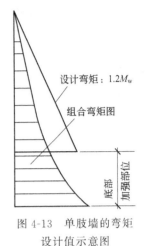

图 4-13 单肢墙的弯矩设计值示意图

这样的弯矩设计值图有两个目的：

① 可以使墙肢的塑性铰在底部加强部位的范围内得到发展，而不是将塑性铰集中在底层，甚至集中在底截面以上不大的范围内，从而减轻墙肢底截面附近的破坏程度，使墙肢有较大的塑性变形能力。

② 避免底部加强部位紧邻的上层墙肢屈服而底部加强部位不屈服。

（2）剪力设计值　为保证大地震时塑性铰发生在 h_s 范围内，应满足"强剪弱弯"的条件，使墙体弯曲破坏先于剪切破坏发生。为此，一、二、三级抗震墙底部加强部位，其截面组合的剪力设计值 V 应按下式调整：

$$V = \eta_{vw} V_w \tag{4-56}$$

9 度的一级可不按上式调整，但应符合下式要求：

$$V = 1.1(M_{wua}/M_w)V_w \tag{4-57}$$

式中　V——抗震墙底部加强部位截面组合的剪力设计值；

　　　V_w——抗震墙底部加强部位截面组合的剪力计算值；

　　　M_{wua}——抗震墙底部截面按实配纵向钢筋面积、材料强度标准值和轴力等计算的抗震受弯承载力所对应的弯矩值；有翼墙时应计入墙两侧各一倍翼墙厚度范围内的纵向钢筋；

　　　M_w——抗震墙底部截面组合的弯矩设计值；

　　　η_{vw}——抗震墙剪力增大系数，一级为 1.6，二级为 1.4，三级为 1.2。

（3）双肢墙墙肢　为了考虑当墙的一肢出现拉力而刚度降低和内力将转移集中到另一墙肢（压肢）的内力重分布影响，双肢抗震墙中的一个墙肢为大偏心受拉时（不应出现小偏心受拉），则另一墙肢（压肢）的弯矩设计值和剪力设计值均应分别为考虑地震作用组合结果的 1.25 倍。注意到地震是往复的作用，实际上双肢墙的两个墙肢，都可能要按增大后的内力配筋。

三、抗震墙结构的抗震构造措施

一般部位抗震墙的厚度，一、二级不应小于 160mm 且不宜小于层高或无支长度的 1/20，三、四级不应小于 140mm 且不宜小于层高或无支长度的 1/25；无端柱或翼墙时，一、二级不宜小于层高或无支长度的 1/16，三、四级不宜小于层高或无支长度的 1/20。底部加强部位的墙厚，一、二级不应小于 200mm 且不宜小于层高或无支长度的 1/16；三、四级不应小于 160mm 且不宜小于层高或无支长度的 1/20；无端柱或翼墙时，一、二级不宜小于层高或无支长度的 1/12，三、四级不宜小于层高或无支长度的 1/16。

抗震墙竖向、横向分布钢筋的配筋，应符合下列要求：①一、二、三级抗震墙的竖向和横向分布钢筋最小配筋率均不应小于 0.25%；四级抗震墙分布钢筋最小配筋率不应小于 0.20%；高度小于 24m 且剪压比很小的四级抗震墙，其竖向分布筋的最小配筋率应允许按

0.15%采用；②抗震墙竖向和横向分布钢筋的间距不宜大于 300mm；③部分框支抗震墙结构的落地抗震墙底部加强部位，竖向和横向分布钢筋配筋率均不应小于 0.3%，分布钢筋的间距不宜大于 200mm；④抗震墙厚度大于 140mm 时，其竖向和横向分布钢筋应双排布置；双排分布钢筋间拉筋的间距不宜大于 600mm，直径不应小于 6mm；⑤抗震墙竖向和横向分布钢筋的钢筋直径，均不宜大于墙厚的 1/10 且不应小于 8mm；竖向钢筋直径不宜小于 10mm。

一、二、三级抗震墙在重力荷载代表值作用下墙肢的轴压比，一级时，9 度不宜大于 0.4，7、8 度不宜大于 0.5，二、三级时不宜大于 0.6。墙肢轴压比是指墙的轴压力设计值与墙的全截面面积和混凝土轴心抗压强度设计值乘积之比。

抗震墙的墙肢长度不大于墙厚的 3 倍时，应按柱的有关要求进行设计；矩形墙肢的厚度不大于 300mm 时，尚宜全高加密箍筋。

表 4-14 抗震墙设置构造边缘构件的最大轴压比

抗震等级或烈度	一级(9度)	一级(7、8度)	二、三级
轴压比	0.1	0.2	0.3

抗震墙两端和洞口两侧应设置边缘构件，边缘构件包括暗柱、端柱和翼墙，并应符合下列要求：

1) 对于抗震墙结构，底层墙肢底截面的轴压比不大于表 4-14 规定的一、二、三级抗震墙及四级抗震墙，墙肢两端可设置构造边缘构件，构造边缘构件的范围可按图 4-14 采用，构造边缘构件的配筋除应满足受弯承载力要求外，应宜符合表 4-15 的要求。

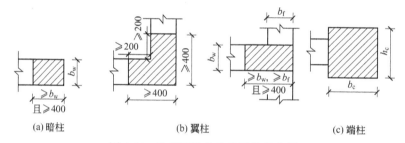

图 4-14 抗震墙的构造边缘构件范围

表 4-15 抗震墙构造边缘构件的配筋要求

抗震等级	底部加强部位			其他部位		
	纵向钢筋最小量（取较大值）	箍筋		纵向钢筋最小量（取较大值）	拉筋	
		最小直径/mm	沿竖向最大间距/mm		最小直径/mm	沿竖向最大间距/mm
一	$0.010A_c$，$6\phi16$	8	100	$0.008A_c$，$6\phi14$	8	150
二	$0.008A_c$，$6\phi14$	8	150	$0.006A_c$，$6\phi12$	8	200
三	$0.005A_c$，$6\phi12$	6	150	$0.005A_c$，$4\phi12$	6	200
四	$0.005A_c$，$4\phi12$	6	200	$0.004A_c$，$4\phi12$	6	250

注：1. A_c 为边缘构件的截面面积；
2. 其他部位的拉筋，水平间距不应大于纵向钢筋间距的 2 倍；转角处宜采用箍筋；
3. 当端柱承受集中荷载时，其纵向钢筋、箍筋直径和间距应满足柱的相应要求。

2) 底层墙肢底截面的轴压比大于表 4-14 规定的一、二、三级抗震墙，以及部分框支抗震墙结构的抗震墙，应在底部加强部位及相邻的上一层设置约束边缘构件，在以上的其他部位可设置构造边缘构件。约束边缘构件沿墙肢的长度、配箍特征值、箍筋和纵向钢筋宜符合表 4-16 的要求（图 4-15）。

表 4-16 抗震墙约束边缘构件的范围及配筋要求

项目	一级（9 度）		一级（8 度）		二、三级	
	$\lambda \leqslant 0.2$	$\lambda > 0.2$	$\lambda \leqslant 0.3$	$\lambda > 0.3$	$\lambda \leqslant 0.4$	$\lambda > 0.4$
l_c（暗柱）	$0.20h_w$	$0.25h_w$	$0.15h_w$	$0.20h_w$	$0.15h_w$	$0.20h_w$
l_c（有翼墙或端柱）	$0.15h_w$	$0.20h_w$	$0.10h_w$	$0.15h_w$	$0.10h_w$	$0.15h_w$
λ_v	0.12	0.20	0.12	0.20	0.12	0.20
纵向钢筋（取较大值）	$0.012A_c,8\phi16$		$0.012A_c,8\phi16$		$0.010A_c,6\phi16$（三级 $6\phi14$）	
箍筋或拉筋沿竖向间距	100mm		100mm		150mm	

注：1. 抗震墙的翼墙长度小于其 3 倍厚度或端柱截面边长小于 2 倍墙厚时，按无翼墙、无端柱查表；

2. l_c 为约束边缘构件沿墙肢长度，且不小于墙厚和 400mm；有翼墙或端柱时不应小于翼墙厚度或端柱沿墙肢方向截面高度加 300mm；

3. λ_v 为约束边缘构件的配箍特征值，体积配箍率可按式（4-52）计算，并可适当计入满足构造要求且在墙端有可靠锚固的水平分布钢筋的截面面积；

4. h_w 为抗震墙墙肢长度；λ 为墙肢轴压比；A_c 为图 4-15 中约束边缘构件阴影部分的截面面积。

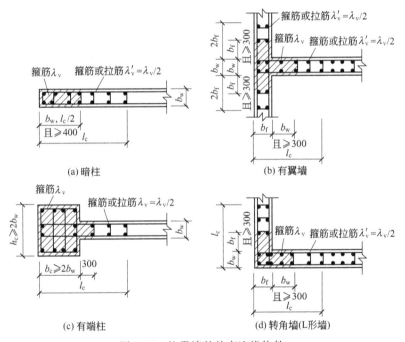

图 4-15 抗震墙的约束边缘构件

第五节 框架-抗震墙结构的抗震设计

一、框架-抗震墙结构设计的基本思想

1. 框架-抗震墙结构的变形特点

对于纯框架结构，由于柱轴向变形所引起倾覆状的变形影响是次要的，由 D 值法可知，框架结构的层间位移与层间总剪力成正比，自下而上，层间剪力越来越小，因此层间的相对位移，也是自下而上越来越小。这种形式的变形与悬臂梁的剪切变形一致，故称为剪切型

变形。当抗震墙单独承受侧向荷载时，则抗震墙在各层楼面处的弯矩，等于该楼面标高处的倾覆力矩，该力矩与抗震墙纵向变形的曲率成正比，其变形曲线将凸向原始位置。由于这种变形与悬臂梁的弯曲变形相一致，故称为弯曲型变形，如图 4-16 所示。框架-抗震墙结构是由变形特点不同的框架和抗震墙组成的，由于它们之间通过平面内刚度无限大的楼板连接在一起，它们不能自由变形，结构的位移曲线就成了一条反 S 曲线，其变形性质称为弯剪型。

在下部楼层，抗震墙位移较小，它拉着框架按弯曲型曲线变形，抗震墙承担大部分剪力；在上部楼层则相反，抗震墙位移越来越大，有外倾的趋势，而框架则呈内收趋势，框架拉着抗震墙按剪切型曲线变形，框架承担水平力以外，还将额外承担把抗震墙拉回来的附加水平力。抗震墙因为给框架一个附加水平力而承受负剪力。由此可见，上部框架结构承受的剪力较大，如图 4-17 所示。

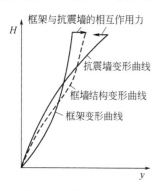
图 4-16　变形曲线对比

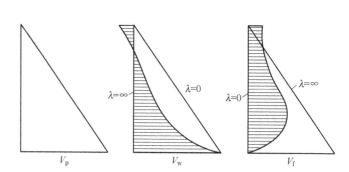
图 4-17　水平力在框架与抗震墙之间的分配

因此，框架与抗震墙分担的水平剪力 V_f、V_w 将沿结构高度 z 发生变化，但总有 $V_p = V_f + V_w$。在结构的底部，框架所承受的总剪力 V_f 总等于零，此时由外荷载产生的水平剪力全部由抗震墙承担。在结构的顶部，总剪力总等于零，但 V_w 和 V_f 均不为零，两者大小相等，方向相反。

2. 结构设计的基本原则

以往，抗震墙曾被认为是脆性结构，而受到了一定的限制。由于近年来科学研究的进展和设计上的完善，它的优越性已日益为人们所认识。抗震墙结构的耗能能力为同高度框架结构的 20 倍左右，抗震墙还有在强震作用时裂而不倒和震后易于修复的优点。多次震害经验证明，框架-抗震墙结构比框架结构在减轻框架及非结构部件的震害方面有明显的优越性，抗震墙可以控制层间位移，降低了对框架的延性要求，简化了抗震措施。由于框架-抗震墙的共同作用，顶层高振型的鞭梢效应可以大为减轻。

抗震墙设计应做到以下几点：

(1) 墙体受弯破坏要先于受剪或其他形式破坏，并且要把这种破坏限定在墙体中某个指定的部位。

(2) 联肢抗震墙的连梁在墙肢最终破坏前具有足够的变形能力。

(3) 与抗震墙相连接的楼盖（及屋盖）应具有必要的承载力和刚度。

如果用一句话概括，就是"强剪弱弯，强肢弱梁，可靠的楼盖"。

3. 结构体系的合理布置

框架-抗震墙结构是具有多道防线的抗震结构体系。在大震作用下，随着抗震墙的刚度退化，框架起保持结构稳定及防止全部倒塌的作用（二道防线），此时框架并不需考虑过大的地震作用（但亦需有一定的承载力储备），因为已开裂的抗震墙仍有一定的耗能能力，同时结构刚度的退化，也会在一定程度上降低地震作用。

大震作用下抗震墙开裂刚度退化同时也引起了框架与抗震墙之间的塑性内力重分布，这就需要对原有的内力分析结果做一些调整，赋予框架一定的安全储备，以实现多道设防的原则。规范规定任一层框架部分承受的地震剪力不应小于下列两者较小值：结构底部总的地震剪力的 20%；按框架-抗震墙结构分析的框架部分各楼层地震剪力最大值的 1.5 倍。

框架-抗震墙结构可以推迟框架塑性机制的形成，则此框架部分不需严格按强柱弱梁的原则进行设计，对梁柱节点的设计要求也可适当放宽。

二、基本假定及计算简图

在竖向荷载作用下，框架和抗震墙分别承受各自传递范围内的楼面荷载。在水平地震作用下，框架和抗震墙由于各层楼板的连接作用而在水平方向上协调变形，共同工作。其内力和侧移的分析，是一个复杂的空间超静定问题，要精确计算十分困难。其计算方法可分为电算法和手算法。

电算时，较规则的框架-抗震墙结构可采用平面抗侧力结构空间协同工作方法计算；开口较大的联肢墙可作为壁式框架考虑，无洞口墙、整截面墙和整体小开口墙可按其等效刚度作为单柱考虑，体型和平面较复杂的结构宜采用三维空间分析方法进行内力与位移计算。

手算时，通常将其简化成平面结构来分析。计算时一般采用下面的基本假定：

(1) 楼板结构在其自身平面内的刚度为无穷大，平面外的刚度忽略不计。
(2) 结构的刚度中心与质量中心重合，结构不发生扭转。
(3) 框架与抗震墙的刚度特征值沿结构高度方向均为常数。

由以上假定可知，在水平荷载作用下，同一楼层处各榀框架和抗震墙的侧移是相同的。因此可以将房屋或变形缝区段内所有与地震作用方向平行的抗震墙合并，组成"综合抗震墙"，将所有这个方向的框架合并，组成"综合框架"。将"综合框架"和"综合抗震墙"在同一个平面内进行分析。在楼板标高处用刚性连杆连接，以代替楼板和连系梁的作用。连杆与抗震墙的联结形式取决于连系梁的刚度。当抗震墙平面内的连系梁刚度较大，可以起到约束转动作用时，抗震墙与框架之间用刚性铰接杆连接，见图 4-18(a)；如果连系梁截面尺寸较小，不能起到约束转动作用时，抗震墙与框架之间用弹性铰接杆连接，见图 4-18(b)。

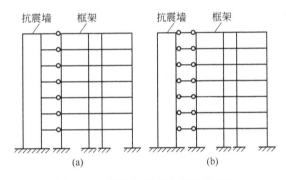

图 4-18 框架-抗震墙体系计算简图

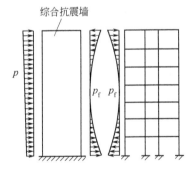

图 4-19 框架-抗震墙结构受力图

这样，就把一个十分复杂的高次超静定空间结构简化成平面结构了。计算这种结构可采用力法或微分方程法。当房屋层数较少时，采用力法比较方便，而当层数较多时，宜采用微分方程法。

三、框架-抗震墙结构简化计算要点

1. 基本计算方程及刚度特征值

在水平力的作用下，将刚性连杆沿高度方向连续化，并切断，以分布力 p_f 代替连杆的集中力，以简化计算，如图 4-19 所示。

对于综合框架部分，令 C_f 为综合框架的角变侧向刚度，即框架结构产生单位剪切角时所需的水平剪切力，于是，Z 高度处综合框架所承受的水平剪力 V_f 为

$$V_f = C_f \cdot \frac{dy}{dz} \tag{4-58}$$

则

$$p_f = \frac{dV_f}{dz} = C_f \cdot \frac{d^2 y}{dz^2} \tag{4-59}$$

对于综合抗震墙部分，由材料力学可知：

$$EI_{we} \frac{d^4 y}{dz^4} = p - p_f \tag{4-60}$$

将式(4-59)代入式(4-60)，则有

$$EI_{we} \frac{d^4 y}{dz^4} - C_f \frac{d^2 y}{dz^2} = p \tag{4-61}$$

式(4-61)即为框架和抗震墙空间协同工作的基本微分方程。令相对高度 $\xi = z/h$，则上式可写成：

$$\frac{d^4 y}{d\xi^4} - \lambda^2 \frac{d^2 y}{d\xi^2} = \frac{pH^4}{EI_{we}} \tag{4-62}$$

得到

$$\lambda = \sqrt{\frac{C_f H^2}{EI_{we}}} = H \sqrt{\frac{C_f}{EI_{we}}} \tag{4-63}$$

λ 是一个无量纲的量，由式(4-63)可知 λ 与综合抗震墙抗弯刚度及综合框架的侧向刚度有关，故称 λ 为框架-抗震墙结构的刚度特征值，它是框架-抗震墙结构内力和位移计算的重要参数。λ 越小说明框架刚度越弱，抗震墙刚度占主要成分，此时整个体系接近弯曲型，反之，λ 越大说明抗震墙很弱，框架占主要成分，此时整个体系接近剪切型。

式(4-62)为四阶常系数微分方程，解该方程并利用综合抗震墙的边界条件即可得出侧移 y 随 λ 及 ξ 的相关关系式，即 $y = f(\lambda, \xi)$，进而利用材料力学公式，可得出抗震墙截面弯矩、剪力与挠曲线之间的关系为

$$M_w = -EI_{we} \frac{d^2 y}{dz^2} = -\frac{EI_{we}}{H^2} \frac{d^2 y}{d\xi^2} \tag{4-64}$$

$$V_w = \frac{dM}{dz} = -EI_{we} \frac{d^3 y}{dz^3} = -\frac{EI_{we}}{H^3} \frac{d^3 y}{d\xi^3} \tag{4-65}$$

因此，可分别给出不同荷载作用下，框架-抗震墙结构的侧向位移 y、综合抗震墙的弯矩 M_w、综合抗震墙的剪力 V_w 的计算公式，并得到相应的计算图表供工程设计中查用，可查阅相关规范。这里简单介绍一下表格法确定结构内力和侧移的设计步骤：

(1) 计算框架每层柱的角变侧向刚度 ΣC_f 和 ΣEI_{we} 值

$$\Sigma C_f = \Sigma D \cdot h = \frac{12 k_c}{h} \alpha \tag{4-66}$$

应当指出，在计算框架每层柱的根数时，不包括与地震方向平行的抗震墙两端的柱。该柱视为墙的一部分。

当沿房屋高度每层框架柱的角变侧向刚度不同时，应按层高加权平均值采用，即

$$\Sigma C_f = \frac{\Sigma C_{f1} h_1 + \Sigma C_{f2} h_2 + \cdots + \Sigma C_{fn} h_n}{h_1 + h_2 + \cdots + h_n} \tag{4-67}$$

(2) 计算 λ 值。见式(4-63)。

(3) 根据 λ 值和各楼层相对高度 ξ，查阅规范表格，得到 $(V_f/F_{Ek})_i$。

(4) 计算各楼层内力和位移

$$V_{fi} = (V_f/F_{Ek})_i F_{Ek} \tag{4-68}$$

$$V_{wi} = V_i - V_{fi} \quad (4-69)$$
$$M_{wi} = \sum V_{wi} h_i \quad (4-70)$$
$$\Delta u_i = (V_{fi}/\sum C_f) h_i \quad (4-71)$$

式中，V_i 为外荷载在任意标高处所产生的水平剪力，即为分析截面以上所有水平外力总和。

2. 综合框架总剪力的修正

在工程设计中，应当考虑由于地震作用等原因，可能使抗震墙出现塑性铰，从而使综合抗震墙的刚度有所下降，根据超静定结构内力按刚度分配的原则，框架承受的水平荷载会有所提高。另外，考虑到抗震墙的间距较大，楼板变形会使中间框架承受的水平荷载有所增加。因此框架-抗震墙结构中框架所承受的地震剪力不应小于某一限值，以考虑这种不利的影响。

侧向刚度沿竖向分布基本均匀的框架-抗震墙结构，任一层框架部分的地震剪力，不应小于结构底部总地震剪力 F_{Ek} 的 20% 和按框架-抗震墙协同工作分析的框架部分各楼层地震剪力中最大值 1.5 倍二者中的较小值，即

(1) $V_f \geqslant 0.2 F_{Ek}$ 的楼层，该层框架部分的地震剪力取 V_f。

(2) $V_f < 0.2 F_{Ek}$ 的楼层，该层框架部分的地震剪力取 $0.2 F_{Ek}$ 和 $1.5 V_{fmax}$ 二者的较小值。

式中，V_{fmax} 为框架部分层间剪力的最大值，F_{Ek} 为结构底部的总剪力。此项规定不适用于部分框架柱不到顶，使上部框架柱数量较少的楼层。

3. 框架-抗震墙结构的内力分配

当求出综合抗震墙和综合框架的内力以后，应分别按墙的等效抗弯刚度和柱子的 D 值将各自的总内力分配到单根抗震墙或单根框架柱上去。

(1) 框架柱之间地震剪力的分配 综合框架所承受的层间剪力，可用式(4-72)按同层各框架柱的侧向刚度分配给各柱，再按 D 值法计算柱和梁的端部弯矩：

$$V_{fik} = (D_{ik}/\sum D) V_{fi} \quad (4-72)$$

式中 V_{fik}——第 i 层第 k 根柱地震剪力；

D_{ik}——第 i 层第 k 根柱侧向刚度；

V_{fi}——综合框架第 i 层的地震剪力。

(2) 抗震墙之间地震内力的分配 当抗震墙截面尺寸大体一致时，可以近似按墙的等效侧向刚度来分配地震内力。抗震墙等效刚度是指以弯曲变形形式表达的，而考虑弯曲、剪切变形和轴向变形影响的抗震墙刚度。

$$V_{wij} = (EI_{wej}/\sum EI_{wej}) V_{wi} \quad (4-73)$$
$$M_{wij} = (EI_{wej}/\sum EI_{wej}) M_{wi} \quad (4-74)$$

式中 V_{wij}, M_{wij}——第 i 层第 j 片抗震墙地震剪力和弯矩；

EI_{wej}——第 j 片抗震墙等效侧向刚度；

V_{wi}, M_{wi}——综合抗震墙第 i 层的地震剪力和弯矩。

四、框架-抗震墙结构的截面抗震验算

框架-抗震墙结构在抗震设计时，除了遵循前述抗震设计一般规定外，还应注意以下几点：①要保证有足够数量的抗震墙。当不考虑约束梁作用时，结构的刚度特征值 λ 应小于 2.4；②横向抗震墙宜设置在房屋的端部附近、楼电梯间、平面形状变化处及重力荷载较大的部位；③纵向抗震墙宜布置在结构单元的中间区段内。房屋较长时，刚度较大的抗震墙不宜在端开间设置，否则应采取措施以减少温度、收缩应力的影响；④纵向的与横向的抗震墙相连，以增大抗震墙的刚度。

1. 内力调整

要使框架-抗震墙结构具有较好的抗震性能，抗震墙和框架均须按延性要求进行设计。

（1）框架梁柱内力调整　确定框架部分的抗震等级后，框架-抗震墙结构中框架部分的内力调整与前述框架结构相同，即应作"强柱弱梁、强剪弱弯、强节点"调整，并增大底层柱和角柱的设计内力。

（2）抗震墙内力调整

① 墙肢剪力调整　为了使墙体在出现塑性铰之前不会发生剪切破坏，要按"强剪弱弯"的原则调整内力。一、二、三级的抗震墙底部加强部位，其截面组合的剪力设计值应按式(4-56)、式(4-57) 调整。

② 墙肢弯矩调整　为了使墙肢的塑性铰在底部加强部位的范围内得到发展，而不是将塑性铰集中在底层，甚至集中在底截面以上不大的范围内，从而减轻墙肢底截面附近的破坏程度，使墙肢有较大的塑性变形能力，并且避免底部加强部位紧邻的上层墙肢屈服而底部加强部位不屈服，一级抗震墙的底部加强部位各墙肢的弯矩设计值取其实际的组合弯矩设计值，一级抗震墙的底部加强部位以上部位，墙肢的组合弯矩设计值应乘以增大系数，其值可采用1.2。底部加强部位以上部位的弯矩增大后，其抗剪承载力应相应增大。

若双肢抗震墙承受的水平荷载较大、竖向荷载较小，则内力组合后可能会出现一个墙肢的轴向力为拉力、另一个墙肢轴向力为压力的情况。双肢抗震墙的某个墙肢一旦出现全截面受拉开裂，其刚度就会严重退化，大部分地震作用就将转移到受压墙肢。因此，双肢抗震墙中，墙肢不宜出现小偏心受拉；当任一墙肢为大偏心受拉时，另一墙肢的剪力设计值和弯矩设计值均应乘以增大系数1.25；注意到地震是往复的作用，实际上双肢墙的每个墙肢，都要按增大后的内力配筋。

③ 连梁的剪力调整和刚度折减　为了使连梁在发生弯曲屈服前不出现脆性的剪切破坏，保证连梁有较好的延性，在强震中能够消耗较多地震能量，连梁剪力需作"强剪弱弯"调整。对于抗震墙中跨高比大于2.5的连梁，剪力调整方法与框架梁相同，即梁端截面组合的剪力设计值应按式(4-33)、式(4-34) 进行调整。

为了实现"强墙弱梁"，应使抗震墙的连梁屈服早于墙肢屈服，为此，可降低连梁的弯矩后进行配筋，从而使连梁抗弯承载力降低，较早出现塑性铰。在进行弹性内力分析时可适当降低连梁刚度，将连梁刚度乘以折减系数，但折减系数不宜小于0.50。考虑刚度折减后，如部分连梁尚不能满足剪压比限值，可按剪压比要求降低连梁剪力设计值及弯矩，并相应调整抗震墙的墙肢内力，但当抗震墙连梁内力由风荷载控制时，连梁刚度不宜折减。

2. 构件截面验算

抗震墙的墙肢、连梁和框架柱、框架梁，其调整后的截面组合的剪力设计值都应符合剪压比的限值要求，即式(4-31) 和式(4-32) 的要求。若不能满足剪压比要求，则应加大构件的截面尺寸或提高混凝土强度等级。

抗震墙的墙肢应满足轴压比的限值要求：一、二、三级抗震墙在重力荷载代表值作用下墙肢的轴压比，一级时，9度不宜大于0.4，7、8度不宜大于0.5，二、三级时不宜大于0.6。

五、框架-抗震墙结构的抗震构造措施

抗震墙的厚度不应小于160mm且不宜小于层高或无支长度的1/20，底部加强部位的抗震墙厚度不应小于200mm且不宜小于层高或无支长度的1/16。抗震墙的竖向和横向分布钢筋，配筋率均不应小于0.25%，钢筋直径不宜小于10mm，间距不宜大于300mm，并应双排布置，双排分布钢筋间应设置拉筋。

框架-抗震墙结构中的抗震墙，是作为第一道防线的主要抗侧力构件，更应注重抗震墙边缘构件的设置，《规范》要求不但要设端柱，而且要设边框梁或暗梁，暗梁的截面高度不宜小于墙厚和400mm的较大值；端柱截面宜与同层框架柱相同，并应满足本章对框架结构中框架柱的要求;抗震墙底部加强部位的端柱和紧靠抗震墙洞口的端柱宜按柱箍筋加密区的要求沿全高加密箍筋。

楼面梁与抗震墙平面外连接时,不宜支承在洞口连梁上。沿梁轴线方向宜设置与梁连接的抗震墙,梁的纵筋应锚固在墙内,也可在支承梁的位置设置扶壁柱或暗柱,并应按计算确定其截面尺寸和配筋。

框架-抗震墙结构的其他抗震构造措施,应符合本章第三节、第四节对框架和抗震墙的有关要求。

第六节 抗震设计实例

某四层钢筋混凝土框架教学楼,抗震设防烈度为 7 度,设计基本地震加速度为 0.15g,设计地震分组为第二组,Ⅱ类场地。楼层重力荷载代表值:$G_4=5972\text{kN}$,$G_3=G_2=8646\text{kN}$,$G_1=8872\text{kN}$。框架梁柱采用 C30 混凝土,柱的截面尺寸:450mm×450mm;梁的截面尺寸:边梁 250mm×600mm,走廊 250mm×400mm;结构平面图、剖面及计算简图见图 4-20。

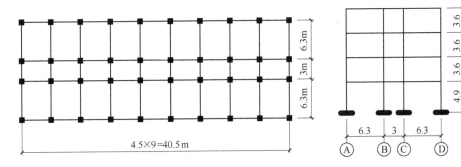

图 4-20 框架设计例题附图

试验算在横向水平多遇地震作用下弹性位移,并绘出框架地震弯矩图。

【解】 1. 楼层重力荷载代表值
$$\sum G = G_1 + G_2 + G_3 + G_4 = 32136 \text{ (kN)}$$

2. 横向框架梁的线刚度、柱的线刚度及侧向刚度
(1) 横梁线刚度计算(表 4-17)

表 4-17 横梁线刚度计算

楼层	类别	E_b /(N/mm^2)	$B×h$ /mm×mm	跨度 L /mm	$I_0=bh^3/12$ (mm^4)	$k_{b0}=E_bI_0/L$ (10^{10})	$k_b=2.0k_{b0}$ (10^{10})
1~4	边跨梁	3.0×10^4	250×600	6300	4.5×10^9	2.14	4.28
	中跨梁	3.0×10^4	250×400	3000	1.33×10^9	1.33	2.66

注:为了计算简化,本例框架梁取为中框架,截面惯性矩增大系数均采用 2.0。

(2) 柱的线刚度计算(表 4-18)

表 4-18 柱线刚度计算

楼层	截面/mm×mm	层高/mm	E_c/(N/mm^2)	$I_0=bh^3/12$(mm^4)	$k_c=E_cI_0/H$(N·mm)
2~4	450×450	3600	3.0×10^4	3.42×10^9	2.86×10^{10}
1	450×450	4900	3.0×10^4	3.42×10^9	2.10×10^{10}

(3) 框架柱侧向刚度 D 值（表 4-19 和表 4-20）

表 4-19　2～4 层 D 值的计算

D	$\overline{K}=\dfrac{\Sigma k_b}{2k_c}$	$\alpha=\dfrac{\overline{K}}{2+\overline{K}}$	$D=\alpha k_c\dfrac{12}{h^2}$(N/mm)
中柱(20 根)	2.43	0.55	1.46×10^4
边柱(20 根)	1.5	0.43	0.84×10^4

表 4-20　首层 D 值的计算

D	$\overline{K}=\dfrac{\Sigma k_b}{k_c}$	$\alpha=\dfrac{0.5+\overline{K}}{2+\overline{K}}$	$D=\alpha k_c\dfrac{12}{h^2}$(N/mm)
中柱(20 根)	3.30	0.72	0.76×10^4
边柱(20 根)	2.04	0.63	0.66×10^4

3. 自振周期 T_1 的计算（表 4-21）

表 4-21　自振周期 T_1 的计算

楼 层	G_i/kN	ΣG/(N/mm)	ΣD/(N/mm)	$\Delta_{i-1}-\Delta_i=\Sigma G_i/D$(m)	$u_T=\Sigma\Delta_i$(m)
4	5972	5972	46.0×10^4	0.013	0.2086
3	8646	14628	46.0×10^4	0.0318	0.1956
2	8646	23264	46.0×10^4	0.0506	0.1638
1	8872	32136	28.4×10^4	0.1132	0.1132

按顶点位移法计算，考虑填充墙对框架刚度的影响，取基本周期调整系数 $\psi_T=0.6$。

$$T_1=1.7\psi_T\sqrt{u_T}=1.7\times 0.6\times\sqrt{0.2086}=0.47\text{（s）}$$

4. 多遇地震作水平地震作用标准值

查表 3-2，7 度 (0.15g)，$\alpha_{\max}=0.12$；查表 3-3，Ⅱ类场地，设计分组为二组，$T_g=0.4$。因为 $5T_g>T_1>T_g$，故

$$\alpha_1=\left(\dfrac{T_g}{T_1}\right)^{0.9}\alpha_{\max}=\left(\dfrac{0.4}{0.47}\right)^{0.9}\times 0.12=0.103$$

结构总水平地震作用标准值：$F_{Ek}=\alpha_1 G_{eq}=0.103\times 0.85\times 32136=2813.5$ (kN)

因 $T_1=0.47<1.4T_g=0.56$ (s)，所以不考虑顶部附加水平地震作用。

5. 各层地震作用和楼层地震剪力的分配（表 4-22）

表 4-22　水平地震作用和楼层地震剪力标准值

楼 层	G_i/kN	H_i/m	G_iH_i/kN·m	$F_i=(G_iH_i/\Sigma G_iH_i)F_{Ek}$(kN)	$V_i=\Sigma F_i$/kN
4	5972	15.7	93760.4	836.5	836.5
3	8646	12.1	104616.6	933.4	1769.9
2	8646	8.5	73491	655.7	2425.6
1	8872	4.9	43472.8	387.9	2813.5

6. 楼层弹性侧移验算（表 4-23）

首层：$\Delta u_e=\dfrac{0.009}{4.9}\approx\dfrac{1}{550}$，满足要求；二层：$\Delta u_e=\dfrac{0.00527}{3.6}=\dfrac{1}{683}<\dfrac{1}{550}$，满足要求；其余各层均满足要求。

表 4-23　楼层弹性侧移计算

V_i/kN	D_i/(N/mm)	$\sum D_i$/(N/mm)	V_{ik}/kN	Δu_e/m
836.5	1.46×10^4	46×10^4	26.55	1.82×10^{-3}
	0.84×10^4		15.28	
1769.9	1.46×10^4	46×10^4	56.18	3.85×10^{-3}
	0.84×10^4		32.32	
2425.6	1.46×10^4	46×10^4	76.99	5.27×10^{-3}
	0.84×10^4		44.29	
2813.5	0.76×10^4	2.84×10^4	64.9	9.0×10^{-3}
	0.66×10^4		67.77	

7．水平地震作用下框架内力计算表

（1）柱端弯矩计算（表 4-24）

表 4-24　柱端弯矩标准值

部 位		层高/m	V_{ik}/kN	$\bar{K}$	y	$M_{下}$/kN·m	$M_{上}$/kN·m
4	中	3.6	26.55	2.43	0.45	43.01	52.57
	边	3.6	15.28	1.5	0.425	23.38	31.63
3	中	3.6	56.18	2.43	0.47	95.06	107.19
	边	3.6	32.32	1.5	0.45	52.36	63.99
2	中	3.6	76.99	2.43	0.50	138.58	138.58
	边	3.6	44.29	1.5	0.50	79.72	79.72
1	中	4.9	64.9	3.3	0.55	174.91	143.10
	边	4.9	67.77	2.04	0.55	182.64	149.43

（2）梁端弯矩计算（表 4-25）

表 4-25　梁端弯矩标准值

部 位		$\dfrac{k_{bi}}{k_{b1}+k_{b2}}$	M/kN·m	部 位		$\dfrac{k_{bi}}{k_{b1}+k_{b2}}$	M/kN·m
4	$A_{右}$	1	31.63	2	$A_{右}$	1	132.09
	$B_{左}$	0.62	32.59		$B_{左}$	0.62	144.86
	$B_{右}$	0.38	19.98		$B_{右}$	0.38	88.78
3	$A_{右}$	1	87.27	1	$A_{右}$	1	229.15
	$B_{左}$	0.62	93.12		$B_{左}$	0.62	174.64
	$B_{右}$	0.38	57.08		$B_{右}$	0.38	107.04

（3）梁端剪力计算（表 4-26）

8．绘制内力图

根据计算结果，绘制弯矩图，如图 4-21 所示。剪力图从略。

表 4-26　梁端剪力标准值

层数	AB 跨梁端剪力				BC 跨梁端剪力			
	l/m	M_{El}/kN·m	M_{Er}/kN·m	$V_E=(M_{El}+M_{Er})/l$ (kN)	l/m	M_{El}/kN·m	M_{Er}/kN·m	$V_E=(M_{El}+M_{Er})/l$ (kN)
4	6.3	31.63	32.59	10.19	3.0	19.98	19.98	13.32
3	6.3	87.27	93.12	28.63	3.0	57.08	57.08	38.05
2	6.3	132.09	144.86	43.96	3.0	88.78	88.78	59.19
1	6.3	229.15	174.64	64.09	3.0	107.04	107.04	71.36

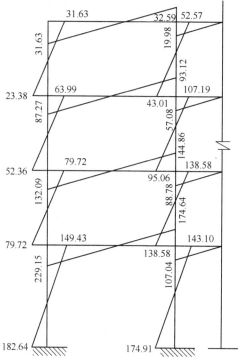

图 4-21 横向水平地震作用下的弯矩图

小 结

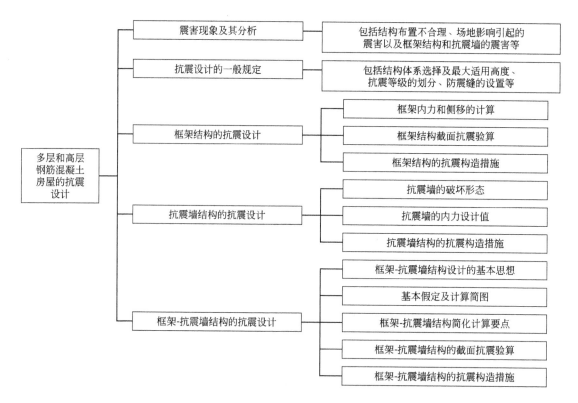

思考题

1. 试分析钢筋混凝土框架结构、框架-抗震墙结构和抗震墙结构的受力特点、结构布置原则和各自的适用范围。
2. 多层和高层钢筋混凝土结构房屋的震害主要有哪些表现？
3. 为什么要限制各种结构体系的最大高度及高宽比？
4. 框架结构、框架-抗震墙结构、抗震墙结构的布置分别应着重解决哪些问题？
5. 多层和高层钢筋混凝土结构房屋的抗震等级是如何确定的？
6. 如何计算框架结构的自振周期？如何确定框架结构的水平地震作用？
7. 为什么要进行结构的侧移计算？框架结构侧移计算包括哪几方面？各如何计算？
8. 框架结构在水平地震作用下的内力如何计算？在竖向荷载作用下的内力如何计算？
9. 如何进行框架结构的内力组合？

如图 4-22 所示的某幢 4 层现浇钢筋混凝土框架教学楼，楼层重力荷载代表值：$G_4 = 5000\text{kN}$，$G_3 = G_2 = 7000\text{kN}$，$G_1 = 7800\text{kN}$。梁的截面尺寸：$250\text{mm} \times 600\text{mm}$，柱的截面尺寸：$450\text{mm} \times 450\text{mm}$，结构阻尼比为 0.05。抗震设防烈度为 8 度，设计基本加速度 0.2g，设计地震分组为二组，建筑场地为 Ⅱ 类。混凝土强度等级：梁为 C20，柱 C30。主筋采用 HRB335 级钢筋，箍筋用 HPB300 级钢筋。框架平面、剖面及计算简图如图 4-22 所示。试进行横向中间框架的抗震验算。

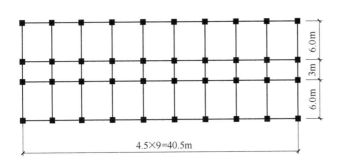

图 4-22 习题图

第五章 多层砌体房屋和底部框架-抗震墙砌体房屋的抗震设计

【知识目标】
- 了解多层砌体房屋、底部框架-抗震墙砌体房屋的震害特点及其分析
- 理解多层砌体房屋、底部框架-抗震墙砌体房屋抗震设计的一般规定
- 掌握多层砌体房屋、底部框架-抗震墙砌体房屋抗震计算方法并熟悉其主要抗震构造措施

【能力目标】
- 根据砌体房屋的震害现象能解释其原因
- 对规则的多层砌体房屋、底部框架-抗震墙砌体房屋能进行抗震计算
- 能确定多层砌体房屋、底部框架-抗震墙砌体房屋的主要抗震构造措施

开章语 工程上常用的砌体结构包括多层砌体房屋、底部框架-抗震墙砌体房屋。多层砌体房屋是指竖向承重构件采用砌体墙片,而水平承重构件(楼、屋盖)采用钢筋混凝土或其他材料的房屋;底部框架-抗震墙砌体房屋是指底部一层或二层采用空间较大的框架结构、上部为砌体结构的房屋。本章主要介绍多层砌体房屋、底部框架-抗震墙砌体房屋的震害及其分析、抗震设计的一般规定、抗震计算和抗震构造措施等。

第一节 震害现象及其分析

砌体结构是建筑工程中使用最广泛的一种结构形式。据不完全统计,砌体结构在我国住宅中的比例高达80%,在整个建筑业中的比例占60%~70%。因此,地震区多层砌体房屋的抗震设计具有十分重要的意义。下面介绍多层砌体房屋、底部框架-抗震墙砌体房屋的震害现象,并分析其原因。

图 5-1 砖混房屋整体倒塌

图 5-2 砖混房屋局部倒塌

一、多层砌体房屋的震害及其分析

1. 多层砌体房屋的震害

（1）房屋倒塌　房屋墙体特别是底层墙体整体抗震强度不足时，易发生房屋整体倒塌（图5-1）；当房屋局部或上层墙体抗震强度不足时，易发生局部倒塌（图5-2）。另外，当构件连接强度不足时，个别构件因失去稳定亦会倒塌。

（2）纵横墙连接破坏　纵横墙交接处因受拉出现竖向裂缝，严重时纵横脱开，外纵墙倒塌（图5-3）。

图5-3　外纵墙破坏

（3）墙体开裂、局部塌落　横墙（包括山墙）、纵墙墙面出现斜裂缝、交叉裂缝、水平

(a) 墙体的剪切裂缝

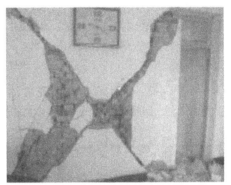

(b) 内纵横交叉裂缝

(c) 内纵墙的斜裂缝

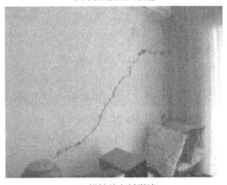

(d) 横墙单向斜裂缝

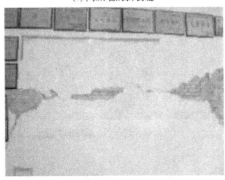

(e) 横墙水平裂缝

(f) 外墙角断裂错位

图5-4　墙体的破坏

裂缝，严重者则呈现倾斜、错动和倒塌现象（图 5-4）。

（4）墙角破坏　墙角为纵横墙的交汇处，地震作用下其应力状态极其复杂，因而其破坏形态多种多样，有受剪斜裂缝，也有受拉或受压而产生的竖向裂缝，严重时块材被压碎、拉脱或墙角脱落（图 5-5）。

 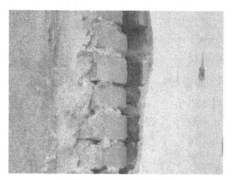

(a) 墙角破坏　　　　　　　　　　　　　(b) 纵横外墙转角处的破坏

图 5-5　墙角破坏

（5）楼梯间破坏　主要是楼梯间墙体破坏（图 5-6），而楼梯本身很少破坏。楼梯间由于刚度相对较大，所受的地震作用也大，且墙体高厚比较大，较易发生破坏。

(a) 楼梯间的破坏　　　　　　　　　　　(b) 楼梯间倒塌

(c) 悬挑楼梯休息平台的破坏　　　　　　(d) 楼梯间进户门上墙体的裂缝

图 5-6　楼梯间的破坏

（6）楼盖与屋盖的破坏　主要是由于楼板搁置长度不够，引起局部倒塌，或是其下部的支承墙体倒塌，引起楼盖、屋盖倒塌（图 5-7）。

图 5-7 楼盖、屋盖破坏

（7）房屋附属物的破坏 女儿墙、突出屋面的小烟囱、突出屋面的屋顶间等由于地震时鞭梢效应的影响，地震反应强烈，易发生倒塌（图 5-8）。而隔墙等非结构构件、室内装饰等易开裂、倒塌。

(a) 小阁楼的破坏　　　　　　　　　　　　(b) 女儿墙的破坏

图 5-8 附属物的破坏

2. 多层砌体房屋在地震作用下破坏的原因

多层砌体房屋在地震作用下发生破坏的根本原因是地震作用在结构中产生的效应（内力、应力）超过了结构材料的抗力或强度。因此，可将多层砌体房屋发生震害的原因分为三大类：①房屋建筑布置、结构布置不合理造成局部地震作用过大；②砌体墙片抗震强度不足，当墙片所受的地震力大于墙片的抗震强度时，墙片将会开裂，甚至局部倒塌；③房屋构件（墙片、楼盖、屋盖）间的连接强度不足使各构件间的连接遭到破坏。

二、底部框架-抗震墙砌体房屋的震害及其分析

底部框架-抗震墙砌体房屋的上部砌体房屋震害具体破坏情况和多层砌体房屋的震害情

图 5-9 底层倒塌　　　　　　　　　　　图 5-10 底框上部砌体倒塌

况相似，而底部框架的震害和混凝土框架结构的震害情况相似，主要有以下一些类型：①底层塌落上部未塌（见图 5-9）；②上部砖房倒塌底层框架未塌（见图 5-10）；③底层柱和墙破坏（见图 5-11）；④第二层砖墙破坏（见图 5-12）；⑤后纵墙局部倒塌（见图 5-13）。

(a) 底层柱和墙的破坏

(b) 底框底层变形过大

(c) 底框柱头破坏

(d) 山墙弯曲破碎

图 5-11　底层墙和柱的破坏

图 5-12　底框二层砌体破坏

图 5-13　底框后纵墙局部倒塌

底部框架砌体房屋（底部框架无抗震墙时）震害产生的原因是底部薄弱层的存在。由于底部框架侧向刚度和上层砌体房屋侧向刚度相差过大，底部框架受到的地震作用异常增大，从而使底部框架首先达到破坏，严重时底部框架倒塌。

第二节　抗震设计的一般规定

在进行砌体结构平面、立面以及结构抗震体系的布置与选择上，除应满足一般原则要求外，还必须遵循以下一些规定。

一、砌体房屋总高度及层数

震害调查资料表明，砌体房屋的震害与其总高度和层数有密切关系，随层数增加，震害随之加重，特别是房屋的倒塌与房屋的层数成正比增加。因此，对砌体房屋的总高度及层数要予以一定的限制。抗震规范对多层砌体房屋的总高度及层数的限制如表 5-1 所示。

表 5-1 房屋的层数和总高度限制

房屋类别		最小抗震墙厚度/mm	烈度											
			6		7				8				9	
			0.05g		0.10g		0.15g		0.20g		0.30g		0.40g	
			高度/m	层数	高度/m	层数	高度/m	层数	高度/m	层数	高度/m	层数	高度/m	层数
多层砌体房屋	普通砖	240	21	7	21	7	21	7	18	6	15	5	12	4
	多孔砖	240	21	7	21	7	18	6	18	6	15	5	9	3
	多孔砖	190	21	7	18	6	15	5	15	5	12	4	—	—
	小砌块	190	21	7	21	7	18	6	18	6	15	5	9	3
底部框架-抗震墙砌体房屋	普通砖多孔砖	240	22	7	22	7	19	6	16	5	—	—	—	—
	多孔砖	190	22	7	19	6	16	5	13	4	—	—	—	—
	小砌块	190	16	5	22	7	19	6	16	5	—	—	—	—

注：1. 房屋的总高度指室外地面到主要屋面板板顶或檐口的高度，半地下室从地下室室内地面算起，全地下室和嵌固条件好的半地下室应允许从室外地面算起；对带阁楼的坡屋面应算到山尖墙的 1/2 高度处；

2. 室内外高差大于 0.6m 时，房屋总高度应允许比表中数据适当增加，但不应多于 1m；

3. 乙类的多层砌体房屋应允许按本地区设防烈度查表，但层数应减少一层且总高度应降低 3m；不应采用底部框架-抗震墙砌体房屋；

4. 本表小砌块砌体房屋不包括配筋混凝土小型空心砌块砌体房屋。

横墙较少的房屋，总高度应比表 5-1 的规定相应降低 3m，层数相应减少一层。对各层横墙很少的多层砌体房屋，还应再减少一层。6、7 度时，对于横墙较少的丙类多层砖砌体住宅楼，当按规定采取加强措施并满足抗震承载力要求时，其高度和层数应允许仍按表 5-1 的规定采用。采用蒸压灰砂砖和蒸压粉煤灰砖的砌体的房屋，当砌体的抗剪强度仅达到普通黏土砖砌体的 70% 时，房屋的层数应比普通砖房减少一层，总高度应减少 3m。当砌体的抗剪强度达到普通黏土砖砌体的取值时，房屋层数和总高度的要求同普通砖房屋。

普通砖、多孔砖和小砌块砌体承重房屋的层高，不应超过 3.6m，当使用功能确有需要时，采取约束砌体等加强措施的普通砖房屋的层高不应超过 3.9m。底部框架-抗震墙砌体房屋的底部，层高不应超过 4.5m，当底层采用约束砌体抗震墙时，底层的层高不应超过 4.2m，上部砌体房屋部分的层高不应超过 3.6m。

二、结构布置

合理的抗震结构体系，对于提高房屋整体抗震能力是非常重要的，是抗震设计应考虑的关键问题。

1. 多层砌体房屋

多层砌体房屋对结构布置的基本要求如下。

(1) 应优先采用横墙承重或纵横墙共同承重的结构体系。不应采用砌体墙和混凝土墙混合承重的结构体系。

(2) 纵横向砌体抗震墙的布置应符合下列要求：①宜均匀对称，沿平面内宜对齐，沿竖向应上下连续；且纵横向墙体的数量不宜相差过大；②平面轮廓凹凸尺寸，不应超过典型尺寸的50%；当超过典型尺寸的25%时，房屋转角处应采取加强措施；③楼板局部大洞口的尺寸不宜超过楼板宽度的30%，且不应在墙体两侧同时开洞；④房屋错层的楼板高差超过500mm时，应按两层计算；错层部位的墙体应采取加强措施；⑤同一轴线上的窗间墙宽度宜均匀；墙面洞口的面积，6、7度时不宜大于墙面总面积的55%，8、9度时不宜大于50%；⑥在房屋宽度方向的中部应设置内纵墙，其累计长度不宜小于房屋总长度的60%（高宽比大于4的墙段不计入）。

（3）房屋有下列情况之一时宜设置防震缝，缝两侧均应设置墙体，缝宽应根据烈度和房屋高度确定，可采用70~100mm：①房屋立面高差在6m以上；②房屋有错层，且楼板高差大于层高的1/4；③各部分结构刚度、质量截然不同。

（4）楼梯间不宜设置在房屋的尽端和转角处；不应在房屋转角处设置转角窗。

（5）烟道、风道、垃圾道等不应削弱墙体；当墙体被削弱时，应对墙体采取加强措施；不宜采用无竖向配筋的附墙烟囱及出屋面的烟囱。

（6）横墙较少、跨度较大的房屋，宜采用现浇钢筋混凝土楼盖、屋盖。

（7）不应采用无锚固的钢筋混凝土预制挑檐。

2. 底部框架-抗震墙砌体房屋

底部框架-抗震墙砌体房屋的结构布置应符合下列要求：

（1）上部的砌体墙体与底部的框架梁或抗震墙，除楼梯间附近的个别墙段外均应对齐。

（2）房屋的底部，应沿纵横两方向设置一定数量的抗震墙，并应均匀对称布置。6度且总层数不超过四层的底层框架-抗震墙砌体房屋，应允许采用嵌砌于框架之间的约束普通砖砌体或小砌块砌体的砌体抗震墙，但应计入砌体墙对框架的附加轴力和附加剪力并进行底层的抗震验算，且同一方向不应同时采用钢筋混凝土抗震墙和约束砌体抗震墙；其余情况，8度时应采用钢筋混凝土抗震墙，6、7度时应采用钢筋混凝土抗震墙或配筋小砌块砌体抗震墙。

（3）建筑的质量分布和刚度变化宜均匀。底层框架-抗震墙砌体房屋的纵横两个方向，第二层计入构造柱影响的侧向刚度与底层侧向刚度的比值，6、7度时不应大于2.5，8度时不应大于2.0，且均不应小于1.0；底部两层框架-抗震墙砌体房屋纵横两个方向，底层与底部第二层侧向刚度应接近，第三层计入构造柱影响的侧向刚度与底部第二层侧向刚度的比值，6、7度时不应大于2.0，8度时不应大于1.5，且均不应小于1.0。

（4）房屋的平面、竖向布置宜规则、对称。房屋平面突出部分尺寸不宜大于该方向总尺寸的30%；除顶层或出屋面小建筑外，楼层沿竖向局部收进的水平向尺寸不宜大于相邻下一层该方向总尺寸的25%。

（5）楼板开洞面积不宜大于该层楼面面积的30%；底部框架-抗震墙部分有效楼板宽度不宜小于该层楼板基本部分宽度的50%。

（6）过渡楼层不应错层，其他楼层不宜错层。当局部错层的楼板高差超过500mm且不超过层高的1/4时，应按两层计算，错层部位的结构构件应采取加强措施；当错层的楼板高差大于层高的1/4时，应设置防震缝，缝两侧均应设置对应的结构构件。

（7）底部框架-抗震墙砌体房屋的抗震墙应设置条形基础、筏形基础等整体性好的基础。

（8）上部砌体房屋部分的结构布置应符合前述多层砌体房屋的结构布置要求。

三、房屋的最大高宽比

当高宽比较大时，地震时易发生整体弯曲破坏。一般情况下，多层砌体房屋不做整体弯曲验算，但为了保证房屋的稳定性，房屋总高度和总宽度的最大比值应满足表5-2的要求。

表 5-2　房屋最大高宽比

烈度	6度	7度	8度	9度
最大高宽比	2.5	2.5	2.0	1.5

注：1. 单面走廊房屋的总宽度不包括走廊宽度；
    2. 建筑平面接近正方形时，其高宽比宜适当减小。

四、抗震横墙的间距

地震时多层砌体房屋的横向地震力主要由横墙承担，这既要求横墙具有足够的承载力，而且楼盖必须具有足够的水平刚度将地震力传给横墙。若抗震横墙间距过大，横墙数量少，楼盖侧向支承点的间距就大，楼盖会因水平刚度不足而发生过大的平面内变形，从而导致地震力还未传到横墙，纵墙就因过大的层间变形而产生出平面的弯曲破坏。为满足楼盖对传递水平地震力所需的刚度要求，抗震规范规定了房屋抗震横墙的最大间距，见表5-3。

表 5-3　房屋抗震横墙最大间距　　　　　　　　　　　单位：m

房屋类型		烈度			
		6度	7度	8度	9度
多层砌体房屋	现浇或装配整体式钢筋混凝土楼、屋盖	15	15	11	7
	装配式钢筋混凝土楼、屋盖	11	11	9	4
	木楼、屋盖	9	9	4	—
底部框架-抗震墙砌体房屋	上部各层	同多层砌体房屋			—
	底层或底部两层	18	15	11	—

注：1. 多层砌体房屋的顶层，除木屋盖外的最大横墙间距应允许适当放宽，但应采取相应加强措施；
    2. 多孔砖抗震横墙厚度为190mm时，最大横墙间距应比表中数值减少3m。

表5-3所规定的抗震横墙最大间距是指一栋房屋中有个别或部分横墙间距较大时应满足的要求。若整栋房屋中的横墙间距均比较大，须按空旷房屋进行抗震验算，在构造措施和结构布置上也应采取更高的要求。

五、房屋局部尺寸

墙体是多层砌体房屋最基本的承重和抗侧力构件，地震时房屋的倒塌往往是从墙体破坏开始。要使砌体结构具有较好的抗震能力，就要保证房屋的各道墙体能同时发挥它们的最大抗剪强度。而个别墙段抗震强度的不足将使其首先破坏，进而导致墙体逐个破坏，最终造成整栋房屋的破坏甚至倒塌。为防止因局部破坏发展成为整栋房屋的破坏，多层砌体房屋的局部尺寸，应符合表5-4的要求。

表 5-4　房屋的局部尺寸限值　　　　　　　　　　　单位：m

部位	6度	7度	8度	9度
承重窗间墙最小宽度	1.0	1.0	1.2	1.5
承重外墙尽端至门窗洞边的最小距离	1.0	1.0	1.2	1.5
非承重外墙尽端至门窗洞边的最小距离	1.0	1.0	1.0	1.0
内墙阳角至门窗洞边的最小距离	1.0	1.0	1.5	2.0
无锚固女儿墙(非出入口)的最大高度	0.5	0.5	0.5	0.0

注：1. 局部尺寸不足时，应采取局部加强措施弥补，且最小宽度不宜小于1/4层高和表列数据的80%；
    2. 出入口的女儿墙应有锚固。

第三节 多层砌体房屋的抗震设计

多层砌体房屋的抗震设计包括抗震概念设计、结构抗震计算和抗震构造措施三个方面，本章第二节所述的抗震设计的一般规定属于概念设计的范畴。本节主要讲述多层砌体房屋的抗震计算和抗震构造措施。

多层砌体房屋的抗震计算，一般只要求进行水平地震作用下的承载力计算，包括三个基本步骤：确定计算简图；地震剪力的计算与分配；对不利墙段进行抗震验算。

一、计算简图

满足第二节结构布置要求的多层砌体结构房屋，可认为在水平地震作用下的变形以剪切变形为主，并假定楼盖平面内的变形可忽略不计。因此，对于图 5-14(a) 所示的一般多层砌体结构，可以采用图 5-14(b) 所示的计算简图。

在确定上述计算简图时，应以防震缝所划分的结构单元作为计算单元。在计算单元中各楼层的重量集中到楼、屋盖标高处。各楼层质点重力荷载应包括：楼、屋盖自重，活荷载组合值及上下各半层的墙体、构造柱重量之和。计算简图中，底部固定端按下述规定确定：当基础埋置较浅时，取为基础顶面；当基础埋置较深时，取为室外地坪下 500mm 处；当设有整体刚度很大的全地下室时，取为地下室顶板顶部；当地下室整体刚度较小或为半地下室时，则取为地下室室内地坪处，此时，地下室顶板也算一层楼面。

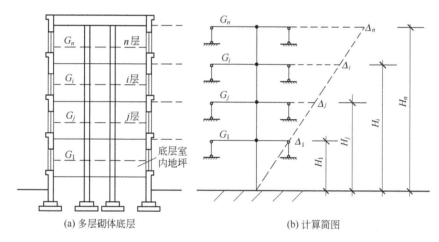

图 5-14 多层砌体结构的计算简图

二、楼层地震剪力的计算与分配

（一）地震剪力的计算

多层砌体结构房屋的质量与刚度沿高度分布一般比较均匀，且以剪切变形为主，故可按底部剪力法计算水平地震作用，且可不考虑顶层质点的附加地震作用。通常情况下，多层砌体房屋的水平地震作用可按下列步骤计算。

(1) 按规范规定计算各质点的重力荷载代表值 G_i；

(2) 计算等效总重力荷载代表值 G_{eq}，单质点取重力荷载代表值 G_i，多质点可取总重力荷载代表值的 85%；

(3) 计算总水平地震作用：

第五章 多层砌体房屋和底部框架-抗震墙砌体房屋的抗震设计

$$F_{Ek} = \alpha_{max} G_{eq} \tag{5-1}$$

(4) 计算各质点地震作用标准值：

$$F_i = \frac{G_i H_i}{\sum_{j=1}^{n} G_j H_j} F_{Ek} \quad (i=1,2,\cdots,n) \tag{5-2}$$

(5) 计算各楼层地震剪力：由式(3-77)，第 i 层的地震剪力设计值 V_i 可按下式计算：

$$V_i = 1.3 V_{ik} = 1.3 \sum_{j=i}^{n} F_j \tag{5-3}$$

对于突出屋面的屋顶间、女儿墙、烟囱等，其地震作用宜乘以增大系数 3，以考虑鞭梢效应的影响。但增大的两倍不应往下传递，即计算房屋下层层间地震剪力时不考虑上述地震作用增大部分的影响。

(二) 楼层地震剪力设计值在各墙体间的分配

由于楼层地震剪力是作用在整个房屋某一楼层上的剪力，所以首先要把它分配到同一楼层的各道墙上，然后再把每道墙上的地震剪力分配到同一道墙的某一墙段上。

1. 水平地震剪力在楼层内的分配

(1) 横向楼层地震剪力的分配 根据多层砌体房屋楼、屋盖的状况分为三种情况。

① 刚性楼盖 现浇和装配整体式钢筋混凝土楼、屋盖等刚性楼盖建筑，按各抗震横墙侧向刚度的比例分配，若第 i 层共有 m 道横墙，且第 j 道横墙的侧向刚度为 K_{ij}，则第 i 层第 j 道横墙分配的地震剪力设计值为：

$$V_{ij} = (K_{ij} / \sum_{j=1}^{m} K_{ij}) V_i \tag{5-4}$$

若同一层墙体材料及高度均相同，且仅考虑墙体的剪切变形时，上式可简化得：

$$V_{ij} = (A_{ij} / \sum_{j=1}^{m} A_{ij}) V_i \tag{5-5}$$

式中，A_{ij} 为第 i 层第 j 道横墙的净横截面面积。

② 柔性楼盖 木楼盖、木屋盖等柔性楼盖建筑，可按抗侧力横墙从属面积上重力荷载的比例分配，则第 i 层第 j 道横墙分配的地震剪力设计值为：

$$V_{ij} = (G_{ij} / G_i) V_i \tag{5-6}$$

式中，G_{ij} 为第 i 层第 j 道横墙与左右两侧相邻横墙之间各一半楼盖面积（从属面积）上承担的重力荷载之和；G_i 为第 i 层楼盖上所承担的总重力荷载。

当楼层重力荷载均匀分布时，上式可简化为按各墙从属面积的比例进行分配，即：

$$V_{ij} = (F_{ij} / F_i) V_i \tag{5-7}$$

式中，F_{ij} 为第 i 层第 j 道横墙的从属面积；F_i 为第 i 层楼盖总面积。

③ 中等刚性楼盖 采用预制装配式钢筋混凝土楼、屋盖的建筑，其楼、屋盖刚度介于刚性楼盖与柔性楼盖之间，可采用前述两种分配算法的平均值计算地震剪力 V_{ij}，即：

$$V_{ij} = \frac{1}{2} \left(\frac{K_{ij}}{\sum_{j=1}^{m} K_{ij}} + \frac{G_{ij}}{G_i} \right) V_i \tag{5-8}$$

当墙高相同，所用材料相同且楼盖上重力荷载分布均匀时，可采用：

$$V_{ij} = \frac{1}{2} \left(\frac{A_{ij}}{\sum_{j=1}^{m} A_{ij}} + \frac{F_{ij}}{F_i} \right) V_i \tag{5-9}$$

同一类建筑物中各层采用不同的楼盖时，应根据各层楼盖类型分别按上述三种方法分配楼层地震剪力。

(2) 纵向楼层地震剪力的分配　房屋纵向尺寸一般比横向大得多，纵墙的间距在一般砌体房屋中也比较小。因此，不论哪种楼盖，在房屋的纵向刚度都比较大，可按刚性楼盖考虑。即纵向楼层地震剪力可按各纵墙的侧向刚度比例进行分配。

(3) 同一道墙上各墙段间地震剪力的分配　在同一道墙上，门窗洞口之间各墙段所承担的地震剪力可按各墙段的侧向刚度比例进行分配。设第 j 道墙上共划分出 s 个墙段，则第 r 墙段（侧向刚度为 K_{jr}）分配的地震剪力为：

$$V_{jr} = (K_{jr} / \sum_{r=1}^{s} K_{jr}) V_{ij} \tag{5-10}$$

2. 墙段侧向刚度的计算

墙段的侧向刚度，按墙段的高宽比 h/b 的大小，分为三种情况计算：

(1) $h/b < 1$ 时，确定层间抗侧移等效刚度时可只考虑剪切变形的影响，即：

$$K = Et/(3\rho) \tag{5-11}$$

(2) $1 \leqslant h/b \leqslant 4$ 时，应同时考虑弯曲和剪切变形，即：

$$K = Et/(3\rho + \rho^3) \tag{5-12}$$

(3) $h/b > 4$ 时，由于侧移柔度值很大，可不考虑其刚度，即取 $K = 0$。

上列各式中，E 为砌体弹性模量；ρ 为墙段的高宽比 h/b，指层高与墙长之比，对门窗洞边的小墙段指洞净高与洞侧墙宽之比；h、b、t 则分别为墙段的高度、宽度和厚度。

对于实际结构中设置构造柱的小开口墙段，可不考虑开洞按毛墙面计算其墙体刚度，然后根据其开洞率乘以表 5-5 的洞口影响系数，即得开洞墙体的刚度。

表 5-5　墙段洞口影响系数

开洞率	0.10	0.20	0.30
影响系数	0.98	0.94	0.88

注：1. 开洞率为洞口水平截面积与墙段水平毛截面积之比，相邻洞口之间净宽小于 500mm 的墙段视为洞口；
2. 洞口中线偏离墙段中线大于墙段长度的 1/4 时，表中影响系数值折减 0.9；门洞的洞顶高度大于层高 80% 时，表中数据不适用；窗洞高度大于 50% 层高时，按门洞对待。

三、墙体抗震强度验算

对于多层砌体房屋，可只选择承载面积较大或竖向应力较小的墙段进行截面抗震承载力验算。各类砌体沿阶梯形截面破坏的抗震抗剪强度设计值，应按下式确定：

$$f_{vE} = \zeta_N f_v \tag{5-13}$$

式中　f_{vE}——砖砌体沿阶梯形截面破坏的抗震抗剪强度设计值；
f_v——非抗震设计的砌体抗剪强度设计值，可按《砌体结构设计规范》采用；
ζ_N——砌体抗震抗剪强度的正应力影响系数，可按表 5-6 采用。

(1) 普通砖、多孔砖墙体的截面抗震受剪承载力，一般情况下，应按下式验算：

$$V \leqslant f_{vE} A / \gamma_{RE} \tag{5-14}$$

式中　γ_{RE}——承载力抗震调整系数，承重墙按表 3-13 采用，自承重墙取 0.75；
V——墙体剪力设计值；
A——墙体横截面面积，多孔砖取毛截面面积。

(2) 水平配筋普通砖、多孔砖墙体的截面抗震受剪承载力，应按下式验算：

第五章 多层砌体房屋和底部框架-抗震墙砌体房屋的抗震设计

表 5-6 砌体强度的正应力影响系数

砌体类别	σ_0/f_v							
	0.0	1.0	3.0	5.0	7.0	10.0	12.0	≥16.0
普通砖、多孔砖	0.80	0.99	1.25	1.47	1.65	1.90	2.05	—
小砌块	—	1.23	1.69	2.15	2.57	3.02	3.32	3.92

注：σ_0 为对应于重力荷载代表值的砌体截面平均压应力。

$$V \leqslant (f_{vE}A + \zeta_s f_{yh} A_{sh})/\gamma_{RE} \tag{5-15}$$

式中 A——墙体横截面面积，多孔砖取毛截面面积；
f_{yh}——水平钢筋抗拉强度设计值；
A_{sh}——层间墙体竖向截面的钢筋总截面面积，其配筋率应≥0.07%，且≤0.17%；
ζ_s——钢筋参与工作系数，可按表5-7采用。

表 5-7 钢筋参与工作系数

墙体高宽比	0.4	0.6	0.8	1.0	1.2
ζ_s	0.10	0.12	0.14	0.15	0.12

(3) 当按式（5-14）、式（5-15）验算不满足要求时，可计入基本均匀设置于墙段中部、截面不小于240mm×240mm（墙厚为190mm时为240mm×190mm）且间距不大于4m的构造柱对受剪承载力的提高作用，按下列简化方法计算：

$$V \leqslant [\eta_c f_{vE}(A - A_c) + \zeta_c f_t A_c + 0.08 f_{yc} A_{sc} + \zeta_s f_{yh} A_{sh}]/\gamma_{RE} \tag{5-16}$$

式中 A_c——中部构造柱的横截面总面积（对横墙和内纵墙，$A_c > 0.15A$ 时，取 $0.15A$；对外纵墙，$A_c > 0.25A$ 时，取 $0.25A$）；
f_t——中部构造柱的混凝土轴心抗拉强度设计值；
A_{sc}——中部构造柱的纵向钢筋截面总面积（配筋率不小于0.6%，大于1.4%时取1.4%）；
f_{yh}、f_{yc}——分别为墙体水平钢筋、构造柱钢筋抗拉强度设计值；
ζ_c——中部构造柱参与工作系数；居中设一根时取0.5，多于一根时取0.4；
η_c——墙体约束修正系数；一般情况取1.0，构造柱间距不大于3.0m时取1.1；
A_{sc}——层间墙体竖向截面的总水平钢筋面积，无水平钢筋时取0.0。

(4) 小砌块墙体的截面抗震受剪承载力，应按下式验算：

$$V \leqslant [f_{vE}A + (0.3f_t A_c + 0.05 f_y A_s)\zeta_c]/\gamma_{RE} \tag{5-17}$$

式中 f_t——芯柱混凝土轴心抗拉强度设计值；
A_c，A_s——分别为芯柱截面总面积和芯柱钢筋截面总面积；
f_y——芯柱钢筋抗拉强度设计值；
ζ_c——芯柱参与工作系数，可按表5-8采用。

表 5-8 芯柱参与工作系数

填孔率 ρ	$\rho < 0.15$	$0.15 \leqslant \rho < 0.25$	$0.25 \leqslant \rho < 0.5$	$\rho \geqslant 0.5$
ζ_c	0.0	1.0	1.10	1.15

注：1. 当同时设置芯柱和构造柱时，构造柱截面可作为芯柱截面，构造柱钢筋可作为芯柱钢筋；
2. 填孔率指芯柱根数（含构造柱和填实孔洞数量）与孔洞总数之比。

四、抗震构造措施

结构抗震构造措施的主要目的是加强结构的整体性，保证抗震计算目的的实现，弥补抗震计算的不足。对于多层砌体房屋，由于抗震验算仅对承受水平地震剪力的墙体进行，因而砌体结构的抗震构造措施尤为重要。

（一）多层普通砖、多孔砖房抗震构造措施

1. 设置钢筋混凝土构造柱

（1）设置钢筋混凝土构造柱可以明显改善多层砌体结构房屋的抗震性能，其作用如下：①提高砌体的抗剪强度，一般可提高10%～30%左右；②对砌体起约束作用，提高其变形能力；③位于连接构造比较薄弱和易于产生应力集中部位的构造柱可起到减轻震害的作用。

（2）多层普通砖房、多孔砖房应按表5-9的要求设置钢筋混凝土构造柱。外廊式和单面走廊式的多层房屋，应根据房屋增加一层后的层数，按表5-9的要求设置构造柱，且单面走廊两侧的纵墙均应按外墙处理。横墙较少的房屋，应根据房屋增加一层后的层数，按表5-9的要求设置构造柱；当横墙较少的房屋为外廊式或单面走廊式时，应按前述相应要求设置构造柱，但6度不超过四层、7度不超过三层和8度不超过二层时，应按增加二层后的层数对待。各层横墙很少的房屋，应按增加二层的层数设置构造柱。采用蒸压灰砂砖和蒸压粉煤灰砖的砌体房屋，当砌体的抗剪强度仅达到普通黏土砖砌体的70%时，应根据增加一层的层数按上述要求设置构造柱；但6度不超过四层、7度不超过三层和8度不超过二层时，应按增加二层的层数对待。

表 5-9　多层砖砌体房屋构造柱设置要求

房屋层数				设置部位	
6度	7度	8度	9度		
四、五	三、四	二、三	—	楼、电梯间四角，楼梯斜梯段上下端对应的墙体处；外墙四角和对应转角；错层部位横墙与外纵墙交接处；大房间内外墙交接处；较大洞口两侧	隔12m或单元横墙与外纵墙交接处；楼梯间对应的另一侧内横墙与外纵墙交接处
六、七	五	四	二		隔开间横墙（轴线）与外纵墙交接处；山墙与内纵墙交接处
八	≥六	≥五	≥三		内墙（轴线）与外墙交接处；内墙的局部较小墙垛处；内纵墙与横墙（轴线）交接处

注：较大洞口，内墙指不小于2.1m的洞口；外墙在内外墙交接处已设置构造柱时应允许适当放宽，但洞侧墙体应加强。

（3）多层普通砖房构造柱最小截面可采用240mm×180mm（墙厚为190mm时为180mm×180mm），纵向钢筋宜采用4ϕ12，箍筋间距不宜大于250mm，且在柱上下两端应适当加密；6、7度时超过六层、8度时超过五层和9度时，构造柱纵向钢筋宜采用4ϕ14，箍筋间距不应大于200mm；房屋四角的构造柱应适当加大截面及配筋。

多孔砖房屋构造柱最小截面，对于240mm厚砖墙应为240mm×180mm，对于190mm厚砖墙应为190mm×250mm，纵向钢筋不小于4ϕ12，箍筋直径不应小于6mm，间距不宜大于200mm，且在圈梁相交的节点处应适当加密，加密范围在圈梁上下均不应小于1/6层高及450mm中之较大者，箍筋间距不宜大于100mm；房屋四角的构造柱可适当加大截面及配筋。

对钢筋混凝土构造柱的施工，应先砌墙、后浇柱，墙、柱连接处应砌成马牙槎，并应沿墙高每隔500mm设2ϕ6水平钢筋和ϕ4分布短筋平面内点焊组成的拉结网片或ϕ4点焊钢筋网片，每边伸入墙内不宜小于1m（图5-15）。6、7度时底部1/3楼层，8度时底部1/2楼

层,9度时全部楼层,上述拉结钢筋网片应沿墙体水平通长设置。

构造柱应与圈梁连接,在连接处,构造柱的纵筋应穿过圈梁,保证构造柱纵筋上下贯通。构造柱可不单独设基础,但应伸入室外地面下500mm(图5-16),或与埋深小于500mm的基础圈梁相连。

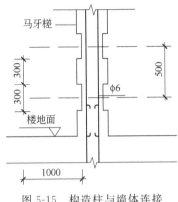

图 5-15 构造柱与墙体连接

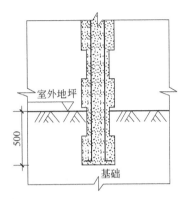

图 5-16 构造柱根部示意图

房屋高度和层数接近表5-1的限值时,横墙内的构造柱间距不宜大于层高的二倍,下部1/3楼层的构造柱间距适当减小;当外纵墙开间大于3.9m时,应另设加强措施。内纵墙的构造柱间距不宜大于4.2m。

2. 合理布置圈梁

(1) 圈梁是提高多层砌体结构房屋抗震性能的一种经济有效的措施,其主要功能如下:①加强房屋的整体性;②作为楼盖的边缘构件,提高了楼盖的水平刚度;③限制墙体斜裂缝的开展和延伸;④减轻地震时地基不均匀沉陷对房屋的影响;⑤减轻和防止地震时的地表裂隙将房屋撕裂。

(2) 装配式钢筋混凝土楼、屋盖或木楼、屋盖的砖房,横墙承重时应按表5-10的要求设置圈梁;纵墙承重时,抗震横墙上的圈梁间距应比表5-10内要求适当加密。

表 5-10 多层砖砌体房屋现浇钢筋混凝土圈梁设置要求

墙类	烈 度		
	6、7	8	9
外墙和内纵横	屋盖处及每层楼盖处	屋盖处及每层楼盖处	屋盖处及每层楼盖处
内横墙	同上; 屋盖处间距不应大于4.5m; 楼盖处间距不应大于7.2m; 构造柱对应部位	同上; 各层所有横墙,且间距不应大于4.5m; 构造柱对应部位	同上; 各层所有横墙

现浇或装配整体式钢筋混凝土楼、屋盖与墙体有可靠连接的房屋,应允许不另设圈梁,但楼板沿墙体周边应加强配筋并应与相应的构造柱钢筋可靠连接。圈梁应闭合,遇有洞口,圈梁应上下搭接。圈梁宜与预制板设在同一标高处或紧靠板底。圈梁在表5-10要求的间距内无横墙时,应利用梁或板缝中配筋替代圈梁。

(3) 圈梁的截面高度不应小于120mm,配筋应符合表5-11的要求;为加强基础整体性和刚性而增设的基础圈梁,截面高度不应小于180mm,配筋不应少于4φ12。

3. 重视楼梯间的设计

楼梯间的震害往往较重,而地震时楼梯间是疏散人员和进行救灾的要道,因此,对其抗

表 5-11　多层砖砌体房屋圈梁配筋要求

配　　筋	烈　　度		
	6、7 度	8 度	9 度
最小纵筋	4φ10	4φ12	4φ14
最大箍筋间距/mm	250	200	150

震构造措施要给予足够的重视。

顶层楼梯间墙体应沿墙高每隔 500mm 设 2φ6 通长钢筋和 φ4 分布短筋平面内点焊组成的拉结网片或 φ4 点焊网片；7～9 度时其他各层楼梯间墙体应在休息平台或楼层半高处设置 60mm 厚、纵向钢筋不应少于 2φ10 的钢筋混凝土带或配筋砖带，配筋砖带不少于 3 皮，每皮的配筋不少于 2φ6，砂浆强度等级不应低于 M7.5 且不低于同层墙体的砂浆强度等级。

楼梯间及门厅内墙阳角处的大梁支承长度不应小于 500mm，并应与圈梁连接。装配式楼梯段应与平台板的梁可靠连接，8、9 度时不应采用装配式楼梯段；不应采用墙中悬挑式踏步或踏步竖肋插入墙体的楼梯，不应采用无筋砖砌栏板。

突出屋顶的楼、电梯间，构造柱应伸到顶部，并与顶部圈梁连接，所有墙体应沿墙高每隔 500mm 设 2φ6 通长钢筋和 φ4 分布短筋平面内点焊组成的拉结网片或 φ4 点焊网片。

4．加强结构的连接

（1）纵横墙的连接　7 度时长度大于 7.2m 的大房间，及 8 度和 9 度时，外墙转角及内外墙交接处，应沿墙高每隔 500mm 配置 2φ6 通长钢筋和 φ4 分布短筋平面内点焊组成的拉结网片或 φ4 点焊网片。

后砌的非承重砌体隔墙应沿墙高每隔 500mm 配置 2φ6 钢筋与承重墙或柱拉结，每边伸入墙内不少于 500mm。8 度和 9 度时，长度大于 5m 的后砌隔墙，墙顶尚应与楼板或梁拉结，独立墙肢端部及大门洞边宜设钢筋混凝土构造柱。

（2）楼盖、屋盖构件的连接　多层普通砖、多孔砖房屋的楼、屋盖应符合下列要求：

① 现浇钢筋混凝土楼板或屋面板伸进纵、横墙内的长度，均不应小于 120mm；

② 装配式钢筋混凝土楼板或屋面板，当圈梁未设在板的同一标高时，板端伸进外墙的长度不应小于 120mm，伸进内墙的长度不应小于 100mm 或采用硬架支模连接，在梁上不应小于 80mm 或采用硬架支模连接；

③ 当板的跨度大于 4.8m 并与外墙平行时，靠外墙的预制板侧边应与墙或圈梁拉结；

④ 房屋端部大房间的楼盖，6 度时房屋的屋盖和 9 度时房屋的楼、屋盖，当圈梁设在板底时，钢筋混凝土预制板应相互拉结，并应与梁、墙或圈梁拉结；

⑤ 楼、屋盖的钢筋混凝土梁或屋架应与墙、柱（包括构造柱）或圈梁可靠连接；不得采用独立砖柱；跨度不小于 6m 大梁的支承构件应采用组合砌体等加强措施，并满足承载力要求；

⑥ 坡屋顶房屋的屋架应与顶层圈梁可靠连接，檩条或屋面板应与墙、屋架可靠连接，房屋出入口处的檐口瓦应与屋面构件锚固，采用硬山搁檩时，顶层内纵墙顶宜增砌支承山墙的踏步式墙垛，并设置构造柱；

⑦ 6、7 度时预制阳台应与圈梁和楼板的现浇板带可靠连接，8、9 度时不应采用预制阳台。

5．基础的设置

同一结构单元的基础（或桩承台），宜采用同一类型的基础，底面宜埋置在同一标高上，否则应增设基础圈梁并应按 1∶2 的台阶逐步放坡。

6. 横墙较少砖房的有关规定与加强措施

横墙较少的多层普通砖、多孔砖住宅楼的总高度和层数接近或达到规定限值，应采取下列加强措施：

① 房屋的最大开间尺寸不宜大于 6.6m；

② 同一个结构单元内横墙错位数量不宜超过横墙总数的 1/3，且连续错位不宜多于两道；错位的墙体交接处均应增设构造柱，且楼、屋面板应采用现浇钢筋混凝土板；

③ 横墙和内纵墙上洞口的宽度不宜大于 1.5m；外纵墙上洞口的宽度不宜大于 2.1m 或开间尺寸的一半；且内外墙上洞口位置不应影响内外纵墙与横墙的整体连接；

④ 所有纵横墙均应在楼、屋盖标高处设置加强的现浇钢筋混凝土圈梁；圈梁的截面高度不宜小于 150mm，上下纵筋各不应少于 3φ10，箍筋不小于φ6，间距不大于 300mm；

⑤ 所有纵横墙交接处及横墙的中部，均应增设满足下列要求的构造柱：在纵、横墙内的柱距不宜大于 3.0m，最小截面尺寸不宜小于 240mm×240mm（墙厚为 190mm 时为 240mm×190mm），配筋宜符合表 5-12 的要求；

⑥ 同一结构单元的楼、屋面板应设置在同一标高处；

⑦ 房屋底层和顶层的窗台标高处，宜设置沿纵横墙通长的水平现浇钢筋混凝土带；其截面高度不小于 60mm，宽度不小于墙厚，纵向钢筋不少于 3φ10，横向分布筋的直径不小于φ6 且其间距不大于 200mm。

表 5-12 增设构造柱的纵筋和箍筋设置要求

位置	纵 向 钢 筋			箍 筋		
	最大配筋率/%	最小配筋率/%	最小直径/mm	加密区范围/mm	加密区间距/mm	最小直径/mm
角柱	1.8	0.8	14	全高	100	6
边柱			14	上端 700 下端 500		
中柱	1.4	0.6	12			

（二）多层砌块房屋抗震构造措施

1. 设置钢筋混凝土芯柱

（1）为了增加混凝土小型空心砌块砌体房屋的整体性和延性，提高其抗震能力，应按表 5-13 的要求设置钢筋混凝土芯柱。对外廊式和单面走廊式的多层房屋、横墙较少的房屋、各层横墙很少的房屋，应按前述多层普通砖房关于增加层数的对应要求，按表 5-13 的要求设置芯柱。

（2）混凝土小型空心砌块房屋芯柱截面不宜小于 120mm×120mm；芯柱混凝土强度等级不应低于 Cb20；芯柱竖向钢筋应贯通墙身且与圈梁连接；插筋不应小于 1φ12，6、7 度时超过五层、8 度时超过四层和 9 度时，插筋不应小于 1φ14；芯柱应伸入室外地面下 500mm 或锚入浅于 500mm 的基础圈梁内；为提高墙体抗震受剪承载力而设置的芯柱，宜在墙体内均匀布置，最大净距不宜大于 2.0m。

（3）小砌块房屋中替代芯柱的钢筋混凝土构造柱，应符合下列构造要求：①构造柱最小截面可采用 190mm×190mm，纵向钢筋宜采用 4φ12，箍筋间距不宜大于 250mm，且在柱上下端宜适当加密；6、7 度时超过五层、8 度时超过四层和 9 度时，构造柱纵向钢筋宜采用 4φ14，箍筋间距不应大于 200mm，外墙转角的构造柱可适当加大截面及配筋；②构造柱与砌块墙连接处应砌成马牙槎，与构造柱相邻的砌块孔洞，6 度时宜填实，7 度时应填实，8 度时应填实并插筋；构造柱与砌块墙之间沿墙高每隔 600mm 设置φ4 点焊拉结钢筋网片，并

表 5-13 多层小砌块房屋芯柱设置要求

房屋层数				设置部位	设置数量
6度	7度	8度	9度		
四、五	三、四	二、三		外墙转角,楼、电梯间四角,楼梯斜梯段上下端对应的墙体处; 大房间内外墙交接处; 错层部位横墙与外纵墙交接处; 隔12m或单元横墙与外纵墙交接处	外墙转角,灌实3个孔; 内外墙交接处,灌实4个孔; 楼梯斜段上下端对应的墙体处,灌实2个孔
六	五	四		同上; 隔开间横墙(轴线)与外纵墙交接处	
七	六	五	二	同上; 各内墙(轴线)与外纵墙交接处; 内纵墙与横墙(轴线)交接处和洞口两侧	外墙转角,灌实5个孔; 内外墙交接处,灌实4个孔; 内墙交接处,灌实4~5个孔; 洞口两侧各灌实1个孔
	七	≥六	≥三	同上; 横墙内芯柱间距不大于2m	外墙转角,灌实7个孔; 内外墙交接处,灌实5个孔; 内墙交接处,灌实4~5个孔; 洞口两侧各灌实1个孔

注:外墙转角、内外墙交接处、楼电梯间四角等部位,应允许采用钢筋混凝土构造柱替代部分芯柱。

应沿墙体水平通长设置;6、7度时底部1/3楼层,8度时底部1/2楼层,9度时全部楼层,上述拉结钢筋网片沿墙高间距不大于400mm;③构造柱与圈梁连接处,构造柱的纵筋应在圈梁纵筋内侧穿过,保证构造柱纵筋上下贯通;④构造柱可不单独设置基础,但应伸入室外地面下500mm,或与埋深小于500mm的基础圈梁相连。

2. 合理布置圈梁

小砌块房屋的现浇钢筋混凝土圈梁应按表5-14的要求设置,圈梁宽度不应小于190mm,配筋不应小于4φ12,箍筋间距不应大于200mm。

3. 其他抗震构造措施

多层小砌块房屋墙体交接处或芯柱与墙体连接处应设置拉结钢筋网片,网片可采用直径4mm的钢筋点焊而成,沿墙高间距不大于600mm,并应沿墙体水平通长设置。6、7度时底部1/3楼层,8度时底部1/2楼层,9度时全部楼层,上述拉结钢筋网片沿墙高间距不大于400mm。

多层小砌块房屋的层数,6度时超过五层、7度时超过四层、8度时超过三层和9度时,在底层和顶层的窗台标高处,沿纵横墙应设置通长的水平现浇钢筋混凝土带;其截面高度不小于60mm,纵筋不少于2φ10,并应有分布拉结钢筋;其混凝土强度等级不应低于C20。水平现浇混凝土带亦可采用槽形砌块替代模板,其纵筋和拉结钢筋不变。

丙类的多层小砌块房屋,当横墙较少且总高度和层数接近或达到表5-1规定的限值时,应符合丙类多层砖砌体房屋的相应要求;其中,墙体中部的构造柱可采用芯柱替代,芯柱的灌孔数量不应少于2孔,每孔插筋的直径不应小于18mm。

小砌块房屋的其他抗震构造措施,如楼盖、屋盖、楼梯间、门窗过梁和基础等的抗震构造要求,均应符合多层砖砌体房屋的相应要求。其中,墙体的拉结构造,沿墙体竖向间距按砌块模数相应调整为600mm和400mm。

第四节 底部框架-抗震墙房屋的抗震设计

底部框架-抗震墙砌体房屋主要用于底部需要大空间，而上面各层采用较多纵横墙的房屋，如底层设置商店、餐厅的多层住宅、旅馆、办公楼等建筑。这类房屋因底部刚度小、上部刚度大，竖向刚度急剧变化，抗震性能较差，地震时往往在底部出现变形集中、产生过大侧移而严重破坏，甚至倒塌。

一、底部框架-抗震墙砌体房屋的抗震设计要点

(1) 底部框架-抗震墙砌体房屋的抗震设计，宜使底部框架-抗震墙部分与上部砌体房屋部分的抗震性能均匀匹配，避免出现特别薄弱的楼层和避免薄弱楼层出现在上部砌体房屋部分。

(2) 对于质量和刚度沿高度分布比较均匀的结构的底部框架-抗震墙砌体房屋，可采用底部剪力法计算水平地震作用，除此之外，宜采用振型分解反应谱法。采用底部剪力法计算时，应符合第三章第四节的要求，但不考虑顶部附加地震作用。

(3) 为了提高底部的抗震能力，当过渡层与其下相邻楼层的侧向刚度比不小于1.3时，底部框架-抗震墙砌体房屋的底层和底部两层框架-抗震墙砌体房屋底层和二层，其纵、横向地震剪力设计值均应乘以地震剪力增大系数，其值在1.0～1.5范围内选用，可按过渡楼层与其下相邻楼层的侧向刚度比值用线性插值法近似确定。

(4) 底部框架-抗震墙砖房上部砖房部分的抗震设计同多层砌体房屋的抗震设计。底层或底部两层框架-抗震墙房屋的横向和纵向地震剪力设计值应全部由该方向的抗震墙承担，并按各抗震墙侧向刚度比例分配。

(5) 底部框架-抗震墙中的框架柱和抗震墙的设计，可按两道防线的思想进行设计，即在结构弹性阶段，不考虑框架柱的抗剪贡献，而由抗震墙承担全部纵横向的地震剪力。在结构进入弹塑性阶段后，考虑到抗震墙的损失，由抗震墙和框架柱共同承担地震剪力。规范规定，框架柱承担的地震剪力设计值，可按各抗侧力构件有效侧向刚度比例分配。有效侧向刚度的取值，框架不折减，混凝土抗震墙或配筋小砌块砌体抗震墙可乘以折减系数0.30，约束普通砖砌体或小砌块砌体抗震墙可乘以折减系数0.20。据此可确定一根钢筋混凝土框架柱所承受的地震剪力 V_{cfj} 为：

底层采用约束砌体抗震墙时：

$$V_{cfj} = \frac{K_{cfj}}{\sum K_{cfj} + 0.2 \sum K_{bj}} V_1 \tag{5-18}$$

底层采用混凝土抗震墙或配筋小砌块砌体抗震墙时：

$$V_{cfj} = \frac{K_{cfj}}{\sum K_{cfj} + 0.3 \sum K_{cwj} + 0.3 \sum K_{gwj}} V_1 \tag{5-19}$$

式中 K_{cfj}——底层一根钢筋混凝土框架柱的层间侧向刚度，N/mm，可采用D值法计算；

$\sum K_{cfj}$——底层钢筋混凝土框架的层间侧向刚度总和，N/mm；

$\sum K_{bj}$——底层约束砌体抗震墙的层间侧向刚度总和，N/mm；

$\sum K_{cwj}$——底层钢筋混凝土抗震墙的层间侧向刚度总和，N/mm；

$\sum K_{gwj}$——底层配筋小砌块砌体抗震墙的层间侧向刚度总和，N/mm。

(6) 框架柱的轴力应计入地震倾覆力矩引起的附加轴力，上部砖房可视为刚体，底部各轴线承受的地震倾覆力矩，可近似按底部抗震墙和框架的侧向刚度的比例分配确定。

则一片抗震墙承担的倾覆力矩为：

$$M_w = (K_w/\overline{K})M_1 \tag{5-20}$$

一榀框架承担的倾覆力矩为：

$$M_f = (K_f/\overline{K})M_1 \tag{5-21}$$

$$\overline{K} = \sum K_w + \sum K_f \tag{5-22}$$

式中 M_1——作用于底层框架顶面处的倾覆力矩，$M_1 = \gamma_{Eh} \sum_{i=2}^{n} F_i H_i$

F_i，H_i——分别为由底层框架顶面算起的第 i 层的地震作用及高度；

K_w，K_f——分别为一片抗震墙、一榀框架的侧向刚度。

当一榀框架所分担的倾覆力矩求出后，柱的附加轴力可由下式求出：

$$N_{ci} = \pm \frac{A_i x_i}{\sum A_i x_i^2} M_f \tag{5-23}$$

式中，A_i 为一榀框架中第 i 根柱子的水平截面积；x_i 为第 i 根柱子到所在框架中和轴的距离。

(7) 底部框架-抗震墙砌体房屋的钢筋混凝土托墙梁在计算地震组合内力时，应采用合适的计算简图。若考虑上部墙体与托墙梁的组合作用，应计入地震时墙体开裂对组合作用的不利影响，可调整有关的弯矩系数、轴力系数等计算参数。作为简化计算，偏于安全，在托墙梁上部各层墙体不开洞和跨中 1/3 范围内开一个洞口的情况，也可采用折减荷载的方法：托墙梁弯矩计算时，由重力荷载代表值产生的弯矩，四层以下全部计入组合，四层以上可有所折减，取不小于四层的数值计入组合；对托墙梁剪力计算时，由重力荷载产生的剪力不折减。

(5) 底层框架-抗震墙砌体房屋中嵌砌于框架之间的普通砖或小砌块的抗震墙，抗震验算应符合下列规定：

① 底层框架柱的轴向力和剪力，应计入砖抗震墙或小砌块墙引起的附加轴向力和附加剪力，其值可按下列公式确定：

$$N_f = V_w H_f / l \tag{5-24}$$

$$V_f = V_w \tag{5-25}$$

式中 V_w——墙体承担的剪力设计值，柱两侧有墙时可取二者的较大值；

N_f，V_f——分别为框架柱的附加轴压力设计值和附加剪力设计值；

H_f，l——分别为框架的层高和跨度。

② 嵌砌于框架之间的普通砖墙或小砌块墙及两端框架柱，其抗震受剪承载力应按下式验算：

$$V \leqslant \frac{1}{\gamma_{REc}} \sum (M_{yc}^u + M_{yc}^l)/H_0 + \frac{1}{\gamma_{REw}} \sum f_{vE} A_{w0} \tag{5-26}$$

式中 V——嵌砌普通砖墙或小砌块墙及两端框架柱剪力设计值；

A_{w0}——砖墙或小砌块墙水平截面的计算面积，无洞口时取实际截面的 1.25 倍，有洞口时取截面净面积，但不计入宽度小于洞口高度 1/4 的墙肢截面面积；

M_{yc}^u，M_{yc}^l——分别为底层框架柱上下端的正截面受弯承载力设计值，可按现行国家标准《混凝土结构设计规范》(GB 50010) 非抗震设计的有关公式取等号计算；

H_0——底层框架柱计算高度，两侧均有砖墙时取柱净高的 2/3，其余情况取柱净高；

γ_{REc}——底层框架柱承载力抗震调整系数，可采用 0.8；

γ_{REw}——嵌砌普通砖墙或小砌块墙承载力抗震调整系数,可采用0.9。

二、底部框架-抗震墙砌体房屋的抗震构造措施

底部框架-抗震墙砌体房屋的抗震构造措施,可分为底部框架-抗震墙和上部砖房两大部分。

(一)底部框架-抗震墙部分

底部框架梁、柱构件和钢筋混凝土墙主筋、箍筋、截面尺寸等的构造要求除应同相应抗震等级的钢筋混凝土框架及抗震墙的构造要求外,还应符合下列要求:

(1)底部框架-抗震墙砌体房屋的钢筋混凝土托墙梁,其截面和构造应符合下列要求:梁的截面宽度不应小于300mm,梁的截面高度不应小于跨度的1/10;箍筋的直径不应小于8mm,间距不应大于200mm;梁端在1.5倍梁高且不小于1/5梁净跨范围内,以及上部墙体的洞口处和洞口两侧各500mm且不小于梁高的范围内,箍筋间距不应大于100mm;沿梁高应设腰筋,数量不应少于2φ14,间距不应大于200mm;梁的主筋和腰筋应按受拉钢筋的要求锚固在柱内,且支座上部的纵向钢筋在柱内的锚固长度应符合钢筋混凝土框支梁的有关要求。

(2)底部的钢筋混凝土抗震墙,其截面和构造应符合下列要求:抗震墙周边应设置梁(或暗梁)和边框柱(或框架柱)组成的边框;边框梁的截面宽度不宜小于墙板厚度的1.5倍,截面高度不宜小于墙板厚度的2.5倍;边框柱的截面高度不宜小于墙板厚度的2倍;抗震墙墙板的厚度不宜小于160mm,且不应小于墙板净高的1/20;抗震墙宜开设洞口形成若干墙段,各墙段的高宽比不宜小于2;抗震墙的竖向和横向分布钢筋配筋率均不应小于0.30%,并应采用双排布置;双排分布钢筋间拉筋的间距不应大于600mm,直径不应小于6mm;抗震墙的边缘构件可按第四章关于一般部位的规定设置。

(3)当6度设防的底层框架-抗震墙砖房的底层采用约束砖砌体墙时,其构造应符合下列要求:墙厚不应小于240mm,砌筑砂浆强度等级不应低于M10,应先砌墙后浇框架梁柱;沿框架柱每隔300mm配置2φ8水平钢筋和φ4分布短筋平面内点焊组成的拉结网片,并沿砖墙水平通长设置;在墙体半高处尚应设置与框架柱相连的钢筋混凝土水平系梁;墙长大于4m时和洞口两侧,应在墙内增设钢筋混凝土构造柱。

(4)当6度设防的底层框架-抗震墙砌块房屋的底层采用约束小砌块砌体墙时,其构造应符合下列要求:①墙厚不应小于190mm,砌筑砂浆强度等级不应低于Mb10,应先砌墙后浇框架;②沿框架柱每隔400mm配置2φ8水平钢筋和φ4分布短筋平面内点焊组成的拉结网片,并沿砌块墙水平通长设置;在墙体半高处尚应设置与框架柱相连的钢筋混凝土水平系梁,系梁截面不应小于190mm×190mm,纵筋不应小于4φ12,箍筋直径不应小于φ6,间距不应大于200mm;③墙体在门、窗洞口两侧应设置芯柱,墙长大于4m时,应在墙内增设芯柱,芯柱应符合前述多层小砌块房屋中有关芯柱的构造规定;其余位置,宜采用钢筋混凝土构造柱替代芯柱,钢筋混凝土构造柱应符合前述多层小砌块房屋中替代芯柱的钢筋混凝土构造柱的有关构造规定。

(5)底部框架-抗震墙砌体房屋过渡层的楼板应采用现浇钢筋混凝土板,板厚不应小于120mm;并应少开洞、开小洞,当洞口尺寸大于800mm时,洞口周边应设置边梁。

(6)底部框架-抗震墙砌体房屋的框架柱应符合下列要求:①截面不应小于400mm×400mm,圆柱直径不应小于450mm;②轴压比,6度时不宜大于0.85,7度时不宜大于0.75,8度时不宜大于0.65;③纵向钢筋最小总配筋率,当钢筋的强度标准值低于400MPa时,中柱在6、7度时不应小于0.9%,8度时不应小于1.1%;边柱、角柱和混凝土抗震墙端柱在6、7度时不应小于1.0%,8度时不应小于1.2%;④箍筋直径,6、7度时不应小于8mm,8度时不应小于10mm,并应全高加密箍筋,间距不大于100mm;⑤柱的最上端和最下端组合的弯矩设计值应乘以增大系数,一、二、三级的增大系数应分别按1.5、1.25和1.15采用。

(二) 上部砌体房屋部分

(1) 上部砌体房屋部分采用装配式钢筋混凝土楼板时均应设现浇圈梁,采用现浇钢筋混凝土楼板时应允许不另设圈梁,但楼板沿墙体周边应加强配筋并与相应的构造柱可靠连接。

(2) 上部砌体房屋部分应根据房屋的总层数按表5-9、表5-13的规定设置钢筋混凝土构造柱、芯柱。构造柱、芯柱的构造,除应符合前述多层砌体房屋的相关构造要求外,还应满足下列规定:砖砌体墙中构造柱截面不宜小于240mm×240mm(墙厚为190mm时为240mm×190mm),构造柱的纵向钢筋不宜少于4φ14,箍筋间距不宜大于200mm;芯柱每孔插筋不应小于1φ14,芯柱之间沿墙高应每隔400mm设φ4焊接钢筋网片;构造柱、芯柱应与每层圈梁连接,或与现浇楼板可靠拉接。

(3) 过渡层墙体的构造,应符合下列要求:

① 上部砌体墙的中心线宜与底部的框架梁、抗震墙的中心线相重合;构造柱或芯柱宜与框架柱上下贯通。

② 过渡层应在底部框架柱、混凝土墙或约束砌体墙的构造柱所对应处设置构造柱或芯柱;墙体内的构造柱间距不宜大于层高;芯柱除按表5-13设置外,最大间距不宜大于1m。

③ 过渡层构造柱的纵向钢筋,6、7度时不宜少于4φ16,8度时不宜少于4φ18;过渡层芯柱的纵向钢筋,6、7度时不宜少于每孔1φ16,8度时不宜少于每孔1φ18。一般情况下,纵向钢筋应锚入下部的框架柱或混凝土墙内;当纵向钢筋锚固在托墙梁内时,托墙梁的相应位置应加强。

④ 过渡层的砌体墙在窗台标高处,应设置沿纵横墙通长的水平现浇钢筋混凝土带;其截面高度不小于60mm,宽度不小于墙厚,纵向钢筋不少于2φ10,横向分布筋的直径不小于6mm且其间距不大于200mm。此外,砖砌体墙在相邻构造柱间的墙体,应沿墙高每隔360mm设置2φ6通长水平钢筋和φ4分布短筋平面内点焊组成的拉结网片或φ4点焊钢筋网片,并锚入构造柱内;小砌块砌体墙芯柱之间沿墙高应每隔400mm设置φ4通长水平点焊钢筋网片。

⑤ 过渡层的砌体墙,凡宽度不小于1.2m的门洞和2.1m的窗洞,洞口两侧宜增设截面不小于120mm×240mm(墙厚为190mm时为120mm×190mm)的构造柱或单孔芯柱。

⑥ 当过渡层的砌体抗震墙与底部框架梁、墙体不对齐时,应在底部框架内设置托墙转换梁,并且过渡层砖墙或砌块墙应采取比前述第④条更高的加强措施。

(三) 其他要求

底部框架-抗震墙砌体房屋的框架柱、抗震墙和托墙梁的混凝土强度等级,不应低于C30;过渡层砌体块材的强度等级不应低于MU10,砖砌体砌筑砂浆强度的等级不应低于M10,砌块砌体砌筑砂浆强度的等级不应低于Mb10。

底部框架-抗震墙砌体房屋的钢筋混凝土结构部分,除应符合本章规定外,尚应符合第四章的有关要求;此时,底部混凝土框架的抗震等级,6、7、8度应分别按三、二、一级采用,混凝土墙体的抗震等级,6、7、8度应分别按三、三、二级采用。

第五节 抗震设计实例

某四层砖砌体办公楼(见图5-17),设防烈度为7度,设计基本地震加速度为0.10g,Ⅱ类场地。楼盖及屋盖均采用预应力混凝土空心板,横墙承重。楼梯间突出屋顶,顶层层高

3m，其他各层层高均为 3.6m，室内外高差 0.3m，基础顶面到室外地坪的距离为 0.5m。除图中注明者外，窗口尺寸为 1.5m×2.1m，门洞尺寸为 0.9m×2.1m。墙体用砖的强度等级为 MU10，砂浆强度等级：一、二层为 M10.0，三、四层为 M7.5，屋顶间为 M5.0。经计算各层的重力荷载代表值为：$G_1=4840$kN，$G_2=G_3=4410$kN，$G_4=3760$kN，$G_5=210$kN。

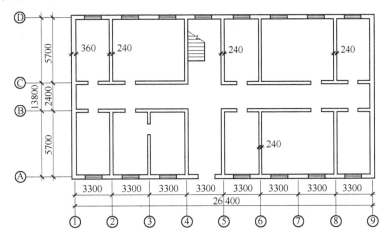

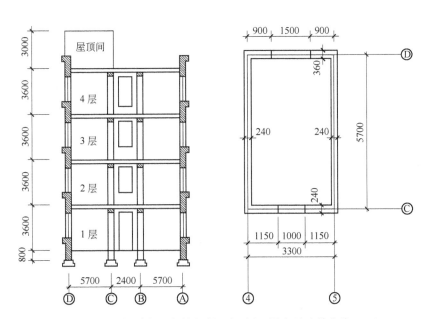

图 5-17　平面图、剖面图及屋顶间平面图（图中尺寸单位为 mm）

（1）检验该房屋是否满足抗震设计的一般要求；（2）计算该房屋各楼层的地震剪力；（3）验算屋顶间墙体的抗震强度；（4）验算首层③轴横墙截面的抗震强度；（5）验算外纵墙的抗震强度；（6）确定该房屋的主要抗震构造措施。

解：1. 抗震设计一般要求的检验（表 5-14）

2. 计算各楼层地震剪力

（1）计算结构底部剪力　设防烈度 7 度（0.10g），查表得 $\alpha_{max}=0.08$，所以

$$F_{Ek}=\alpha_{max}G_{eq}=0.08\times0.85\times(210+3760+4410\times2+4840)=1199\text{（kN）}$$

（2）计算各楼层地震剪力　计算过程列于表 5-15。

表 5-14 抗震设计一般要求的检验

项目	规范规定值	实际值	结论
房屋总高度/m	21	14.7	符合抗震规范要求
房屋总层数	七	四	符合抗震规范要求
房屋高宽比	2.5	1.07	符合抗震规范要求
抗震横墙最大间距/m	15	9.9	符合抗震规范要求
承重窗间墙的最小宽度/m	1.0	1.8	符合抗震规范要求
非承重外墙尽端至门窗洞边的最小距离/m	1.0	0.9	墙段需加构造柱
内墙阳角至门窗洞边的最小距离/m	1.0	1.0	符合抗震规范要求
承重外墙尽端至门窗洞边最小距离/m	1.5	—	

表 5-15 楼层地震剪力计算

楼层	G_i/kN	H_i/m	G_iH_i/kN·m	$G_iH_i/\Sigma G_jH_j$	F_i/kN	V_{ik}/kN	V_i/kN
屋顶间	210	18.2	3822	0.023	27.6	27.6	35.9×3=107.7
4	3760	15.2	57152	0.339	406.5	434.1	564.3
3	4410	11.6	51156	0.303	363.3	797.4	1036.6
2	4410	8.0	35280	0.209	250.6	1048	1362.4
1	4840	4.4	21296	0.126	151.0	1199	1558.7
Σ	17630		168706	1.000	1199		

3. 屋顶间墙体抗震承载力验算

以 C、D 轴线为例验算。

(1) 墙体剪力设计值（表 5-16） 按照式(5-9)计算。C、D 轴线横墙的从属面积各占楼盖总面积的 1/2，C、D 轴线横墙的净截面面积分别为：

$$A_{5C}=(3.54-1.0)\times 0.24=0.61 \text{ (m}^2\text{)}; \quad A_{5D}=(3.54-1.5)\times 0.36=0.73 \text{ (m}^2\text{)}$$

表 5-16 墙体剪力设计值

轴线	A_{5j}/m²	$A_{5j}/\Sigma A_{5j}$	F_{5j}/F_5	V_{5j}
C	0.61	0.454	0.5	51.37
D	0.73	0.546	0.5	56.33
Σ	1.345			

(2) 截面抗震承载力验算（表 5-17） 表中 σ_0 为层高半高处对应于重力荷载代表值的砌体截面平均压应力（计算过程略）；ζ_N 为查表 5-6 所得。

表 5-17 截面抗震承载力验算

轴线	σ_0/MPa	f_v/MPa	σ_0/f_v	ζ_N	$f_{vE}=\zeta_N f_v$(MPa)	A/mm²	$f_{vE}A/\gamma_{RE}$(kN)	V_{5j}/kN	验算结论
C	0.0344	0.11	0.313	0.863	0.0949	610×10³	77.2	51.37	满足要求
D	0.0413	0.11	0.375	0.875	0.0963	730×10³	93.7	56.33	满足要求

4. 首层③轴横墙抗震强度验算

(1) ③轴线承担的地震剪力计算 ③轴线墙体横截面面积：$A_{13}=(6-0.9)\times0.24=1.224$（$m^2$）；首层横墙总截面面积：$\sum A_{1j}=23.95 m^2$；

③轴线墙体从属面积：$F_{13}=3.3\times7.08=23.36$（$m^2$）；首层楼盖总面积：$F_1=380 m^2$；

则按公式(5-9)，首层③轴横墙的地震剪力为：

$$V_{13}=\frac{1}{2}\left(\frac{A_{13}}{\sum A_{1j}}+\frac{F_{13}}{F_1}\right)V_1=\frac{1}{2}\times\left(\frac{1.224}{23.95}+\frac{23.36}{380}\right)\times1558.7=87.74 \text{（kN）}$$

(2) ③轴线承担的地震剪力在各墙段的分配 ③轴线有门洞 $0.9m\times2.1m$，将墙分成 a、b 两段，两墙段的 h/b 值为：a 墙段 $h/b=2.1/1.0=2.1$；b 墙段 $h/b=2.1/4.1=0.51$。在计算墙段的侧向刚度时，对 a 段考虑剪切和弯曲变形的影响，对 b 段仅考虑剪切变形的影响：

$$K_a=Et/(3\rho+\rho^3)=Et/(3\times2.1+2.1^3)=0.064Et$$
$$K_b=Et/(3\rho)=Et/(3\times0.51)=0.654Et$$

各墙段的地震剪力：

$$V_a=\frac{K_a}{K_a+K_b}V_{13}=\frac{0.064Et}{(0.064+0.654)Et}\times87.74=7.82 \text{（kN）}$$

$$V_b=\frac{K_b}{K_a+K_b}V_{13}=\frac{0.654Et}{(0.064+0.654)Et}\times87.74=79.92 \text{（kN）}$$

(3) 墙体抗震承载力验算（表5-18）

表 5-18 墙体抗震承载力验算

墙段	σ_0/MPa	f_v/MPa	σ_0/f_v	ζ_N	$f_{vE}=\zeta_N f_v$(MPa)	A/mm^2	$f_{vE}A/\gamma_{RE}$(kN)	V_{5j}/kN	验算结论
a	0.6033	0.17	3.55	1.34	0.228	240×10^3	54.7	7.82	满足要求
b	0.4612	0.17	2.71	1.24	0.211	984×10^3	207.6	79.92	满足要求

5. 外纵墙抗震承载力验算

以第一层 D 轴线为例。作用在 D 轴线的地震剪力：$V_{1D}=(A_{1D}/A_1)V_1$。

由于 D 轴线各窗间墙宽度相等，故作用在每个窗间墙的地震剪力 V_{Di}，可按水平截面面积的比例分配：

$$A_{Di}=0.36\times(0.9+0.9)=0.648 \text{（}m^2\text{）}$$

$$V_{Di}=(A_{Di}/A_{1D})V_{1D}=(A_{Di}/A_1)V_1=(0.648/23.95)\times1558.7=42.2 \text{（kN）}$$

在层高半高处截面上的平均压应力：$\sigma_0=0.367 MPa$，$\sigma_0/f_v=0.367/0.17=2.16$，查表得 $\zeta_N=1.16$，$f_{vE}=\zeta_N f_v=1.16\times0.17=0.197$，则：

$f_{vE}A/\gamma_{RE}=(0.197\times648\times10^3)/1.0=127.66$（kN）$>42.2 kN$，满足要求。

6. 主要抗震构造措施

(1) 构造柱 本房屋为四层砖混办公楼，应在楼梯间四角，楼梯段上下端对应的墙体处；外墙四角和对应转角；大房间内外墙交接处；较大洞口两侧；单元横墙与外纵墙交接处设置钢筋混凝土构造柱（构造柱的具体位置图略）。

(2) 圈梁 本建筑采用装配式钢筋混凝土楼、屋盖，按抗震规范规定在屋盖和每层楼盖处均设置钢筋混凝土圈梁。

(3) 墙体与构造柱的拉结 钢筋混凝土构造柱与墙体连接处宜砌成马牙槎，并应沿墙高每隔500mm设2ϕ6拉结钢筋和ϕ4分布短筋平面内点焊组成的拉结网片或ϕ4点焊钢筋网片，每边伸入墙内不宜小于1m。

小 结

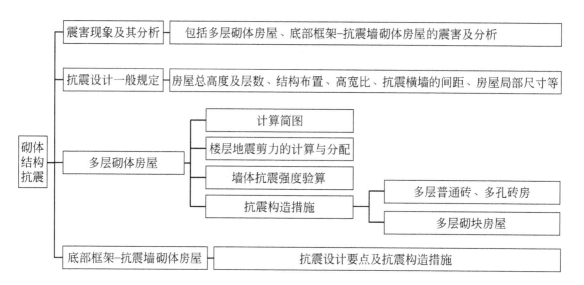

思考题

1. 限制多层砌体房屋的总高度和层数的原因是什么?
2. 为什么要控制砌体房屋的最大高宽比?
3. 多层砌体房屋中设置构造柱有何作用?
4. 多层砌体房屋中设置圈梁有何作用?
5. 多层砌体房屋抗震计算一般包括哪些内容?
6. 多层砌体房屋的水平地震作用如何计算?
7. 底部框架-抗震墙砌体房屋的主要抗震措施有哪些?

习 题

1. 将本章第五节抗震设计实例中多层砖房改为底层框架-抗震墙砌体房屋,上部各层均不变,底层平面改动如下:拆除底层②、③、⑥、⑧轴线上的横墙,在B、C轴线的山墙上加开门洞,尺寸为1.8m×2.4m。在各轴线交叉点设置框架柱,柱截面尺寸为400mm×400mm,混凝土强度等级为C30,经改动后$G_1=4531$kN,试求底层横向设计地震剪力和框架柱所承担的地震剪力。

第六章 多层和高层钢结构房屋的抗震设计

【知识目标】
- 了解多高层钢结构建筑的结构体系及震害特点
- 理解多高层钢结构建筑抗震一般规定
- 掌握多高层钢结构建筑抗震计算要点及构造措施

【能力目标】
- 结合概念设计能进行钢结构建筑的选型和布置
- 运用底部剪力法能完成简单钢结构建筑的抗震计算
- 依据一些构造措施能进行钢结构常见破坏的分析和处理

开章语 常用的多高层钢结构体系有框架结构、框架-支撑结构、框架-抗震墙板结构以及筒体结构、巨型框架结构等。它们的区别在于抗侧力结构的形式不同。同混凝土结构相比，钢结构具有明显的强度和韧性，抗震能力较强，但也必须重视焊接、连接、冷加工等工艺技术以及腐蚀环境对钢结构房屋抗震性能影响。多高层钢结构的抗震计算采用两阶段设计法，第一阶段多遇地震作用下的抗震设计中，地震作用效应采用弹性方法计算，根据不同情况，可采用底部剪力法、振型分解反应谱法以及时程分析法；第二阶段罕遇地震作用下的抗震验算应采用时程分析法对结构进行弹塑性时程分析，其结构计算模型可以采用杆系模型、剪切型层模型、剪弯型模型或剪弯协同工作模型。

第一节 多高层钢结构建筑主要震害现象及其分析

一、多高层钢结构的主要震害特征

同混凝土结构相比，钢结构具有优越的强度、韧性或延性、强度重量比，总体来说，在同等场地、同等条件下，钢结构房屋的震害较钢筋混凝土结构房屋的震害要小。以1985年9月墨西哥城大地震（里氏8.1级）的震害为例，其中倒塌和严重破坏的钢结构房屋为12栋，而钢筋混凝土房屋却有127栋；从我国2008年5月12日汶川8级大地震中也明显发现，钢结构建筑破坏的较少。一般来说，钢结构的震害主要有节点连接的破坏、构件的破坏以及结构的整体倒塌三种形式。

1. 节点连接破坏

由于节点传力集中、构造复杂、施工难度大，容易造成应力集中、强度不均衡现象，

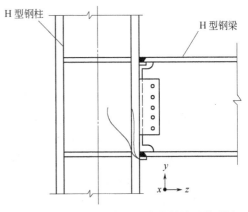

图 6-1 美国诺斯里奇地震中的梁柱连接裂缝

再加上可能出现的焊缝缺陷、构造缺陷,就更容易出现节点破坏。节点域的破坏形式比较复杂,主要有加劲板的屈曲和开裂、加劲板焊缝出现裂缝、腹板的屈曲和裂缝。

(1) 框架梁柱节点破坏　图 6-1 是诺斯里奇地震时,H 形截面的梁柱节点的典型破坏形式。由图中可见,大多数节点破坏发生在梁端下翼缘处的柱中,这可能是由于混凝土楼板与钢梁共同作用,使下翼缘应力增大,而下翼缘与柱的连接焊缝又存在较多缺陷造成的。图 6-2 显示出了焊缝连接处的多种失效模式。保留施焊时设置的衬板,造成下翼缘坡口熔透焊缝的根部不能清理和补焊,在衬板和柱翼缘板之间形成了一条"人工缝",如图 6-3 所示,在该处形成的应力集中促进了脆性破坏的发生,这可能是造成破坏的重要施工工艺原因。

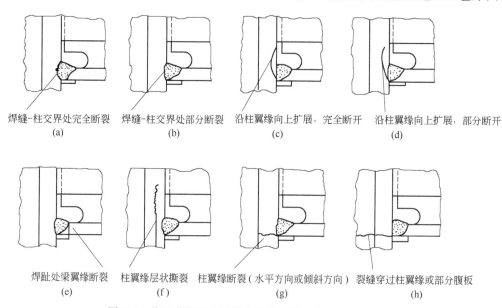

图 6-2　美国诺斯里奇地震中梁柱焊接连接处的失效模式

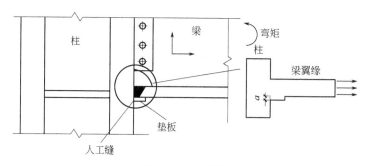

图 6-3　人工裂缝

图 6-4(a) 是阪神地震中带有外伸横隔板的箱形柱与 H 型钢梁刚性节点的破坏形式,图 6-4(b) 中的"1"代表了梁翼缘断裂模式;"2"及"3"代表了焊缝热影响区的断裂模式;"4"代表柱横隔板断裂模式。上述连接破坏时,梁翼缘已有显著的屈服或局部屈曲现象。此外,连接裂缝主要向梁的一侧扩展,这主要和采用外伸的横隔板构造有关。

(2) 支撑连接破坏　在多次地震中都出现过支撑与节点板的连接破坏或支撑与柱的连接破坏。1980 年在日本的宫城县-大木地震中,一栋两层的框架-支撑结构(两层仓库),由于支撑节点的断裂,使仓库的第一层完全倒塌。

采用螺栓连接的支撑破坏形式如图 6-5 所示,包括支撑截面削弱处的断裂、节点板端部

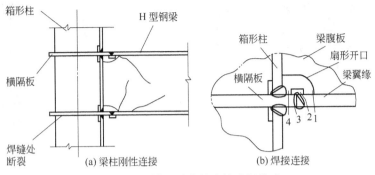

图 6-4 坂神地震中的连接破坏模式

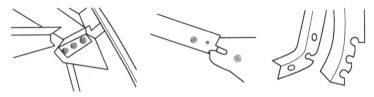

图 6-5 支撑连接破坏

剪切滑移破坏以及支撑杆件螺孔间剪切滑移破坏。

支撑是框架-支撑结构中最主要的抗侧力部分，一旦地震发生它将首当其冲承受水平地震作用，如果某层的支撑发生破坏，将使该层成为薄弱楼层，造成严重后果。

2. 构件破坏

(1) 支撑压屈　地震时支撑所受的压力超过其屈曲临界力时，即发生压屈破坏（图 6-6）。

(2) 梁柱局部失稳　梁或柱在地震作用下反复受弯，在弯矩最大截面处附近由于过度弯曲可能发生翼缘局部失稳现象，进而引发低周疲劳和断裂破坏（图 6-7），这在以往的震害中并不少见。试验研究表明，要防止板件在往复塑性应变作用下发生局部失稳，进而引发低周疲劳破坏，必须对支撑板件的宽厚比进行限制，且应比塑性设计的还要严格。

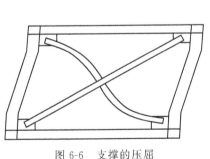

图 6-6 支撑的压屈

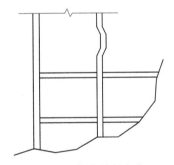

图 6-7 柱的局部失稳

(3) 钢柱脆性断裂　1995 年阪神地震中，位于芦屋市海滨城高层住宅小区的 21 栋巨型钢框架结构的住宅楼中，共有 57 根钢柱发生了断裂，所有箱形截面柱的断裂均发生在 14 层以下的楼层里，且均为脆性受拉断裂，断口呈水平状，如图 6-8、图 6-9 所示。分析认为：①竖向地震及倾覆力矩在柱中产生较大的拉力；②箱形截面柱的壁厚达 50mm，厚板焊接时过热，使焊缝附近钢材延性降低；③钢柱暴露于室外，当时正值日本的严冬，钢材温度低于零度；④有的钢柱断裂发生在拼接焊缝附近，这里可能正是焊接缺陷构成的薄弱部位。

图 6-8　钢柱断裂、梁及支撑开裂、支撑屈曲　　　　图 6-9　支撑的破坏

3. 结构倒塌

1985 年墨西哥大地震中，墨西哥市的 Pino Suarez 综合大楼的三个 22 层的钢结构塔楼之一倒塌，其余二栋也发生了严重破坏，其中一栋已接近倒塌。这三栋塔楼的结构体系均为框架-支撑结构，细部构造也相同，其结构的平面布置如图 6-10 所示。

分析表明，塔楼发生倒塌和严重破坏的主要原因之一，是由于纵横向垂直支撑偏位设置，导致刚度中心和质量重心相距太大，在地震中产生了较大的扭转效应，致使钢柱的作用力大于其承载力，引发了三栋完全相同的塔楼的严重破坏或倒塌。由此可见，规则对称的结构体系对抗震将十分有利。

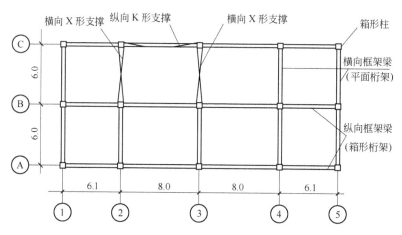

图 6-10　塔楼结构平面布置

1995 年阪神地震中，也有钢结构房屋倒塌，倒塌的房屋大多是 1971 年以前建造的，当时日本钢结构设计规范尚未修订，抗震设计水平还不高。在同一地震中，按新规范设计建造的钢结构房屋的倒塌数要少得多，说明震害的严重与否，和结构的抗震设计水平有很大关系。

二、钢结构房屋的抗震性能

钢结构房屋的抗震性能的好坏取决于结构体系构造、构件及其连接的抗震性能。

钢框架结构构造简单、传力明确，侧向刚度沿高度分布均匀，结构延性好，但抗侧力刚度差。如构造设计合理，在强震发生时，结构陆续进入屈服的部位是框架节点、梁、柱构件，结构的抗震能力取决于塑性屈服机制以及梁、柱、节点的耗能及延性性能。当层数较多时，控制结构性能的设计参数不再是构件的抗弯能力，而是结构的抗侧向刚度和延性。因此，从经济角度看，这种结构体系适合于建造 20 层以下的中低层房屋。

钢框架-支撑体系可分为中心支撑体系（图 6-11）和偏心支撑体系（图 6-12）。中心支撑

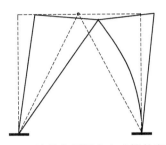
图 6-11 地震作用下中心支撑的变形

图 6-12 偏心支撑框架的消能机制

结构使用中心支撑构件，增加了结构抗侧向刚度，可更有效地利用构件的强度，提高抗震能力，适合于建造更高的房屋结构。在强烈地震作用下，支撑结构率先进入屈服，可以保护或者延缓主体结构的破坏，这种结构具有多道抗震防线。中心支撑框架结构构件简单，实际工程应用较多。但是由于支撑构件刚度大，受力较大，容易发生整体或者局部失稳，导致结构总体刚度和强度降低较快，不利于结构抗震能力的发挥，必须注意其构造设计。带有偏心支撑的框架-支撑结构，具备中心支撑体系侧向刚度大、具有多道抗震防线的优点，还适当减少了支撑构件的轴向力，进而减小了支撑失稳的可能性。由于支撑点位置偏离框架节点，便于在横梁内设计用于消耗地震能量的消能梁段。强震发生时，消能梁段率先屈服，消耗大量地震能量，保护支撑斜杆不屈曲或屈曲在后，形成了新的抗震防线，使得结构整体抗震性能，特别是结构延性大大加强。这种结构体系适合于在高烈度地区建造高层建筑。

钢框架-抗震墙板结构，使用带竖缝或带水平缝抗震墙板、内藏支撑混凝土墙板、钢抗震墙板等，提供需要的侧向刚度。其中，带缝抗震墙板在弹性状态下具有较大的抗向移刚度，在强震下可进入屈服阶段并耗能。这种结构具有多道抗震防线，同实体抗震墙板相比，其特点是刚度退化过程平缓，整体延性好。

框筒实际上是密柱框架结构，由于梁跨小、刚度大，使周圈柱近似构成一个整体受弯的薄壁筒体，具有较大的抗侧刚度和承载力，因而框筒结构多用于高层建筑。

第二节 抗震设计的一般规定

一、多高层钢结构的体系与结构布置

在结构选型上，多层和高层钢结构没有严格界限。但区分结构的重要性对结构抗震构造措施的要求不同，我国建筑抗震设计规范对钢结构的抗震措施，一般以 12 层为界区分。有抗震要求的多高层钢结构的体系主要有框架体系、框架-支撑（抗震墙板）体系、筒体体系（框筒、筒中筒、桁架筒、束筒等）或巨型框架体系。

1. 框架体系

框架体系是由沿纵横方向的多榀框架构成及承担水平荷载的抗侧力结构，它也是承担竖向荷载的结构。根据受力变形特征，钢框架梁柱连接可分为三类：刚性连接、半刚性连接、铰支连接。这类结构的抗侧力能力主要决定于梁柱构件和节点的强度与延性，故节点常采用刚性连接节点，如图 6-13(a) 所示。

2. 框架-支撑体系

框架-支撑体系是在框架体系中沿结构的纵、横两个方向均匀布置一定数量的支撑所形成的结构体系。在框架-支撑体系中，框架是剪切型结构，底部层间位移大；支撑为弯曲型

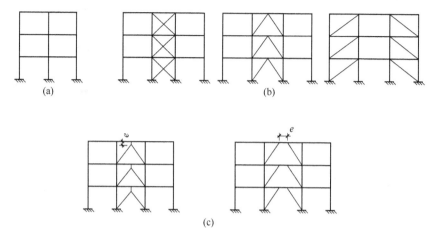

图 6-13 纯框架与框架-支撑结构

结构，底部层间位移小，两者并联，可以明显减少建筑物下部的层间位移，因此在相同的侧移限值标准的情况下，框架-支撑体系可以用于比框架体系更高的房屋。

支撑体系的布置由建筑要求及结构功能来确定，一般布置在端框架中、电梯井周围处。支撑类型的选择与是否抗震有关，也与建筑的层高、柱距以及建筑使用要求，如人行通道、门洞和空调管道设置等有关，因此需要根据不同的设计条件选择适宜的类型。常用的支撑体系有中心支撑和偏心支撑。

(1) 中心支撑　如图 6-13(b) 所示，框架结构依靠梁柱受弯承受荷载，其抗侧刚度相对较小。当结构的高度较高时，如仍采用框架结构，在风和地震作用下，结构的抗侧刚度难以满足设计要求，或结构梁柱截面过大，失去了结构的经济合理性。此时可将纯框架结构布置成中心支撑结构。

中心支撑是指斜杆与横梁及柱汇交于一点，或两根斜杆与横杆汇交于一点，也可与柱子汇交于一点，但汇交时均无偏心距。中心支撑是常用的支撑类型之一，因具有较大的侧向刚度，对减小结构的水平位移和改善结构的内力分布是有效的，但在往复的水平地震作用下，会产生下列后果：①支撑斜杆重复压曲后，其抗压承载力急剧降低；②支撑的两侧柱子产生压缩变形和拉伸变形时，由于支撑的端节点实际构造做法并非铰接，引发支撑产生很大的内力和应力；③斜杆从受压的压曲状态变为受拉伸状态，将对结构产生冲击作用力，使支撑及其节点和相邻的结构产生很大的附加应力。中心支撑类型如图 6-14 所示。

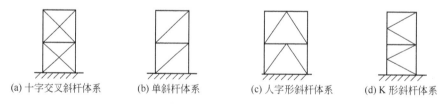

(a) 十字交叉斜杆体系　(b) 单斜杆体系　(c) 人字形斜杆体系　(d) K 形斜杆体系

图 6-14 中心支撑类型

(2) 偏心支撑　如图 6-13(c) 所示，偏心支撑是根据抗震要求提出的。中心支撑框架虽然具有良好的刚度和强度，但是由于支撑的受压屈曲使得结构的能量耗散能力较差；纯框架具有优良的消能性能，但它的刚度较差，为了同时满足抗震对结构的强度、刚度和消能的要求，提出偏心支撑框架——介于中心支撑和纯框架之间的结构形式。

偏心支撑是指支撑斜杆的两端，至少有一端与梁相交（不在柱节点处），另一端可在梁与柱交点处连接，或偏离另一根支撑斜杆一段长度与梁连接，并在支撑斜杆杆端与柱子之间构成一消能梁段，或在两根支撑斜杆之间构成一消能梁段的支撑。偏心支撑类型如图 6-15 所示。

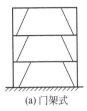　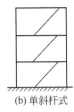　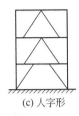　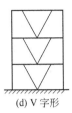

(a) 门架式　　　　　(b) 单斜杆式　　　　　(c) 人字形　　　　　(d) V 字形

图 6-15　偏心支撑类型

采用偏心支撑的主要目的是改变支撑斜杆与梁（消能梁段）的先后屈服顺序，即在罕遇地震时，消能梁段在支撑失稳之前就进入弹塑性阶段以利用非弹性变形进行消能，从而保护支撑斜杆不屈曲或屈曲在后。因此，偏心支撑与中心支撑相比具有较大的延性，它适用于高烈度地区。

3. 框架-抗震墙板体系

框架-抗震墙板体系是以钢框架为主体，并配置一定数量的抗震墙板。由于抗震墙板可以根据需要布置在任何位置上，布置灵活。另外抗震墙板可以分开布置，两片以上抗震墙并联体较宽，从而可减小抗侧力体系等效高宽比，提高结构的抗推和抗倾覆能力。抗震墙板主要有以下三种类型。

（1）钢抗震墙板　钢抗震墙板一般需采用厚钢板，其上下两边缘和左右两边缘可分别与框架梁和框架柱连接，一般采用高强度螺栓连接。钢板抗震墙板承担沿框架梁、柱周边的地震作用，不承担框架梁上的竖向荷载。非抗震设防及按 6 度抗震设防的建筑，采用钢板抗震墙可不设置加劲肋。按 7 度及 7 度以上抗震设防的建筑，宜采用带纵向和横向加劲肋的钢板抗震墙，且加劲肋宜两面设置。

（2）内藏钢板支撑抗震墙板　内藏钢板支撑抗震墙是以钢板为基本支撑，外包钢筋混凝土墙板的预制构件。内藏钢板支撑可做成中心支撑也可做成偏心支撑，但在高烈度地区，宜采用偏心支撑。预制墙板仅在钢板支撑斜杆的上下端节点处与钢框架梁相连，除该节点部位外与钢框架的梁或柱均不相连，留有间隙，因此，内藏钢板支撑抗震墙仍是一种受力明确的钢支撑。由于钢支撑有外包混凝土，故可不考虑平面内和平面外的屈曲。墙板对提高框架结构的承载能力和刚度，以及在强震时吸收地震能量方面均有重要作用。如图 6-16(a) 所示。

（3）带竖缝混凝土抗震墙板　普通整块钢筋混凝土墙板由于初期刚度过高，地震时首先

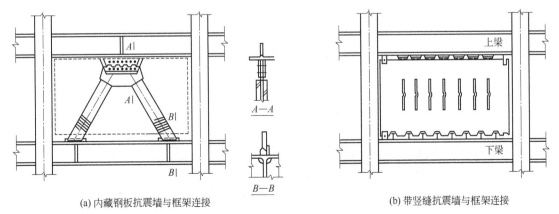

(a) 内藏钢板抗震墙与框架连接　　　　　(b) 带竖缝抗震墙与框架连接

图 6-16　框架-抗震墙板体系

斜向开裂，发生脆性破坏而退出工作，造成框架超载而破坏，为此提出了一种带竖缝的抗震墙板。它在墙板中设有若干条竖缝，将墙分割成一系列延性较好的壁柱。多遇地震时，墙板处于弹性阶段，侧向刚度大，墙板如同由壁柱组成的框架板承担水平抗震。罕遇地震时，墙板处于弹塑性阶段而在柱壁上产生裂缝，壁柱屈服后刚度降低，变形增大，起到消能减震的作用。如图6-16(b)所示。

4. 筒体体系

筒体结构体系因其具有较大的刚度和较强的抗侧力能力，能形成较大的使用空间，对于超高层建筑是一种经济有效的结构形式。根据筒体的布置、组成、数量的不同，筒体结构体系可分为框架筒、桁架筒、筒中筒以及束筒等（图6-17、图6-18）。

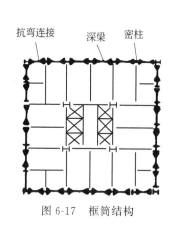

图6-17 框筒结构

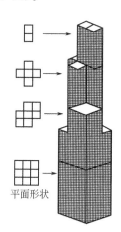

图6-18 束筒结构

5. 巨型框架体系

一般高层钢结构梁、柱、支撑为一个楼层和一个开间内的构件，如果将梁、柱、支撑的概念扩展到数个楼层和数个开间，则可构成巨型框架结构。其由柱距较大的立体桁架柱及立体桁架梁构成。立体桁架梁应沿纵横向布置，并形成一个空间桁架层，在两层空间桁架层之间设置次框架结构，以承担空间桁架层之间的各层楼面荷载，并将其通过此框架结构的柱传递给立体桁架梁及立体桁架柱。这种体系能在建筑中提供特大空间，具有很大的刚度和强度。

二、钢结构房屋的结构选型

结构类型的选择关系到结构的安全性、实用性和经济性。可根据结构总体高度和抗震设防烈度确定结构类型和最大使用高度。表6-1为《建筑抗震设计规范》规定的多层钢结构民用房屋适用的最大高度。

表6-1 钢结构房屋适用的最大高度 单位：m

结构类型	6度、7度(0.10g)	7度(0.15g)	8度(0.20g)	8度(0.30g)	9度(0.40g)
框架	110	90	90	70	50
框架-中心支撑	220	200	180	150	120
框架-偏心支撑（延性墙板）	240	220	200	180	160
筒体（框筒、筒中筒、桁架筒、束筒）和巨型框架	300	280	260	240	180

注：1. 房屋高度指室外地面到主要屋面板板顶的高度（不包括局部突出屋顶部分）。
2. 超过表内高度的房屋，应进行专门研究和论证，采取有效的加强措施。
3. 表内的筒体不包括混凝土筒。
4. 塔形建筑的底部有大底盘时，高宽比可按大底盘以上计算。

平面和竖向均不规则的钢结构，适用的最大高度宜适当降低。

影响结构宏观性能的另一个尺度是结构高宽比，即房屋总高度与结构平面最小宽度的比值，这一参数对结构刚度、侧移、振动模态有直接影响。《建筑抗震设计规范》规定，钢结构民用房屋的最大高宽比不宜超过表 6-2 的限定。

表 6-2 钢结构民用房屋适用的最大高宽比

烈度	6、7 度	8 度	9 度
最大高宽比	6.5	6.0	5.5

注：计算高宽比的高度应从室外地面算起。

根据抗震概念设计的思想，多高层钢结构要根据安全性和经济性的原则按多道防线设计。在上述结构类型中，框架结构一般设计成梁铰机制，有利于消耗地震能量、防止倒塌，梁是这种结构的第一道抗震防线；框架-支撑（抗震墙板）体系以支撑或者抗震墙板作为第一道抗震防线；偏心支撑体系是以梁的消能段作为第一道防线。在选择结构类型时，除考虑结构总高度和高宽比之外，还要根据各结构类型抗震性能的差异及设计需求加以选择。一般情况下，对不超过 12 层的钢结构房屋可采用框架结构、框架-支撑结构或其他结构类型；超过 12 层的钢结构房屋，8 度、9 度时，宜采用偏心支撑、带竖缝钢筋混凝土抗震墙板、内藏钢支撑钢筋混凝土墙板或其他消能支撑及筒体结构。

三、钢结构房屋的抗震等级

多高层钢结构应根据设防分类、烈度和房屋高度采用不同的抗震等级，并应符合相应的计算和构造措施要求。丙类建筑的抗震等级应按表 6-3 确定。

表 6-3 钢结构房屋的抗震等级

房屋高度	烈度			
	6 度	7 度	8 度	9 度
≤50m		四	三	二
>50m	四	三	二	一

注：1. 高度接近或等于高度分界时，应允许结合房屋不规则程度及场地、地基条件确定抗震等级。
2. 一般情况，构件的抗震等级应与结构相同；当某个部位各构件的承载力均满足 2 倍地震作用组合下的内力要求时，7～9 度的构件抗震等级应允许按降低一度确定。

不同的抗震等级，通过不同的作用效应调整系数和有区别的抗震构造措施来体现各自不同的延性要求。对 6 度高度不超过 50m 的钢结构，其作用效应调整系数和抗震构造措施可按非抗震设计执行。

四、结构的平、立面布置

1. 平面布置

多高层钢结构的平面布置宜符合下列要求。

（1）建筑平面宜简单规则，并使结构各层的抗侧力刚度中心与质量中心接近或重合，同时各层刚心和质心接近在同一竖直线上；建筑的开间、进深宜统一。

（2）为避免地震作用下发生强烈的扭转振动或水平地震力在建筑平面上的不均匀分布，建筑平面的尺寸关系应符合表 6-4 和图 6-19 的要求。当钢框筒结构采用矩形平面时，其长宽比不宜大于 1.5：1，不能满足此项要求时，宜采用多束筒结构。

表 6-4 L，l，l'，B' 的限值

L/B	L/B_{max}	l/b	l'/B_{max}	B'/B_{max}
≤5	≤4	≤1.5	≥1	≤0.5

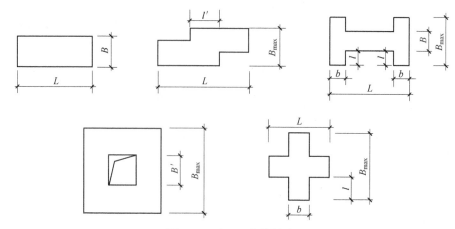

图 6-19 表 6-4 中的尺寸

（3）由于钢结构可承受的结构变形比混凝土结构大，故高层建筑钢结构不宜设置防震缝，但薄弱部位应采取措施提高抗震能力。当建筑平面尺寸大于 90 米时，可考虑设温度伸缩缝，抗震设防的结构伸缩缝应同时满足防震缝要求。需要设置防震缝时，缝宽应不小于相应钢筋混凝土结构房屋的 1.5 倍。

（4）结构平面应尽量避免扭转不规则、凹凸不规则、楼板局部不连续等布置形式。在平面布置上具有下列情况之一者，也属平面不规则结构。

① 任一层的偏心率大于 0.15。偏心率可按下列公式计算：

$$\varepsilon_x = e_y / r_{ex} \qquad \varepsilon_y = e_x / r_{ey} \tag{6-1}$$

$$r_{ex} = \sqrt{K_T / \sum K_x} \qquad r_{ey} = \sqrt{K_T / \sum K_y} \tag{6-2}$$

式中 ε_x，ε_y——分别为所计算楼层在 x 和 y 方向的偏心率；

e_x，e_y——分别为 x 和 y 方向水平作用合力线到结构刚心的距离；

r_{ex}，r_{ey}——分别为 x 和 y 方向的弹性半径；

$\sum K_x$，$\sum K_y$——分别为所计算楼层各抗侧力构件在 x 和 y 方向的侧向刚度之和；

K_T——所计算楼层的扭转刚度；

x，y——以刚心为原点的抗侧力构件坐标。

② 结构平面形状有凹角，凹角的伸出部分在一个方向的长度，超过该方向建筑总尺寸的 25%。

③ 楼面不连续或刚度突变，包括开洞面积超过该层总面积的 50%。

④ 抗水平力构件既不平行于又不对称于抗侧力体系的两个互相垂直的主轴。

属于上述第①、④项者应计算结构扭转的影响，属于第③项者应采用相应的计算模型，属于第②项者应采用相应的构造措施。

2. 竖向布置

抗震设防的高层建筑钢结构，宜采用竖向规则的结构。在竖向布置上具有下列情况之一者，为竖向不规则结构。

（1）楼层刚度小于其相邻上层刚度的 70%，且连续三层总的刚度降低超过 50%。

（2）相邻楼层质量之比超过 1.5（建筑为轻屋盖时，顶层除外）。

（3）立面收进尺寸的比例为 $L_1/L < 0.75$（图 6-20）。

（4）竖向抗侧力构件不连续。

(5) 任一楼层抗侧力构件的总受剪承载力,小于其相邻上层的 80%。

抗震设防的框架-支撑结构中,支撑(抗震墙板)宜竖向连续布置。除底部楼层和外伸刚臂所在楼层外,支撑的形式和布置在竖向宜一致。

3. 支撑的设计要求

在框架-支撑体系中,可使用中心支撑或偏心支撑。不论是哪一种支撑,均可提供较大的抗侧向刚度。因此,其结构平面布局应遵循抗侧向刚度中心与结构质量中心尽可能接近的原则。以减少结构可能出现的扭转。支撑框架之间楼盖的长宽比不宜大于 3,以防止楼盖平面内变形影响对支撑抗侧刚度的准确估计。另外,还可以使用支撑构件改进结构刚度中心与质量中心偏差较大的情况。

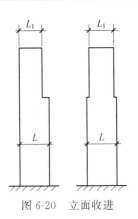

图 6-20 立面收进

中心支撑框架宜采用交叉支撑、人字支撑、斜杆支撑,不宜采用 K 形支撑,因为后者对柱子易形成抗剪集中现象。支撑的轴线应交汇于梁柱构件轴线的交点,确有困难时偏离中心不应超过支撑杆件的宽度,并计入由此产生的附加弯矩。当中心支撑采用只能受拉的单斜杆体系时,应同时设置不同倾斜方向的两组斜杆,且每组中不同方向单斜杆的截面面积在水平方向的投影面积之差不应大于 10%。

中心支撑构造简单、设计施工方便。在大震作用下支撑可能失稳,所产生的非线性变形可消耗一定的地震能量,但由于其力-位移曲线并不饱满,消能并不理想。偏心体系在小震及正常使用条件下与中心支撑体系具有相当的抗侧刚度,在大震条件下靠梁的受弯段消能,具有与强柱弱梁型框架相当的消能能力,但构造相对复杂。

一、二级的钢结构房屋,宜设置偏心支撑、带竖缝钢筋混凝土抗震墙板、内藏钢支撑钢筋混凝土墙板、屈曲约束支撑等消能支撑或筒体。三、四级且高度不大于 50m 的钢结构宜采用中心支撑,也可采用偏心支撑、屈曲约束支撑等消能支撑。采用框架结构时,甲、乙类建筑和高层的丙类建筑不应采用单跨框架,多层的丙类建筑不宜采用单跨框架。

偏心支撑框架的每根支撑应至少有一端与框架梁连接,并在支撑与梁交点和柱之间或同一跨内另一支撑与梁交点之间形成消能梁段。消能梁段应设计成具有饱满滞回能力的塑性铰消能机构。

采用屈曲约束支撑时,宜采用人字支撑、成对布置的单斜杆支撑等形式,不应采用 K 形或 X 形,支撑与柱的夹角宜在 35°~55° 之间。屈曲约束支撑受压时,其设计参数、性能检验和作为一种消能部件的计算方法可按相关要求设计。

五、结构布置的其他要求

1. 钢结构房屋的楼板

钢结构房屋的楼板主要有在压型钢板上现浇混凝土形成的组合楼板(图 6-21)和非组合楼板、装配整体式钢筋混凝土楼板、装配式楼板等。一般宜采用组合楼板或者非组合楼板;对不超过 12 层的钢结构尚可采用装配整体式钢筋混凝土楼板,亦可采用装配式楼板或者其他轻型楼盖。

采用压型钢板钢筋混凝土组合楼板和现浇钢筋混凝土楼板时,应与钢梁有可靠连接。采用装配式、装配整体式或轻型楼板时,应将楼板预埋件与钢梁焊接,或采取其他保证楼盖整体性的措施。

2. 钢结构房屋的地基、基础和地下室

(1) 高层建筑钢结构的基础形式应根据上部结构、工程地质条件、施工条件等因素综合

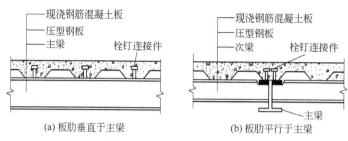

图 6-21 压型钢板组合楼板

确定，宜选用筏基、箱基、桩基或复合基础。当基岩较浅、基础埋深不符合要求时，应采用岩石锚杆基础。

（2）钢结构高层建筑宜设地下室。抗震设防建筑的高层结构部分，基础埋深宜一致，不宜采用局部地下室。设置地下室时，框架-支撑（抗震墙板）结构中竖向连续布置的支撑（抗震墙板）应延伸至基础；框架柱应至少延伸至地下一层。

（3）超过 50m 的钢结构房屋应设置地下室。其基础埋置深度，当采用天然地基时不宜小于房屋总高度的 1/15；当采用桩基时，桩承台埋深不宜小于房屋总高度的 1/20。

（4）当主楼与裙房之间设置沉降缝时，应采用粗砂等松散材料将沉降缝地面以下部分填实，以确保主楼基础四周的可靠侧向约束；当不设沉降缝时，在施工中宜预留后浇带。

（5）在高层建筑钢结构与钢筋混凝土基础或地下室的钢筋混凝土结构层之间，宜设置钢骨混凝土结构层。

第三节 多层和高层钢结构房屋的抗震设计

一、一般计算原则

多高层建筑钢结构的抗震设计采用两阶段设计方法，即第一阶段设计应按多遇地震计算地震作用，第二阶段设计应按罕遇地震计算地震作用。第一阶段设计时，地震作用应考虑下列原则。

（1）通常情况下，应在结构的两个主轴方向分别计入水平地震作用，各方向的水平地震作用应全部由该方向抗侧力构件承担。

（2）当有斜交抗侧力构件时，宜分别计入各抗侧力构件方向的水平地震作用。

（3）质量和刚度明显不均匀、不对称的结构，应计入水平地震作用的扭转效应。

（4）按 9 度抗震设防的高层建筑钢结构，或者按 8 度和 9 度抗震设防的大跨度和长悬臂构件，应计入竖向地震作用。

1. 结构自振周期

钢结构的计算周期，应采用按主体结构弹性刚度计算所得的周期，对于质量及刚度沿高度分布比较均匀的高层钢结构，基本自振周期可按顶点位移法计算：

$$T_1 = 1.7 \xi_T \sqrt{u_n} \tag{6-3}$$

式中 u_n——结构顶层假想侧移，m，即假想将结构各层的重力荷载作为楼层的集中水平力，按弹性静力方法计算所得到的顶层侧移值；

ξ_T——考虑非结构构件影响的周期修正系数，可取 0.9。

初步设计时，基本周期可按经验公式 $T_1 = 0.1n$ 估算，n 为建筑物层数，不包括地下室部分及屋顶小塔楼。

2. 多高层建筑钢结构的设计反应谱

多高层钢结构的阻尼比较小,按反应谱法计算多遇地震下的地震作用时,高度不大于 50m 时可取 0.04;高度大于 50m 且小于 200m 时,可取 0.03;高度不小于 200m 时,宜取 0.02。当偏心支撑框架部分承担的地震倾覆力矩大于结构总地震倾覆力矩的 50% 时,其阻尼比可相应增加 0.005。

3. 水平地震作用计算

多高层建筑钢结构的地震作用计算方法,应根据不同情况,按照第三章的内容,分别采用底部剪力法、振型分解反应谱法和时程分析法。高层建筑钢结构采用底部剪力法时,可按下式计算顶部附加地震作用系数:

$$\delta_n = \frac{1}{T_1+8} + 0.05 \quad (6-4)$$

不符合底部剪力法适用条件的其他高层钢结构,宜采用振型分解反应谱法。对体型比较规则、简单的结构,可不计扭转影响。在复杂体型或不能按平面结构假定进行计算时,应按空间协同工作或空间结构计算空间振型。

竖向特别不规则的建筑及高度较大的建筑,宜采用时程分析法进行补充验算,此时应输入典型的地震波进行计算。输入地震波时,应采用不少于四条能反映当地场地特性的地震加速度波,其中宜包括一条本地区历史上发生地震时的实测记录波。地震波的持续时间不宜过短,宜取 10~20s 或更长。

二、地震作用下钢结构的内力与位移计算

1. 地震作用下的内力与位移计算

(1) 多遇地震作用下 钢结构在进行内力和位移计算时,对于框架-支撑、框架-抗震墙板以及框筒等结构常采用矩阵位移法。对于工字形截面柱,宜计入梁柱节点域剪切变形对结构侧移的影响;对箱形柱框架、中心支撑框架和不超过 50m 的钢结构,其层间位移计算可不计入梁柱节点域剪切变形的影响,近似按框架轴线进行分析。框架-支撑结构的斜杆可按端部铰接杆计算;中心支撑框架的斜杆轴线偏离梁柱轴线交点不超过支撑杆件的宽度时,仍可按中心支撑框架分析,但应计及由此产生的附加弯矩。对于筒体结构,可将其按位移相等原则转化为连续的竖向悬臂筒体,采用有限条法对其进行计算。

在预估杆截面时,内力和位移的分析可采用近似方法。在水平荷载作用下,框架结构可采用 D 值法进行简化计算;框架-支撑(抗震墙)可简化为平面抗侧力体系,分析时将所有框架合并为总框架,所有竖向支撑(抗震墙)合并为总支撑(抗震墙),然后进行协同工作分析。此时,可将总支撑(抗震墙)当作一悬臂梁。如图 6-22 所示。

(2) 罕遇地震作用下 高层钢结构第二阶段的抗震验算应采用时程分析法对结构进行弹塑性时程分析,其结构计算模型可以采用杆系模型、剪切型层模型、剪弯型模型或剪弯协同工作模型。在采用杆系模型分析时,柱、梁的恢复力模型可采用二折线型,其滞回模型可不考虑刚度退化。钢支撑和消能梁段等构件的恢复力模型,应按杆件特

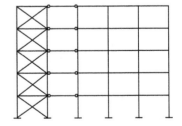

图 6-22 框架-支撑结构的协同分析模型

性确定。采用层模型分析时,应采用计入有关构件弯曲、轴向力、剪切变形影响的等效层剪切刚度,层恢复力模型的骨架曲线可采用静力弹塑性方法进行计算,可简化为二折线或三折

线，并尽量与计算所得骨架曲线接近。在对结构进行静力塑性计算时，应同时考虑水平地震作用与重力荷载。构件所用材料的屈服强度和极限强度应采用标准值。对新型、特殊的杆件和结构，其恢复力模型宜通过试验确定。分析时结构的阻尼比可取 0.05，并应考虑二阶段效应对侧移的影响。

2. 作用效应组合及调整

多高层建筑钢结构的作用效应组合与混凝土结构相同，抗震设计时，构件截面组合的内力设计值应按下述要求进行调整。

(1) 钢结构应按规范规定计入重力二阶效应。对框架梁，可不按柱轴线处的内力而按梁端内力设计。对工字形截面柱，宜计入梁柱节点域剪切变形对结构侧移的影响；对箱形柱框架、中心支撑框架和不超过 50m 的钢结构，其层间位移计算可不计入梁柱节点域剪切变形的影响，近似按框架轴线进行分析。

(2) 钢框架-支撑结构的斜杆可按端部铰接杆计算；其框架部分按刚度分配计算得到的地震层剪力应乘以调整系数，达到不小于结构底部总地震剪力的 25% 和框架部分计算最大层剪力 1.8 倍二者的较小值。

(3) 中心支撑框架的斜杆轴线偏离梁柱轴线交点不超过支撑杆件的宽度时，仍可按中心支撑框架分析，但应计及由此产生的附加弯矩。

(4) 对于偏心支撑框架结构，为了确保消能梁段能进入弹塑性工作，消耗地震输入能量，与消能梁段相连构件的内力设计值，应按下列要求调整：①支撑斜杆的轴力设计值，应取与支撑斜杆相连接的消能梁段达到受剪承载力时支撑斜杆轴力与增大系数的乘积，其增大系数，一级不应小于 1.4，二级不应小于 1.3，三级不应小于 1.2；②位于消能梁段同一跨的框架梁内力设计值，应取消能梁段达到受剪承载力时框架梁内力与增大系数的乘积，其增大系数，一级不应小于 1.3，二级不应小于 1.2，三级不应小于 1.1；③框架柱的内力设计值，应取消能梁段达到受剪承载力时柱内力与增大系数的乘积，其增大系数，一级不应小于 1.3，二级不应小于 1.2，三级不应小于 1.1。

(5) 内藏钢支撑钢筋混凝土墙板和带竖缝钢筋混凝土墙板应按有关规定计算，带竖缝钢筋混凝土墙板可仅承受水平荷载产生的剪力，不承受竖向荷载产生的压力。

(6) 钢结构转换层下的钢框架柱，地震内力应乘以 1.5 的增大系数。

(7) 钢框架梁的上翼缘采用抗剪连接件与组合楼板连接时，可不验算地震作用下的整体稳定。

(8) 在抗震设计中，一般高层钢结构可不考虑风荷载及竖向地震的作用，但对于高度大于 60m 的高层钢结构须考虑风荷载的作用，在 9 度区尚需考虑竖向地震的作用。

3. 侧移控制

在小震下（弹性阶段），过大的层间变形会造成非结构构件的破坏，而在大震下（弹塑性阶段），过大的变形会造成结构的破坏或倒塌，因此，应限制结构的侧移，使其不超过一定的数值。

在多遇地震下，钢结构的弹性层间位移角应小于 1/250。结构平面端部构件的最大侧移不得超过质心侧移的 1.3 倍；在罕遇地震下，钢结构的弹塑性层间位移角应小于 1/50。同时结构层间侧移的延性比对于纯框架、偏心支撑框架、中心支撑框架、有混凝土抗震墙的钢框架应分别大于 3.5、3.0、2.5 和 2.0。

4. 钢结构的整体稳定

高层钢结构的稳定分为倾覆稳定和压屈稳定两种类型。倾覆稳定可通过限制高宽比来满足，压屈稳定又分为整体稳定和局部稳定。当钢框架梁的上翼缘采用抗剪连接件与组合楼板连接时，可不验算地震作用下的整体稳定。

三、钢结构构件与连接的抗震承载力验算

钢框架的承载能力和稳定性与梁柱构件、支撑构件、连接件、梁柱节点都有直接的关系。结构设计要体现强柱弱梁的原则，保证节点可靠性，实现合理的消能机制。为此，需要进行构件、节点承载力和稳定性验算。验算的主要内容有：框架梁柱承载力和稳定验算、节点承载力与稳定性验算、支撑构件的承载力验算、偏心支撑框架构件的抗震承载力验算、构件及其连接的极限承载力验算。

1. 钢结构构件及其节点的抗震承载力计算

(1) 钢框架梁　钢梁在反复荷载下的极限荷载比静力单向荷载下小，但由于与钢梁整体连接的楼板的约束作用，钢框架梁的实际承载力不低于其静承载力。故钢梁抗震承载力计算与静荷载作用下的相同，计算时取截面塑性发展系数 $\gamma_x=1$，承载力抗震调整系数 $\gamma_{RE}=0.75$。

(2) 钢框架柱　强柱弱梁是抗震设计的基本要求。在地震作用下，塑性铰应在梁端形成而不应在柱端形成，此时框架具有较大的内力重分布和消耗能量的能力。为此柱端应比梁端有更大的承载能力储备。节点左右梁端和上下柱端的全塑性承载力应符合下式要求。

等截面梁：
$$\sum W_{pc}(f_{yc}-N/A_c) \geqslant \eta \sum W_{pb} f_{yb} \tag{6-5}$$

端部翼缘变截面的梁：
$$\sum W_{pc}(f_{yc}-N/A_c) \geqslant \sum (\eta W_{pb1} f_{yb}+V_{pb}s) \tag{6-6}$$

式中　W_{pc}，W_{pb}——分别为交汇于节点的柱和梁的塑性截面模量；

W_{pb1}——梁塑性铰所在截面的梁的塑性截面模量；

f_{yc}，f_{yb}——分别为柱和梁的钢材屈服强度；

N——地震组合的柱轴力；

A_c——框架柱的截面面积；

η——强柱系数，一级取 1.15，二级取 1.10，三级取 1.05；

V_{pb}——梁塑性铰剪力；

s——塑性铰至柱面的距离，塑性铰可取梁端部变截面翼缘的最小处。

当柱所在楼层的受剪承载力比上一层的受剪承载力高出 25%，或柱轴向力设计值与柱全截面面积和钢材抗拉强度设计值乘积的比值不超过 0.4，或作为轴心受压构件在 2 倍地震力下稳定性得到保证时，可不按式(6-5)验算。

(3) 节点域设计　在罕遇地震作用下，为了较好地发挥节点域的消能作用，节点域应首先屈服，其次是梁段屈服。因此，节点域的屈服承载力应符合下列要求：

$$\psi(M_{pb1}+M_{pb2})/V_p \leqslant (4/3) f_{yv} \tag{6-7}$$

式中　V_p——节点域的体积；对工字形截面柱，$V_p=h_{b1}h_{c1}t_w$；箱形截面柱，$V_p=1.8h_{b1}h_{c1}t_w$；圆管截面柱，$V_p=(\pi/2)h_{b1}h_{c1}t_w$；

M_{pb1}，M_{pb2}——分别为节点域两侧梁的全塑性受弯承载力；

f_{yv}——钢材的屈服抗剪强度，取钢材屈服强度的 0.58 倍；

ψ——折减系数；三、四级取 0.6，一、二级取 0.7；

t_w——柱在节点域的腹板厚度；

h_{b1}，h_{c1}——分别为梁翼缘厚度中点间的距离和柱翼缘（或钢管直径线上管壁）厚度中点间的距离。

在梁柱刚性连接中，柱受到不平衡的梁端弯矩时，在节点域会产生相当大的剪力。工字形截面柱和箱形截面柱的节点域受剪承载力应满足下式要求：

$$(M_{b1}+M_{b2})/V_p \leqslant (4/3)f_v/\gamma_{RE} \tag{6-8}$$

式中 f_{yv}——钢材的抗剪强度设计值;

M_{b1}, M_{b2}——分别为节点域两侧梁的弯矩设计值;

γ_{RE}——节点域承载力抗震调整系数,取 0.75。

为保证工字形截面柱和箱形截面柱节点域的稳定,节点域腹板的厚度应满足下式要求:

$$t_w \geqslant (h_{b1}+h_{c1})/90 \tag{6-9}$$

2. 中心支撑框架构件的抗震承载力验算

(1) 支撑斜杆的受压承载力验算 支撑斜杆在反复拉压荷载作用下受压承载力要下降,且其下降幅度与支撑长细比有关,支撑长细比越大,下降幅度越大。在计算支撑杆件时须考虑这种情况,中心支撑框架支撑斜杆的受压承载力应按下式验算:

$$N/(\varphi A_{br}) \leqslant \Psi f/\gamma_{RE} \tag{6-10}$$

$$\Psi = 1/(1+0.35\lambda_n) \tag{6-11}$$

$$\lambda_n = (\lambda/\pi)\sqrt{f_{ay}/E} \tag{6-12}$$

式中 N——支撑斜杆的轴向力设计值;

A_{br}——支撑斜杆的截面面积;

φ——轴心受压构件的稳定系数;

Ψ——受循环荷载时的强度降低系数;

λ_n——支撑斜杆的正则化长细比;

f_{ay}——钢材屈服强度;

E——支撑斜杆材料的弹性模量;

γ_{RE}——支撑承载力抗震调整系数;

λ——构件长细比。

(2) 支撑横梁承载力验算 对人字形支撑,当支撑腹杆在大震下受压屈曲后,其承载力将下降,导致横梁在支撑连接处出现向下的不平衡集中力,可能引起横梁破坏和楼板下陷,并在横梁两端出现塑性铰;V 形支撑的情况类似,只是斜杆失稳时楼板不是下陷而是向上隆起,不平衡力方向相反。因此,人字支撑和 V 形支撑的框架梁在支撑连接处应保持连续,并按不计入支撑支点作用的梁验算重力荷载和支撑屈曲时不平衡力作用下的承载力;不平衡力应按受拉支撑的最小屈服承载力和受压支撑最大屈曲承载力的 0.3 倍计算。必要时,人字支撑和 V 形支撑可沿竖向交替设置或采用拉链柱。顶层和出屋面房间的梁可不进行此项验算。

3. 偏心支撑框架构件的抗震承载力验算

偏心支撑框架的设计原则是强柱、强支撑和弱消能梁段,即在大地震时消能梁段屈服形成塑性铰,且具有稳定的滞回性能,即使消能梁段进入应变硬化阶段,支撑斜杆、柱和其余梁段仍保持弹性。设计良好的偏心支撑框架,除柱脚有可能出现塑性铰外,其他塑性铰均出现在梁段上。

偏心支撑框架的每根支撑应至少一端与梁连接,并在支撑与梁交点和柱之间或同一跨内另一支撑与梁交点之间形成消能梁段。消能梁段的受剪承载力应按下列规定验算:

当 $N \leqslant 0.15Af$ 时

$$V \leqslant \varphi V_l/\gamma_{RE} \tag{6-13}$$

当 $N > 0.15Af$ 时

$$V \leqslant \varphi V_{lc}/\gamma_{RE} \tag{6-14}$$

式中 V_l——消能梁段的受剪承载力,取 $0.58A_w f_{ay}$ 和 $2M_{lp}/a$ 的较小值,$A_w = (h-2t_f)$

t_w; $M_{lp}=W_p f$;

V_{lc}——消能梁段计入轴力影响的受剪承载力,可取 $0.58A_w f_{ay}\{1-[N/(Af)^2]\}^{0.5}$ 和 $2.4 M_{lp}[1-N/(Af)]/a$ 的较小值。

φ——系数,可取 0.9;

V, N——分别为消能梁段的剪力设计值和轴力设计值;

M_{lp}——消能梁段的全塑性受弯承载力;

a, h, t_w, t_f——分别为消能梁段的长度、截面高度、腹板厚度和翼缘厚度;

A, A_w——分别为消能梁段的截面面积和腹板截面面积;

W_p——消能梁段的塑性截面模量;

f, f_{ay}——分别为消能梁段钢材的抗拉强度设计值和屈服强度;

γ_{RE}——消能梁段承载力抗震调整系数,取 0.75。

为了使偏心支撑框架在地震时仅消能梁段屈服,非消能梁段、柱及支撑构件仍保持弹性受力状态,其设计值应按规定乘以相应的增大系数。

支撑斜杆设计与消能梁连接的承载力不得小于支撑的承载力。若支撑须抵抗弯矩,支撑与梁的连接应采用刚接,并按抗压弯连接设计。

4. 钢结构构件连接的抗震承载力验算

钢结构构件的连接有梁柱的连接、支撑与梁柱的连接、支撑与梁柱的拼接等。而进行抗震设计的原则是强连接弱杆件,节点连接的承载力应高于构件截面的承载力,应进行极限承载力验算。

(1) 梁与柱连接的承载力验算　框架结构的塑性发展是从梁柱连接处开始的。为使梁柱构件能充分发展塑性形成塑性铰,构件的连接应有充分的承载力。梁与柱连接按弹性设计时,梁上下翼缘的端截面应满足连接的弹性设计要求,梁腹板应计入剪力和弯矩。梁与柱连接的极限受弯、受剪承载力,应符合下列要求:

$$M_u^j \geq \eta_j M_p \tag{6-15}$$

$$V_u^j \geq 1.2(2M_p/l_n)+V_{Gb} \tag{6-16}$$

(2) 支撑与框架的连接及支撑拼连的承载力计算　支撑与框架的连接及支撑拼接,须采用螺栓连接,其极限承载力,应符合下式要求:

支撑连接和拼接　　　　　　$N_{ubr}^j \geq \eta_j A_{br} f_v$ (6-17)

梁的拼接　　　　　　　　　$M_{ub,sp}^j \geq \eta_j M_p$ (6-18)

柱的拼接　　　　　　　　　$M_{uc,sp}^j \geq \eta_j M_{pc}$ (6-19)

(3) 柱脚与基础的连接　柱脚与基础的连接极限承载力,应按下列公式验算:

$$M_{u,base}^j \geq \eta_j M_{pc} \tag{6-20}$$

式中　M_p, M_{pc}——分别为梁的塑性受弯承载力和考虑轴力影响时柱的塑性受弯承载力;

V_{Gb}——梁在重力荷载代表值(9度时高层建筑尚应包括竖向地震作用标准值)作用下,按简支梁分析的梁端截面剪力设计值;

l_n——梁的净跨;

A_{br}——支撑杆件的截面面积;

M_u^j, V_u^j——分别为连接的极限受弯、受剪承载力;

N_{ubr}^j——支撑连接和拼接的极限受压(拉)承载力;

$M_{ub,sp}^j$, $M_{uc,sp}^j$——分别为梁、柱拼接的受弯承载力;

$M_{u,base}^j$——柱脚的极限受弯承载力;

η_j——连接系数,可按表 6-5 采用。

表 6-5　钢结构抗震设计的连接系数

母材牌号	梁柱连接		支撑连接,构件拼接		柱脚	
	焊接	螺栓连接	焊接	螺栓连接		
Q235	1.40	1.45	1.25	1.30	埋入式	1.2
Q345	1.30	1.35	1.20	1.25	外包式	1.2
Q345GJ	1.25	1.30	1.15	1.20	外露式	1.1

注:1. 屈服强度高于 Q345 的钢材,按 Q345 的规定采用;
　　2. 屈服强度高于 Q345GJ 的 GJ 钢材,按 Q345GJ 的规定采用;
　　3. 翼缘焊接腹板栓接时,连接系数分别按表中连接形式取用。

第四节　多层钢结构房屋的抗震构造要求

一、钢框架结构抗震构造措施

(1) 框架柱的长细比　长细比和轴压比均较大的柱,其延性较小,并容易发生全框架整体失稳。对柱的长细比和轴压比做出限制,就能控制二阶段效应对柱极限承载力的影响。为了保证框架柱具有较好的延性,地震区柱的长细比不宜太大,宜符合表 6-6 的规定。

表 6-6　框架柱长细比限制

抗震等级	一级	二级	三级	四级
长细比	60	80	100	120

注:表中所列值适用于 Q235 钢,采用其他牌号钢材时应乘以 $(235/f_{ay})^{1/2}$。

(2) 梁柱板件的宽厚比　在钢框架设计中,为了保证梁的安全承载,除了承载力和整体稳定问题外,还必须考虑梁的局部稳定问题。如果梁的受压翼缘宽厚比或腹板的高厚比较大,则在受力过程中它们就会出现局部失稳。板件的局部失稳,降低了构件的承载力。防止板件失稳的有效方法是限制它的宽厚比。对按 7 度及 7 度以上抗震设防的框架梁,要求梁出现塑性铰后还有转动能力,以实现结构内力重分布,因此,对板件的宽厚比有严格的限制;对设防烈度为 6 度和非抗震设计的结构,要求梁截面出现塑性铰,但不要求太大的转动能力。

按强柱弱梁设计时,框架柱中一般不会出现塑性铰,仅考虑柱在后期出现少量塑性,不需要很高的转动能力。因此,对柱板件的宽厚比不需要像梁那样严格。因此,正确地确定板件宽厚比,可以使结构设计安全合理。

多高层钢结构框架梁柱板件宽厚比,应符合表 6-7 的规定。表中 N_b 为梁的轴向力,A 为梁的截面面积,f 为钢材抗拉强度设计值。

(3) 梁柱构件的侧向支承　梁柱构件的侧向支承应符合下列要求:梁柱构件受压翼缘应根据需要设置侧向支承;梁柱构件在出现塑性铰的截面,上下翼缘均应设置侧向支承;相邻两侧向支承点间的构件长细比,应符合现行国家标准有关规定。当梁上翼缘与楼板有可靠连接时,简支梁可不设置侧向支承,固端梁下翼缘在梁端 0.15 倍梁跨附近宜设置隅撑。梁端采用梁端扩大、加盖板或骨形连接时,应在塑性区外设置竖向加劲肋,隅撑与偏置的竖向加劲肋相连。梁端翼缘宽度较大,对梁下翼缘侧向约束较大时,也可不设隅撑。

(4) 梁柱连接的构造要求　为防止大震作用下柱和梁连接的节点域腹板局部失稳,在柱

表 6-7 框架梁、柱板件宽厚比限值

	板件	一级	二级	三级	四级
柱	工字形截面翼缘外伸部分	10	11	12	13
	工字形截面腹板	43	45	48	52
	箱形截面壁板	33	36	38	40
梁	工字形截面和箱形截面翼缘外伸部分	9	9	10	11
	箱形截面翼缘在两腹板之间部分	30	30	32	36
	工字形截面和箱形截面腹板	$72-120 N_b/(Af)$ $\leqslant 60$	$72-110 N_b/(Af)$ $\leqslant 65$	$80-100 N_b/(Af)$ $\leqslant 70$	$85-100 N_b/(Af)$ $\leqslant 75$

注：$N_b/(Af)$ 为梁轴压比。

与梁连接处，柱应设置与梁上下翼缘位置对应的加劲肋（图 6-23），使之与柱翼缘相包围处形成梁柱节点域。节点域柱腹板的厚度，一方面要满足腹板局部稳定要求，另一方面还应满足节点域的抗剪要求。

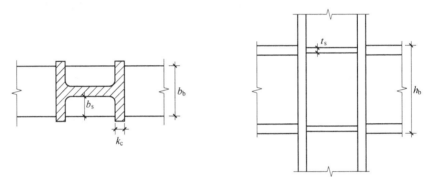

图 6-23 柱水平加劲肋

梁与柱的连接宜采用柱贯通型连接方式。柱在两个互相垂直的方向都与梁刚接时，宜采用箱形截面，并在梁翼缘连接处设置隔板；隔板采用电渣焊时，柱壁板厚度不宜小于 16mm，小于 16mm 时可改用工字形柱或采用贯通式隔板。当仅在一个方向刚接时，宜采用工字形截面，并将柱腹板置于刚接框架平面内。梁与柱的连接应采用刚性连接，也可根据需要采用半刚性连接。梁与柱的刚性连接，可将梁与柱翼缘在现场直接连接，也可通过预先焊在柱上的梁悬臂段在现场进行梁的拼接。工字形截面柱（绕强轴）和箱形截面柱与梁刚接时，应符合下列要求（图 6-24）。

① 梁翼缘与柱翼缘间应采用全熔透坡口焊缝；一、二级时，应检验焊缝的 V 形切口冲击韧性，其夏比冲击韧性在 −20℃ 时不低于 27J；

② 柱在梁翼缘对应位置应设置横向加劲肋（隔板），加劲肋（隔板）厚度不应小于梁翼缘厚度，强度与梁翼缘相同；

③ 梁腹板宜采用摩擦型高强度螺栓与柱连接板连接（经工艺试验合格能确保现场焊接质量时，可用气体保护焊进行焊接）；腹板角部应设置焊接孔，孔形应使其端部与梁翼缘和柱翼缘间的全熔透坡口焊缝完全隔开；

④ 腹板连接板与柱的焊接，当板厚不大于 16mm 时应采用双面角焊缝，焊缝有效厚度应满足等强度要求，且不小于 5mm；板厚大于 16mm 时采用 K 形坡口对接焊缝，该焊缝宜采用气体保护焊，且板端应绕焊；

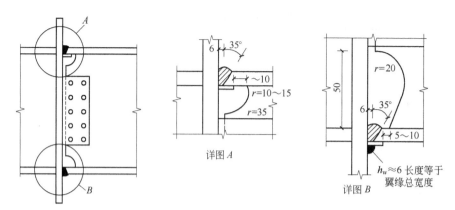

图 6-24 框架梁与柱的现场连接

⑤ 一级和二级时,宜采用能将塑性铰自梁端外移的端部扩大形连接、梁端加盖板或骨形连接。

框架梁采用悬臂梁段与柱刚性连接时,如图 6-25 所示,悬臂梁段与柱应预先采用全焊接连接,此时上下翼缘焊接孔的形式宜相同;梁的现场拼接可采用全部螺栓连接,如图 6-25(a)所示,或翼缘焊接腹板螺栓连接,如图 6-25(b) 所示。

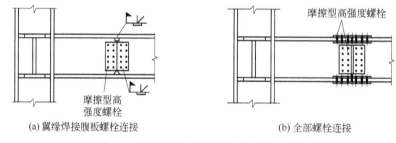

(a) 翼缘焊接腹板螺栓连接　　(b) 全部螺栓连接

图 6-25 框架梁与柱通过梁悬臂段的连接

箱形截面柱在与梁翼缘对应位置设置的隔板应采用全熔透对接焊缝与壁板相连。工字形截面柱的横向加劲肋与柱翼缘应采用全熔透对接焊缝连接,与腹板可采用角焊缝连接。

(4) 节点域补强及节点附近构造措施　当节点域的厚度不满足稳定要求,应采取贴焊补强板加厚节点域的措施。当板域厚度不足部分小于腹板厚度时,用单面补强;若超过腹板厚度就用双面补强。板的厚度及其焊缝应按传递补强板所分担剪力的要求设计。

焊接 H 型钢可将柱腹板在节点域局部加厚 t_w,并与相邻的柱腹板在工厂拼接 [图 6-26(a)]。补强板 [图 6-26(b)] 可伸出水平加劲肋,与柱翼缘采用熔透对接焊,与腹板用角焊缝连接,在板域范围内用塞焊连接。

在罕遇地震下,框架节点可能进入塑性区,应保证塑性区的整体性。因此,梁与柱刚性连接时,柱在梁翼缘上下各 500mm 的节点范围内,柱翼缘与柱腹板间或箱形柱壁板间的连接焊缝,应采用坡口全熔透焊缝。

(5) 框架柱接头构造措施　框架柱的接头一般是刚性节点,位置宜设在框架上方 1.1～1.3m 附近。柱对接接头应采用全熔透焊缝,柱拼接接头上下各 100mm 范围内,工字形截面柱翼缘与腹板间及箱形截面柱角部壁板间的焊缝,应采用全熔透焊缝。

(6) 钢柱脚　钢结构的柱脚分埋入式、外包式和外露式三种。超过 12 层钢结构的刚接柱脚宜采用埋入式,外包式柱脚在地震中性能欠佳,一般只有 6 度、7 度时可采用(图 6-27)。仅传递垂直荷载的铰接柱脚可采用外露式柱脚。埋入式柱脚和外包式柱脚的设计和

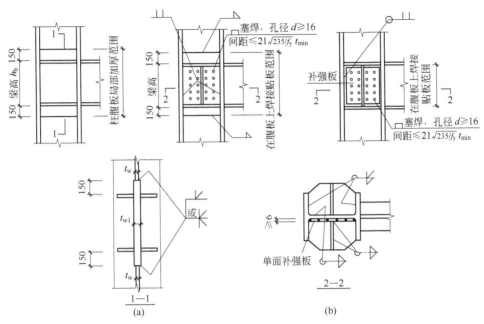

图 6-26 工字形柱在节点域厚度不足时的补强措施

构造，应符合有关标准的规定。

二、钢框架-中心支撑结构抗震构造措施

（1）受拉斜杆布置 当中心支撑采用只能受拉的斜杆体系时，应同时设置不同倾斜方向的两组斜杆，且每组中不同方向单斜杆的截面面积在水平方向的投影面积之差不得大于10%。

（2）中心支撑构件长细比 支撑杆件在轴向往复荷载作用下，其抗拉和抗压承载力均有不同程度的降低，在弹塑性屈曲后，支撑杆件的抗压承载力退化更为严重，支撑杆件的长细比是影响其性能的重要因素，当长细比较大时，构件只能受拉，不能受压，在反复荷载作用下，当支撑构件受压失稳后，其承载力降低、刚度退化、消能能力随之降低。长细比小的杆件滞回曲线丰满，消能性能好，工作性能稳定。但支撑的长细比并非越小越好，支撑的长细比越小，支撑刚架的刚度就越大，不但承受的地震作用越大，而且在某些情况下动力分析得出的层间位移也越大。支撑杆件的长细比不宜大于表 6-8 的限值。

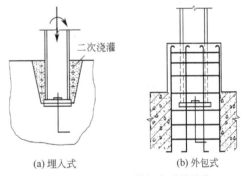

图 6-27 埋入式和外包式刚接柱脚

表 6-8 钢结构中心支撑杆件长细比限值

抗震等级		一级	二级	三级	四级
长细比	按压杆设计	120	120	120	120
	按拉杆设计	—	—	—	180

注：表中所列数值适用于 Q235 钢，采用其他牌号钢材时，应乘以 $\sqrt{235/f_{ay}}$。

（3）支撑杆件板件的宽厚比 板件宽厚比是影响局部屈曲的重要因素，直接影响支撑杆件的承载力和消能能力。在反复荷载作用下比单向静载作用下更容易发生失稳，因此，有抗震设防要求时，板件宽厚比的限值应比非抗震设防时要求更严格。同时，板件宽厚比应与支撑杆件长细比相匹配,对于长细比较小的支撑杆件,宽厚比应严格一些。对长细比较大的支撑杆件,宽厚比应放宽些。支撑杆件的板件宽厚比,不应大于表 6-9 的限值。采用节点板连接时,应注意节点板的强度和稳定。

表 6-9 钢结构中心支撑板件宽厚比限值

板件名称	一级	二级	三级	四级
翼缘外伸部分	8	9	10	13
工字形截面腹板	25	26	27	33
箱形截面腹板	18	20	25	30
圆管外径和壁厚比	38	40	40	42

注:表中所列数值适用于 Q235 钢,采用其他牌号钢材时,应乘以 $\sqrt{235/f_{ay}}$,圆管应乘以 $235/f_{ay}$。

(4) 中心支撑节点构造要求 中心支撑的轴线应会交于梁柱轴线的交点,当受构造条件的限制有偏心时,偏离中心不得超过支撑构件的宽度;否则,节点设计应计入偏心造成附加弯矩的影响。

一、二、三级,支撑宜采用 H 形钢制作,两端与框架可采用刚接构造,梁柱与支撑连接处应设置加劲肋(图 6-28);一级和二级采用焊接工字形截面的支撑时,其翼缘与腹板的连接宜采用全熔透连续焊缝;支撑与框架连接处,支撑杆端宜做成圆弧;在梁与 V 形支撑或人字支撑相交处,应设置侧向支撑;该支承点与梁端支承点间的侧向长细比(λ_y)以及支承力应符合《钢结构设计规范》(GB 50017)关于塑性设计的规定。

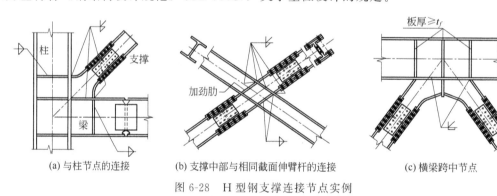

(a) 与柱节点的连接　　(b) 支撑中部与相同截面伸臂杆的连接　　(c) 横梁跨中节点

图 6-28 H 型钢支撑连接节点实例

若支撑与框架采用节点板连接,应符合现行国家标准《钢结构设计规范》(GB 50017)关于节点板在连接杆件每侧有不小于 30°夹角的规定;一、二级时,支撑端部至节点板最近嵌固点(节点板与框架构件连接焊缝的端部)在沿支撑杆件轴线方向的距离,不应小于节点板厚度的 2 倍。

(5) 框架部分 框架-中心支撑结构的框架部分,当房屋高度不高于 100m 且框架部分承担的地震作用不大于结构底部总地震剪力的 25%时,一、二、三级的抗震构造措施可按框架结构降低一度的相应要求采用;其他抗震构造措施,应符合框架结构抗震构造措施的规定要求。

三、钢框架-偏心支撑结构抗震构造措施

钢框架-偏心支撑结构抗震构造设计思路是保证消能梁段延性、消能能力及板件局部稳定性,保证消能梁段在反复荷载作用下的滞回性能,保证偏心支撑杆件的整体稳定性、局部稳定性。另外,偏心支撑的斜杆中心线与梁中心线的交点,一般在消能梁段的端部或在消能

梁段内,此时将产生与消能梁段端部弯矩方向相反的附加弯矩,从而减少消能梁段和支撑杆的弯矩,对抗震有利。

(1) 保证消能梁段延性及局部稳定　消能梁段的屈服强度越高,屈服后的延性越差,消能能力越小,为使消能段有良好的延性和消能能力,偏心支撑框架消能梁段的钢材屈服强度不应大于 345MPa。消能梁段及与其在同一跨内的非消能梁段,其板件的宽厚比不应大于表 6-10 的规定。

表 6-10　偏心支撑框架梁的板件宽厚比限值

板件名称		宽厚比限值
翼缘外伸部分		8
腹板	当 $N/(Af) \leqslant 0.14$ 时	$90[1-1.65N/(Af)]$
	当 $N/(Af) > 0.14$ 时	$33[2.3-N/(Af)]$

注:表中所列数值适用于 Q235 钢,当材料为其他钢号时应乘以 $\sqrt{235/f_{ay}}$;$N/(Af)$ 为梁轴压比。

(2) 保证偏心支撑构件稳定性　偏心支撑框架的支撑构件的长细比不应大于 $120(235/f_{ay})^{1/2}$,支撑杆件的板件宽厚比不应超过国家标准《钢结构设计规范》(GB 50017) 规定的轴心受压构件在弹性设计时的宽厚比限值。

(3) 消能梁段构造要求

① 为保证消能梁段具有良好的滞回性能,考虑消能段的轴力,限制该梁段的长度,当 $N > 0.16Af$ 时,消能梁段的长度 a 应符合下列规定:

当 $\rho(A_w/A) < 0.3$ 时,$\qquad a < 1.6M_{lp}/V_l$ 　　　　　　　　　　　　(6-21)

当 $\rho(A_w/A) \geqslant 0.3$ 时,$a \leqslant [1.15 - 0.5\rho(A_w/A)]1.6M_{lp}/V_l$ 　　　(6-22)

式中　a ——消能梁段的长度;

ρ ——消能梁段轴向力设计值与剪力设计值之比,$\rho = N/V$。

② 消能梁段的腹板不得贴焊补强板,也不得开洞,以保证塑性变形的发展。

③ 为了保证剪力传递、防止梁腹板屈曲,消能梁段与支撑连接处,应在其腹板两侧配置加劲肋,加劲肋的高度应为梁腹板高度,一侧的加劲肋宽度不应小于 $(b_f/2 - t_w)$,厚度不应小于 $0.75t_w$ 和 10mm 的较大值。

④ 消能梁段的长度会影响消能屈服的类型。当 a 较短时发生剪切型屈服,较长时发生弯曲型屈服。消能梁段应按下列要求在其腹板上设置中间加劲肋:

当 $a \leqslant 1.6M_{lp}/V_l$ 时,加劲肋间距不大于 $(30t_w - h/5)$;

当 $2.6M_{lp}/V_l < a \leqslant 5M_{lp}/V_l$,应在距连梁端部各 $1.5b_f$ 处配置中间加劲肋;且中间加劲肋间距不应大于 $(52t_w - h/5)$;

当 $1.6M_{lp}/V_l < a \leqslant 2.6M_{lp}/V_l$,中间加劲肋的间距宜在上述二者间线性插入;

当 $a > 5M_{lp}/V_l$ 时,可不配置中间加劲肋。

中间加劲肋应与消能梁段的腹板等高,当消能梁段截面高度不大于 640mm 时,可配置单侧加劲肋,消能梁段截面高度大于 640mm 时,应在两侧配置加劲肋,一侧加劲肋的宽度不应小于 $(b_f/2 - t_w)$,厚度不应小于 t_w 和 10mm。

(4) 消能梁段与柱的连接　消能梁段与框架柱的连接为刚性节点(图 6-29),与一般的框架梁柱连接稍有不同,应符合以下要求:消能梁段与柱连接时,其长度不得大于 $1.6M_{lp}/V_l$ 且应满足相关标准的规定;消能梁段翼缘与柱翼缘之间应采用坡口全熔透对接焊缝连接,消能梁段腹板与柱之间应采用角焊缝(气体保护焊)连接;角焊缝的承载力不得小于消能梁段腹板的轴力、剪力和弯矩同时作用时的承载力;消能梁段与柱腹板连接时,消能梁段翼缘与横向加劲板间应采用坡口全熔透焊缝,其腹板与柱连接板间应采用角焊缝(气体保护焊)连接;角焊缝的承载力不得小于消能梁段腹板的轴力、剪力和弯矩同时作用时的承载力。

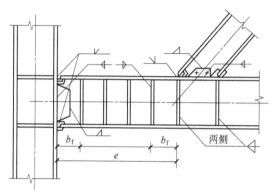

图 6-29 消能梁段与柱翼缘的连接

(5) **侧向支撑** 消能梁段两端上下翼缘应设置侧向支撑,支撑的轴力设计值不得小于消能梁段翼缘轴向承载力设计值(翼缘宽度、厚度和钢材受压承载力设计值三者的乘积)的6%,即 $0.06b_f t_f f$;偏心支撑框架梁的非消能梁段上下翼缘,应设置侧向支撑,支撑的轴力设计值不得小于梁翼缘轴向承载力的2%,即 $0.02b_f t_f f$。

(6) **框架部分** 框架-偏心支撑结构的框架部分,当房屋高度不高于100m且框架部分承担的地震作用不大于结构底部总地震剪力的25%时,一、二、三级的抗震构造措施可按框架结构降低一级的相应要求采用;其他抗震构造措施,应符合框架结构抗震构造措施的规定。

第五节 多层钢结构厂房抗震设计

一、多层钢结构厂房的结构体系与布置

多层钢结构厂房一般多采用框架体系和框架-支撑体系,框架-支撑结构体系的竖向支撑宜采用中心支撑,有条件时也可采用偏心支撑等消能支撑。中心支撑宜优先采用交叉支撑。

多层钢结构房屋抗震设计时,应尽量使厂房的体形规则、均匀、对称,刚度中心与质量中心尽量重合;厂房的竖向布置要避免质量与刚度沿高度突变,使厂房结构竖向变形协调且受力均匀。平面形状复杂、各部分构架高度差异大或楼层荷载相差悬殊时,应设防震缝或采取其他措施。

设备或料斗(包括下料的主要管道)穿过楼层时,若分层支承,不但各层楼层梁的挠度难以同步,使各层结构传力不明确,同时在地震作用下,由于层间位移会给设备或料斗产生附加效应,严重的可能损坏旋转设备,因此同一台设备一般不能采用分层支承的方式。

料斗等设备穿过楼层且支承在楼层时,其运行装料后的设备总重心宜接近楼层的支点处,以降低穿过楼层布置的设备或料斗的地震作用对支承结构的附加影响。同一设备穿过两个以上楼层时,应选择其中的一层作为支座;必要时可另选一层加设水平支承点。设备自承重时,厂房楼层应与设备分开。

柱间支撑宜布置在荷载较大的柱间，以利于荷载直接传递，且在同一柱间上下贯通，以利于结构刚度沿高度均匀变化，不贯通时应错开开间后连续布置并宜适当增加相近楼层、屋面的水平支撑，确保支撑承担的水平地震作用能传递至基础。有抽柱的结构，宜适当增加相近楼层、屋面的水平支撑并在相近柱间设置竖向支撑。

柱间支撑杆件应采用整根材料，超过材料最大长度规格时可采用对接焊缝等强拼接；柱间支撑与结构的连接，不应小于支撑杆件塑性承载力的1.2倍。厂房楼盖宜采用压型钢板与现浇钢筋混凝土的组合楼板，亦可采用钢铺板。当各榀框架侧向刚度相差较大、柱间支撑布置又不规则时，应设楼层水平支撑；其他情况，楼层水平支撑的设置应按表6-11确定。

表 6-11　楼层水平支撑设计要求

项次	楼面结构类型		楼面荷载<10kN/m²	楼面荷载>10kN/m²
1	钢与混凝土组合楼面，现浇、装配整体式楼板与钢梁有连接	仅有小孔楼板	不需设水平支撑	不需设水平支撑
		有大孔楼板	应在开孔周围柱网区格内设水平支撑	应在开孔周围柱网区格内设水平支撑
2	铺金属板（与主梁有可靠连接）		宜设水平支撑	应设水平支撑
3	铺活动格栅板		应设水平支撑	应设水平支撑

注：1. 楼面荷载系指除结构自重外的活荷载、管道及电缆等；
2. 各行业楼层面板开孔不尽相同，大小孔的划分宜结合工程具体情况确定；
3. 6度、7度设防时，铺金属板与主梁有可靠连接时，可不设置水平支撑。

二、多层钢结构厂房的抗震计算要点

1. 地震作用与作用效应

对多层钢结构进行抗震验算时，一般只需要考虑水平地震作用，并在结构的两个轴方向分别验算，各方向的水平地震作用应全部由该方向的抗震构件承担。水平地震作用可采用底部剪力法或振型分解反应谱法进行计算。计算时，在多遇地震下，阻尼比可采用0.035；在罕遇地震下，阻尼比可采用0.05。

厂房重力荷载代表值和组合值系数，除符合一般规定外，尚应符合下列规定。

（1）楼面检修荷载不应小于$4kN/m^2$，荷载组合值系数可取0.4；

（2）成品或原料堆积楼面荷载取值按实际采用，荷载组合值系数取为0.8；

（3）设备和料斗内的物料充满度按实际运行状态采用，当物料为间断加料时，物料重力荷载的组合值系数取为0.8；

（4）管道内物料重力荷载按实际运行状态取用，组合值系数取为1.0。

震害调查表明，设备或材料的支承结构破坏，将危及下层的设备和人身安全，所以直接支承设备和料斗的构件及其连接，除振动设备计算动力荷载外，尚应计入其重力支承构件及连接的地震作用。设备与料斗对支承构件及其连接的水平地震作用，可按下式确定：

$$F_s = \alpha_{\max} \lambda G_{eq} \tag{6-23}$$

$$\lambda = 1.0 + H_x/H_n \tag{6-24}$$

式中　F_s——设备或料斗重心处的水平地震作用标准值；
　　　$\alpha_{\max}$——水平地震影响系数最大值；
　　　G_{eq}——设备或料斗的重力荷载代表值；
　　　λ——放大系数；

H_x——基础至设备或料斗重心的距离；

H_n——基础底部至建筑物顶部的距离。

此水平地震作用对支承构件产生的弯矩、扭矩，取设备或料斗重心至支承构件形心距计算。

2. 多层钢结构厂房的内力计算

平面布置较规则的多层框架，其横向框架的计算宜采用平面计算模型，当平面不规则且楼盖为刚性楼盖时，宜采用空间计算模型；厂房的纵向框架的计算，一般可按柱列法计算，当各柱列纵向刚度差别较大且楼盖为刚性楼盖时，宜采用空间整体计算模型。有压型钢板的现浇钢筋混凝土楼板，板面开孔较小且用栓钉等抗剪连接件与钢梁连接时，可将楼盖视为刚性楼盖。

进行地震作用效应计算时，宜采用将质量集中于各楼层的层间计算模型，同时按不同围护结构考虑其自振周期的折减系数 Ψ。当为轻质砌块及悬挂预制墙板时，Ψ 取 0.9；当为重砌体外包时，Ψ 取 0.85；当为重砌体墙嵌砌时，Ψ 取 0.8。对所有围护墙一般只计入质量，不考虑其刚度及抗震共同工作。当设备或支承设备的结构与厂房共同工作时，其水平地震作用计算，应计入设备及其支承结构的刚度，地震作用效应应按设备或支承设备结构与厂房结构侧向刚度的比例分配。

多层框架的横向框架计算一般宜采用专门软件的计算机方法，当对层数不多的框架采用手算方法时，其竖向荷载作用下的内力效应可用近似的分层法计算，水平荷载作用下的内力效应可采用半刚架法、改进反弯点法（D 值法）等近似方法计算。

计算层间位移时，框架-支撑结构可不计入梁柱节点或剪切变形的影响，但腹板厚度不宜小于梁、柱截面高度之和的 1/70。

三、多层钢结构厂房的抗震构造措施

（1）厂房楼层的水平支撑　水平支撑的作用主要是传递水平地震作用和风荷载，控制柱的计算长度和保证结构构件安装时的稳定。当各榀框架水平刚度相差较大、竖向支撑又不规则时，应按表 6-10 的要求设置楼层水平支撑，其构造宜符合下列规定：

① 水平支撑可设在次梁底部，但支撑杆端部应同时连接于楼层纵、横梁的腹板和梁的下翼缘。

② 楼层水平支撑的布置应与竖向支撑位置相协调。

③ 楼层轴线的梁可作为水平支撑系统的弦杆，斜杆与弦杆夹角在 30°～60°之间。

④ 在柱网区格内次梁承受较大的设备荷载时，应增设刚性系杆，将设备的地震作用传到水平支撑弦杆（轴线上的梁）或节点上。

（2）厂房纵向柱间支撑　厂房纵向柱间支撑能有效提高厂房的纵向抗震能力，其布置应符合下列要求：

① 纵向柱间支撑宜设置于柱列中部附近。

② 纵向柱间支撑可设置在同一开间内，并在同一柱间上下贯通。

③ 屋面的横向水平支撑和顶层的柱间支撑，宜设置在厂房单元端部的同一柱间内；当厂房单元较长时，应每隔 3～5 柱间设置一道。

（3）连接节点的要求　多层钢结构厂房的钢框架支撑的连接可采用焊接或高强度螺栓连接。采用压型钢板的钢筋混凝土组合楼板和现浇或装配整体式钢筋混凝土板时，应与钢梁有可靠连接，采用装配式、装配整体式或轻型楼板时，应将楼板预埋件与钢梁焊接或采取其他保证楼盖整体性的措施。

小 结

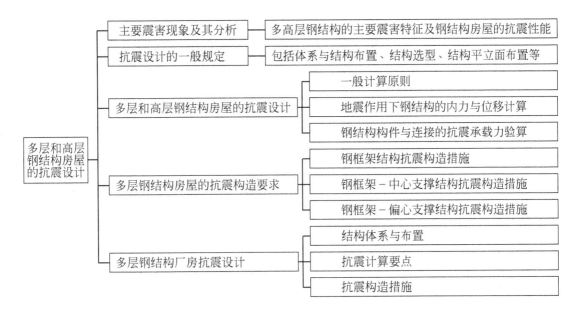

思考题

1. 钢结构在地震中的破坏有何特点?
2. 在同样的设防烈度下,为什么多高层钢结构建筑的地震作用大于多高层钢筋混凝土建筑结构?
3. 框架-中心支撑体系和框架-偏心支撑体系的抗震作用机理各有何特点?
4. 为什么在进行罕遇烈度下结构地震反应分析时不考虑楼板与钢梁的共同作用?
5. 多高层钢结构设计中,"强柱弱梁"的设计原则是如何实现的?
6. 多层钢结构厂房沿纵向设置的柱间支撑起什么作用,如何设置?

第七章 单层工业厂房的抗震设计

【知识目标】
- 了解三种单层工业厂房的震害现象及产生原因
- 理解三种单层工业厂房抗震设计的一般规定
- 掌握三种单层工业厂房的抗震设计知识

【能力目标】
- 能进行单层工业厂房的震害现象的分析
- 能掌握三种单层工业厂房抗震设计的一般规定
- 能进行三种单层工业厂房的抗震设计

开章语 单层厂房在工业建筑中应用广泛，按照其主要承重构件材料的不同，单层厂房可分为单层钢筋混凝土柱厂房、单层钢结构厂房和单层砖柱厂房等结构类型。单层钢筋混凝土柱厂房是指工业建筑中较普遍采用的装配式单层钢筋混凝土柱厂房，厂房内多设置桥式吊车。单层钢结构厂房是指主要承重构件采用钢柱、钢屋架、钢吊车梁等的厂房。单层砖柱厂房是以砖柱（墙）承重的中小型厂房。

第一节 震害现象及其分析

一、单层钢筋混凝土柱厂房

单层钢筋混凝土柱厂房的一般震害表现为：6度、7度地区主体结构完好，少数围护砖墙开裂外闪，突出屋顶的天窗架局部损坏；8度区主体结构有不同程度的破坏，比如有相当多的上柱裂缝，与柱和屋盖拉结不好的围护墙局部倒塌，天窗架倾倒，个别重屋盖厂房屋盖塌落等；9度区主体结构破坏严重，砖围护墙大量倒塌，天窗架大量倾倒，不少厂房屋盖塌落；10度、11度地区，大多数厂房倒塌毁坏。其震害主要表现如下。

（1）屋盖体系　屋盖体系在7度区基本完好；8度区发生屋面板错动、位移、震落，造成屋盖局部倒塌；9度区发生屋架倾斜、位移、屋盖部分塌落，屋面板大量开裂、错位；9度以上地区则发生屋盖大面积倒塌，见图7-1。屋面板的端部预埋件小，而且施工中有的屋面板搁置长度不足，屋面板与屋架焊接点数量不足，焊接质量差，板间没有灌缝或灌缝质量差等原因，造成屋面板与屋架上弦之间的连接质量不好，同时屋盖支撑布置少或者不符合抗震传力的要求，这样就使得很多厂房因屋盖整体刚度不足而导致地震时屋盖体系发生上述震害。

（2）天窗架　天窗架的震害很普遍。7度区出现天窗架立柱与侧板连接处及立柱与天窗架垂直支撑连接处混凝土开裂的现象；在8度区，上述裂缝贯穿全截面，严重者天窗架在立柱底部折断倒塌，并引起厂房屋盖倒塌，见图7-2；9度以上地区，天窗架大面积倒塌。这些充分反映了突出屋面的天窗架的纵向抗震能力很薄弱。

图 7-1　9 度区屋盖倒塌

图 7-2　天窗架倾倒并砸塌屋盖

天窗架之所以震害严重，主要原因是天窗架垂直支撑布置不合理；另外，天窗架本身在设计和构造上也存在一些问题，如天窗架竖杆截面强度不足；天窗侧板与竖杆刚性连接形成刚度突变，容易造成应力集中；突出屋面的天窗架的纵向侧向刚度要比厂房柱子的刚度小得多，而高振型的影响使天窗纵向水平地震作用明显增大等。在纵向地震作用下，一旦支撑系统破坏退出工作，地震作用全部由天窗架承受，而天窗架本身又存在着上述缺陷，所以当其承受不了地震作用时，就会沿纵向破坏。

（3）柱　钢筋混凝土柱在 7 度区基本完好；在 8、9 度区破坏较轻，个别严重的发现上柱根部折断；在 10 度、11 度区有部分厂房发生倾倒。一般情况下，钢筋混凝土柱具有一定的抗震能力，但是它的局部震害是普遍的。具体有以下一些情况：

① 上柱根部或者吊车梁处出现水平裂缝、酥裂或者折断，见图 7-3。上述震害的原因是：上柱在地震中承受着直接从屋盖传来的地震力，而上柱的截面与侧向刚度都比下柱要小，其变形和内力比下柱要大；上柱根部或吊车梁顶处是刚度突变和应力集中的部位；上柱本身也存在着抗震强度不足的缺陷。

② 高低跨厂房中柱支承低跨屋盖的牛腿的竖向劈裂，见图 7-4。这一震害的发生，主要是因为高低跨厂房在地震时存在着高振型的影响，高低两个屋盖产生相反方向的运动，增大了柱牛腿的地震水平拉力，使其竖向开裂。

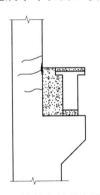
图 7-3　上柱吊车梁处水平裂缝

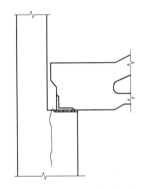
图 7-4　柱肩竖向劈裂

③ 设有柱间支撑的厂房，在柱间支撑和柱的连接部位，由于支撑的拉力作用和应力集中的影响，柱上多有水平裂缝出现，严重时柱间支撑可能会将柱脚剪断。

④ 下柱由于弯矩和剪力过大，而强度不足，在柱根附近可能会产生水平裂缝或者环裂，

严重时可能发生错位或折断。

(4) 连接　厂房装配式构件的连接破坏相当普遍。上面已经叙述了屋面板与屋架、天窗架与屋架间连接薄弱造成的震害。在 8 度、9 度区，屋架与柱顶连接发生一般破坏；10 度区则往往遭到严重破坏。由于连接的破坏而使屋架坠落，带来严重的震害。这主要是由于这些连接部位未考虑抗震必需的强度和一定的延性要求，屋架与柱顶采用刚性焊接、柱顶范围箍筋配置少以及连接节点处于弯矩、水平剪力和竖向轴力的共同作用等原因。

此外，在纵向地震作用下，个别厂房吊车梁与柱连接破坏，使吊车梁纵向发生位移，甚至掉落。山墙柱上端与屋架的连接处，震后也有不同程度的破损现象。

(5) 支撑系统　厂房的纵向刚度主要取决于支撑系统，在纵向地震作用下支撑内力较大。而在一般情况下，支撑仅仅按照构造设置，间距过大，数量不足，杆件刚度偏弱以及承载力偏低，节点构造单薄，地震时普遍发生杆件压屈、部分节点扭折、焊缝撕开、锚件拉脱、锚筋拉断等现象，也有个别杆件拉断的。上述破坏使得支撑系统部分失效或完全失效，结果造成主体结构错位或倾倒。在厂房支撑系统的震害中，以天窗架垂直支撑最为严重，其次是屋盖垂直支撑和柱间支撑，见图 7-5。

此外，有时因为柱间支撑刚度较强，支撑间距过大而使纵向地震作用过度集中到设置柱间支撑的柱子上，使柱身被切断。

(6) 围护墙　厂房围护墙在 7 度区基本完好或受到轻微破坏，少量开裂、外闪；8 度区破坏很普遍；9 度区破坏严重，部分或大量倒塌。纵墙和山墙的破坏，一般从檐口、山尖处脱离主体结构开始，进一步使整个墙体或上下两层圈梁间的墙体外闪或产生水平裂缝。严重时局部脱落，

图 7-5　柱间支撑压屈

其至大面积倒塌，见图 7-6。高低跨厂房中高跨的封墙更容易外闪和倒塌。造成上述震害的主要原因是砖墙与屋盖和柱拉结不牢固、圈梁与柱无坚固的连接、布置不合理以及高低跨厂房有高振型影响等。

图 7-6　墙体局部或全部倒塌

此外，在地震作用下，伸缩缝两侧砖墙由于缝宽较小发生相互碰撞，也可造成局部破坏。

二、单层钢结构厂房

国内外的多次地震经验表明，钢结构厂房具有良好的抗震性能。在 7～9 度地震的作用下，主体结构（钢屋架和钢柱）没有发现明显的损伤，只是一些局部构件发生了损坏；在 10 度地震作用下，单层钢结构厂房的部分结构开始出现损坏，有的达到中等破坏，不过比

例很小；在 11 度区，单层钢结构厂房将出现严重的破坏和倒塌。其震害主要表现如下：

(1) 柱间支撑的破坏　其破坏特征与钢筋混凝土柱厂房相似，柱间支撑的斜杆出现压屈，伴之与钢柱连接的节点破坏。当支撑斜杆交叉处的节点板刚度不足时，还会出现节点板的失稳变形。柱间支撑与钢柱连接节点的破坏表现为：当节点是焊接连接时，震后焊缝开裂或节点板破裂，严重者甚至将钢柱的腹板拉裂；当节点为螺栓连接时，出现破坏的部位是：①螺孔处节点板断裂；②支撑杆的螺栓孔边缘断裂；③连接螺栓截面断裂；④支撑杆端部节点断裂；⑤节点板与钢柱的连接处破坏。

震害统计表明，螺栓连接节点的损坏率高于焊接节点，原因是螺栓连接在节点上的开孔削弱了节点板的受力面积，造成孔边应力的集中，致使发生断裂破坏。

(2) 钢柱柱脚支座连接破坏　破坏特征是柱脚底座的锚固螺栓剪断或拉坏，甚至拔出。柱脚连接的破坏使钢柱失去稳定，导致厂房因为柱倾斜而倒塌。

此外，还有少量厂房的屋盖支撑产生杆件失稳变形或连接节点板开裂等破坏。

三、单层砖柱厂房

单层砖柱厂房的一般震害表现为：7 度区的厂房多数只有轻微破坏或基本完好，少数为中等破坏；8 度区的厂房多数受到不同程度的破坏，部分受到中等破坏，个别倒塌；9 度区的厂房大多数有严重破坏或倒塌，只有个别能在震后保留下来。其震害主要表现如下。

(1) 纵墙水平裂缝、砖垛折断、山墙斜裂缝或交叉裂缝　单层砖结构厂房纵墙产生水平裂缝是一种普遍震害现象。纵墙在窗台及勒脚附近产生水平裂缝，而且随着地震烈度的增高，此裂缝开始加宽，并逐渐向两端山墙延伸而加长，直至使纵墙折断，房屋倒塌。设有吊车的单层砖柱厂房，因受吊车尺寸限制，一般采用变截面柱，即上阶柱截面较小，下阶柱截面较大。这时，砖柱的上阶柱内侧因弯曲受压破坏就是一种普遍的现象。严重时由于上柱根部被压碎，导致上柱折断，屋盖塌落。另外，山墙破坏很普遍。在强震区，采用钢筋混凝土屋盖，且山墙间距不是很大时，山墙将出现较严重的斜裂缝或交叉裂缝。

上述震害特点反映了在横向地震作用下单层砖结构厂房的受力性质。由于这类房屋缺少横墙拉结，屋盖整体性较差，横向地震作用主要由组成排架的纵墙承受，所以纵墙震害比较严重。而在强震区采用钢筋混凝土屋盖，且山墙间距不是很大时，屋盖整体性较强，厂房的空间作用比较显著，这时山墙将承受由屋盖传来的较强的横向地震作用。当传至山墙或横墙上的横向地震作用力超过山墙或横墙的抗剪承载能力时，墙体就会产生斜裂缝。由于地震的往复作用，墙体上产生的裂缝有时是交叉形的，如图 7-7 所示。

(2) 山墙水平裂缝、外闪和倒塌，纵墙斜裂缝或交叉裂缝　当地震作用垂直于山墙时，它的震害主要表现为：山墙出现水平裂缝和外闪，山墙尖部乃至整片山墙倒塌，以及纵墙产生斜裂缝或交叉裂缝。造成这种震害的主要原

图 7-7　山墙裂缝

因是，山墙和屋盖缺少必要的锚固措施，山墙处于悬臂状态，在纵向地震作用下产生很大的平面外位移，使山墙顶部砌体失去抗震能力而倒塌。在强震区，山墙承受强烈的地震作用，产生上述震害不仅是由于顶部锚固不足，而且也是由于山墙砌体包括壁柱强度不足而引起破坏的。纵墙的斜裂缝或交叉裂缝，多发生在强震区，这是由于纵墙在薄弱截面内的地震剪力超过砌体的抗剪承载能力而引起的。

(3) 屋架支座连接处的局部破坏　由于屋架与砖柱、砖墙没有可靠的锚固措施，地震时锚固螺栓被拔出，使屋架移动而造成屋架与砖柱、砖墙连接处的局部破坏。

第二节 抗震设计的一般规定

从上节所述单层厂房的大量震害，可以清楚地看出这类厂房结构所存在的薄弱环节。设计的时候就必须针对上述薄弱环节，正确确定结构布置，搞好结构构件选型，注意刚度协调，加强厂房的整体性，改进连接构造，保证构件和节点有足够的强度和延性。设计过程中，应注意遵守下列设计原则和采取下列抗震构造措施。

一、单层钢筋混凝土柱厂房抗震设计的一般规定

1. 厂房布置

单层钢筋混凝土柱厂房的平面和竖向布置应尽量简单、规则、对称和均匀，使厂房在地震作用下各部分结构变形协调，避免局部刚度突变和应力集中。

厂房的结构布置应使整个厂房的平面和竖向分布均匀、对称，尽量使质量中心和刚度中心重合或者接近，包括厂房两端的山墙和两侧的纵墙对称布置，厂房的内隔墙应尽可能地均匀布置，以避免使整个厂房空间刚度不均匀，使地震力的传递和分配复杂化，造成整个厂房结构相互变形不协调而加重震害。主要要求为：①厂房的同一个结构单元内，不应采取不同的结构形式；厂房的端部应设置屋架，不应由山墙承重；厂房单元内不应采用横墙和排架柱混合承重；②厂房各柱列的侧向刚度宜均匀；③两个主厂房之间的过渡跨至少应有一侧采用防震缝与主厂房脱开；④厂房内上吊车的铁梯不应靠近防震缝设置；多跨厂房各跨上吊车的铁梯不宜设置在同一横向轴线附近；⑤工作平台宜与厂房主体结构脱开。

厂房的平面布置应力求简单、规则，多跨厂房的各跨宜等长，不宜在厂房的外侧紧贴、接建披屋，也不宜在主厂房的角部和紧邻防震缝处贴建披屋。当厂房的平面和竖向布置不规则时，应采用防震缝将其分成对称、规则的单元。防震缝的宽度：在厂房纵横跨交接处、大柱网厂房或不设柱间支撑的厂房，可采用100~150mm，其他情况可采用50~90mm。

厂房的竖向布置宜避免质量和刚度沿高度的突变，使整个厂房结构沿竖向受力均匀、变形协调，多跨厂房宜采用等高的屋盖布置。

2. 结构体系

(1) 厂房天窗架设置　厂房天窗开洞范围会削弱厂房屋盖的整体性，而且天窗突出屋面时纵向震害比较严重。因此，天窗的设置宜符合下列要求：①天窗宜采用突出屋面较小的避风型天窗，有条件或者9度时宜采用下沉式天窗；②突出屋面的天窗宜采用钢天窗架；6~8度时，可采用矩形截面杆件的钢筋混凝土天窗架；③8度和9度时，天窗架宜从厂房单元端部第三柱间开始设置；④天窗屋盖、端壁板和侧板，宜采用轻型板材。

(2) 厂房屋架设置　厂房屋架设置应根据跨度、柱距和所在地区的地震烈度、场地等情况综合考虑，宜采用钢屋架或者重心较低的预应力混凝土、钢筋混凝土屋架。具体要求为：①跨度不大于15m时，可采用钢筋混凝土屋面梁；②跨度大于24m时，或者8度Ⅲ、Ⅳ类场地和9度时，应优先采用钢屋架；③柱距为12m时，可采用预应力混凝土托架（梁）；当采用钢屋架时，也可以采用钢托架（梁）；④有突出屋面天窗架的屋盖，不宜采用预应力混凝土或钢筋混凝土空腹屋架。

(3) 厂房柱设置　排架柱的截面形式大体可以分为单肢柱和双肢柱两大类。单肢柱有矩形、普通工字形、薄壁开孔工字形、预制腹板工字形等；双肢柱有斜腹式和平腹式两种。矩形和普通工字形单肢柱的抗震性能优于双肢柱，但自重较大，吊装时难度大，使用上受到一定的限制；双肢柱自重较轻，但是抗震性能不如工字形柱，平腹杆双肢柱的震害也比较严

重,见图 7-8。所以要区分不同的部位和地震烈度,合理确定柱的类型,具体为:①8 度和 9 度时,宜采用矩形、工字形截面柱和斜腹式双肢柱,不宜采用薄壁开孔工字形柱、预制腹板工字形柱等。②柱底至室内地坪以上 500mm 范围内和阶形柱的上柱,宜采用矩形截面。

(4) 支撑　屋盖的交叉支撑,一般多用单角钢,竖杆和系杆则用两个等边或不等边的角钢通过垫板组成对称的 T 形或十字形截面。柱间交叉支撑,一般采用 T 形组合截面

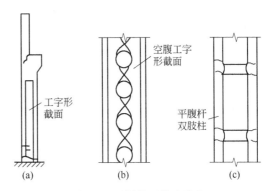

图 7-8　不同截面柱及震害

或槽钢,当排架柱截面高度较大或者两侧都有吊车时,往往采用由两个槽钢组成的双片支撑,或由四个角钢组成的格构式杆件。柱间交叉支撑的斜杆和水平面的夹角,不得大于 55°。柱子高度很大时,交叉支撑要有多节。

(5) 围护结构　在单层钢筋混凝土柱厂房中,砌体墙不仅仅是围护结构,而且承担了抗侧力构件的功能:山墙使屋盖的空间工作得以发挥,起了横向第一道防线的作用;纵墙也减轻了边柱列的破坏。所以,在抗震设计中必须充分重视墙体的作用。

① 砌体围护墙的破坏比轻质墙板或大型钢筋混凝土墙板要严重得多,有条件的情况下应采用轻质墙板或大型钢筋混凝土墙板;②高大的山墙,要用到顶的抗风柱和墙顶沿屋面的卧梁来改善其抗震性能;③砌体内隔墙要与柱脱开,以减少对柱子的不利影响,可利用压顶梁和钢筋混凝土构造柱来增加其稳定性,提高抗震性能;④除单跨厂房外,围护砌体墙均应采用外贴式,以减轻墙体给排架柱带来的不利影响,但应加强砌体墙与厂房柱之间的锚拉。山墙更应增强其顶部与厂房屋盖构件和抗风柱的锚拉。

二、单层钢结构厂房抗震设计的一般规定

1. 厂房布置

单层钢结构厂房的平面布置、总体布置与单层钢筋混凝土柱厂房相同,其总的原则就是结构的质量和刚度分布均匀,厂房受力合理、变形协调。

2. 结构体系

厂房的横向抗侧力体系可以采用屋盖横梁与柱顶刚接或铰接的框架、门式刚架、悬臂柱或者其他结构体系。厂房的纵向抗侧力体系宜采用柱间支撑,条件限制时也可以采用刚架结构。构件在可能产生塑性铰的最大应力区内应避免焊接接头;对于厚度较大无法采用螺栓连接的构件,可采用对接焊缝等强度连接。

屋盖横梁与柱顶铰接时,宜采用螺栓连接。刚接框架的屋架上弦与柱相连的连接板,不应出现塑性变形。当横梁为实腹梁时,梁与柱的连接以及梁与梁拼接的受弯、受剪极限承载力,应能分别承受梁全截面屈服时受弯、受剪承载力的 1.2 倍。柱间支撑杆件应采用整根材料,超过材料最大长度规格时可采用对接焊缝等强度拼接;柱间支撑构件的连接,不应小于支撑杆件塑性承载力的 1.2 倍。

三、单层砖柱厂房抗震设计的一般规定

由于变截面砖柱的上柱震害比较严重,所以单层砖柱厂房的适用范围限定为单跨和等高多跨且无桥式吊车的车间、仓库等中小型工业厂房。单层砖柱厂房具体的高度和跨度要求为:①6~8 度时,跨度不大于 15m 且柱顶高不大于 6.6m;②9 度时,跨度不大于 12m 且

柱顶标高不大于 4.5m。

1. 厂房的平立面布置

砖排架厂房通常设计为矩形平面，但因为生产、使用需要也可以设计成 L 形和 T 形，这样厂房的阴角处容易发生局部震害。

砖排架厂房的抗震性能较差，各构件相互之间的微小差异变位就可能引起破坏，因此在设计时应特别注意采用简单的体型；对于必须设置的配电间、工具间等小工房或附属小建筑物，无论是贴建在厂房内还是贴建在厂房外，都应采用防震缝将其与主厂房分开。考虑地震时可能产生的最大相对侧移，防震缝的宽度可采用 50～70mm，并在防震缝处设置双柱或双墙。

2. 厂房的结构体系

由于轻型屋盖的单层厂房震害轻于钢筋混凝土屋盖，所以规范规定，6～8 度时，宜采用轻型屋盖；9 度时，应采用轻型屋盖。

组合砖柱的抗震承载力较无筋砖柱要好一些，为使单层砖柱厂房能满足三个烈度水准的抗震设防要求，规范规定，6 度和 7 度时，可以采用十字形截面的无筋砖柱；8 度和 9 度时应采用组合砖柱，且中柱在 8 度Ⅲ、Ⅳ类场地和 9 度时宜采用钢筋混凝土柱。

单层砖柱厂房的纵向也应有足够的承载力和刚度，单靠独立砖柱是不够的，而且也不能像钢筋混凝土柱厂房一样设置交叉支撑，因为支撑会吸引很大的地震剪力，将砖柱剪断。所以比较有效的办法是，在柱间砌筑与柱整体连接的纵向砖墙并设置砖墙基础，以代替柱间支撑加强厂房的纵向抗震能力。8 度Ⅲ、Ⅳ类场地且采用钢筋混凝土屋盖时，由于纵向水平地震作用较大，不能单靠屋盖中的一般纵向构件传递，所以要求在无上述抗震墙的砖柱顶部处设置压杆。

隔墙和抗震砖墙应合并设置，目的在于充分利用墙体的功能，并避免非承重墙对柱及屋架与柱连接点的不利影响。当不能合并设置时，隔墙要采用轻质材料。厂房两端均应设置承重山墙。为了避免天窗架过多地削弱屋盖的整体性，天窗不应通至厂房单元的端开间。天窗也不应采用端砖壁承重。

第三节 单层钢筋混凝土柱厂房的抗震设计

一、地震作用分析

单层厂房地震作用分析应考虑平面内的弹性变形和山墙可能引起的扭转，所以规范给出的地震作用分析都是以空间分析为基础的简化方法。

(1) 厂房的横向抗震分析以平面排架为主，但要考虑屋盖平面内的变形和砌体山墙在地震中开裂后的内力重分布，尤其要考虑仅在一端有山墙时带来的扭转效应。

(2) 厂房纵向抗震分析主要是柱间支撑的受力分析，同样要考虑屋盖平面内的变形和砌体围护墙在地震中开裂后的内力重分布。不等高厂房在纵向不对称布置时，还要考虑扭转的影响。

(3) 双向大柱网且无柱间支撑的单层厂房，要考虑双向水平地震作用的组合效应。

1. 不进行内力分析和抗震验算的范围

7 度Ⅰ、Ⅱ类场地，柱高不超过 10m 且结构单元两端均有山墙的单跨及等高多跨厂房（锯齿形厂房除外），其地震作用效应不起控制作用，所以其排架的纵、横向可不进行抗震分析和截面抗震验算，但是要满足规范的有关抗震构造措施。

2. 单层厂房空间结构分析

(1) 基本假定　①以平面结构（排架、柱列、山墙、纵墙）为基本单元，只考虑平面内的刚度，忽略出平面的刚度，也不考虑构件本身的抗扭刚度；②在平面结构对称分布时，只考虑屋盖平面内的剪切变形而忽略其弯曲变形；③在平面结构非对称分布时，考虑各平面结构绕厂房单元质心的扭转刚度，进行扭转耦联振动分析。但屋盖一般也只考虑剪切变形，相当于附加了一定的约束；④砌体山墙和纵墙的侧向刚度，要考虑地震作用下墙体开裂引起的刚度退化。

(2) 空间工作性质　不论在厂房的横向还是纵向，屋盖变形使排架（中柱列）与山墙（边柱列）的侧移有明显的差异，这就是单层厂房屋盖与山墙空间工作的特点。

① 两端有山墙时，中间排架的侧移及其山墙的侧移差，随着墙体间距的加大而增加，随屋盖刚度的增加而减少；墙体与排架的刚度差别越大，虽然整个结构的侧移减小，但是墙体与排架的侧移差也越大；

② 仅一端有山墙时，另一端排架的侧移，随着厂房单元长度的加大而增加，并随着屋盖刚度的增加而加大，还随着山墙与排架刚度差别的加大而加大。其变形特征与两端均有山墙时不同。

3. 横向抗震计算

(1) 横向抗震计算分类

① 混凝土无檩和有檩屋盖厂房，一般情况下宜计及屋盖的横向弹性变形，按照多质点空间结构进行分析。

② 混凝土无檩和有檩屋盖厂房，当符合下列条件时，可采用平面排架计算柱的地震剪力和弯矩，但要进行考虑空间作用和扭转影响的调整：7度和8度柱顶高度不大于15m的厂房；厂房单元屋盖长度（屋盖长度是指山墙到山墙的距离，仅有一端山墙时，应取所考虑排架至山墙的距离）与总跨度（当高低跨相差较大时，总跨度可不包括低跨）之比小于8或者厂房总跨度大于12m；山墙的厚度不小于240mm，开洞所占的水平截面面积不超过总面积的50%，并与屋盖系统有良好的连接。

对于9度区的单层钢筋混凝土柱厂房，由于砌体墙的开裂，空间作用明显减弱，可以不考虑调整。

③ 轻型屋盖（指屋面为压型钢板、瓦楞铁、石棉瓦等有檩屋盖）厂房，柱距相等时，可以按照平面排架计算。

(2) 单层钢筋混凝土柱厂房横向平面排架地震作用效应调整

① 基本自振周期的调整　考虑纵墙影响及屋架与柱连接的固接作用，对钢筋混凝土屋架或钢屋架与钢筋混凝土柱厂房，有纵墙时取周期折减系数0.8，无纵墙时取周期折减系数0.9。

② 排架柱地震剪力和弯矩的调整

a. 除高低跨交接处上柱以外的钢筋混凝土柱　7度和8度时有砖山墙或横墙的钢筋混凝土屋盖厂房，在地震作用下存在着明显的空间工作影响。因此在进行横向地震作用分析时，其地震剪力和弯矩应采用考虑空间工作和扭转影响的效应调整系数进行调整，见表7-1。

b. 高低跨交接处的钢筋混凝土上柱　对于不等高厂房高低跨交接处的上柱各截面，按照底部剪力法求得的地震剪力和弯矩，其增大系数按照下式采用：

$$\eta = \zeta \left(1 + 1.7 \frac{n_h}{n_0} \cdot \frac{G_{EL}}{G_{Eh}}\right) \tag{7-1}$$

式中　η——地震剪力和弯矩的增大系数；

ζ——不等高厂房高低跨交接处的空间工作系数,按照表 7-2 采用;
n_h——高跨的跨数;
n_0——计算跨数,仅一侧有低跨时应取总跨数,两侧均有低跨时应取总跨数和高跨跨数之和;
G_{EL}——集中于交接处一侧的各低跨屋盖标高处的总重力荷载代表值;
G_{Eh}——集中于高跨柱顶标高处的总重力荷载代表值。

表 7-1 钢筋混凝土柱(除高低跨交接处上柱外)考虑空间工作和扭转影响的效应调整系数

屋盖	山墙		屋盖长度/m										
			≤30	36	42	48	54	60	66	72	78	84	90	96
钢筋混凝土无檩屋盖	两端山墙	等高厂房			0.75	0.75	0.75	0.80	0.80	0.80	0.85	0.85	0.85	0.90
		不等高厂房			0.85	0.85	0.85	0.90	0.90	0.90	0.95	0.95	0.95	1.00
	一端山墙		1.05	1.15	1.20	1.25	1.30	1.30	1.30	1.30	1.35	1.35	1.35	1.35
钢筋混凝土有檩屋盖	两端山墙	等高厂房			0.80	0.85	0.90	0.95	0.95	0.95	1.00	1.00	1.05	1.10
		不等高厂房			0.85	0.90	0.95	1.00	1.00	1.05	1.05	1.10	1.10	1.15
	一端山墙		1.00	1.05	1.10	1.10	1.15	1.15	1.15	1.15	1.20	1.20	1.25	1.25

表 7-2 高低跨交接处钢筋混凝土上柱空间工作影响系数

屋盖	山墙	屋盖长度/m									
		≤36	42	48	54	60	66	72	78	84	90	96
钢筋混凝土无檩屋盖	两端山墙	0.70	0.76	0.82	0.88	0.94	1.00	1.06	1.06	1.06	1.06
	一端山墙	1.25									
钢筋混凝土有檩屋盖	两端山墙	0.90	1.00	1.05	1.10	1.10	1.15	1.15	1.15	1.20	1.20
	一端山墙	1.05									

③ 吊车桥架引起的地震作用效应的增大系数 由于吊车桥架引起厂房的局部振动产生地震作用效应,导致排架柱在吊车桥架水平地震作用处产生局部破坏,在抗震设计中应考虑其影响,即对钢筋混凝土柱单层厂房吊车梁顶标高处的上柱截面的地震剪力和弯矩乘以增大系数。当采用底部剪力法等简化计算方法时,其增大系数可以按照表 7-3 采用。

表 7-3 桥架引起的地震剪力和弯矩增大系数

屋盖类型	山墙	边柱	高低跨柱	其他中柱
钢筋混凝土无檩屋盖	两端山墙	2.0	2.5	3.0
	一端山墙	1.5	2.0	2.5
钢筋混凝土有檩屋盖	两端山墙	1.5	2.0	2.5
	一端山墙	1.5	2.0	2.0

注意,该表中的增大系数只用于吊车桥架自重引起的地震作用效应。由于地震作用的随机性和吊车停留位置的不确定性,所以各榀排架都要考虑吊车桥架的影响。

4. 纵向抗震计算

(1) 纵向抗震计算方法的类型

① 纵墙对称布置的单跨厂房和轻型屋盖的多跨厂房,可按柱列分片独立计算;

② 混凝土无檩和有檩屋盖及有较完整支撑系统的轻型屋盖厂房，可采用下列方法：一般情况下，宜计及屋盖的纵向弹性变形，围护墙与隔墙的有效刚度，不对称时尚宜计及扭转的影响，按多质点进行空间结构分析；柱顶标高不大于15m且平均跨度不大于30m的单跨或等高多跨的钢筋混凝土柱厂房，宜采用修正刚度法计算。

（2）厂房纵向抗震计算的修正刚度法

① 砖围护墙厂房，其基本自振周期可按以下经验公式计算：

$$T = 0.23 + 0.00025\Psi_1 l \sqrt{H^3} \tag{7-2}$$

式中 Ψ_1——屋盖类型系数，大型屋面板钢筋混凝土屋架可采用1.0，钢屋架采用0.85；

l——厂房跨度，m，多跨厂房可取各跨的平均值；

H——基础顶面至柱顶的高度，m。

② 敞开、半敞开或墙板与柱子柔性连接的厂房，可按式（7-2）进行计算并乘以下列围护墙影响系数：

$$\Psi_2 = 2.6 - 0.002 l \sqrt{H^3} \tag{7-3}$$

式中 Ψ_2——围护墙对周期的影响系数，当Ψ_2小于1.0时应采用1.0。

③ 柱列地震作用 等高多跨钢筋混凝土屋盖的厂房，各纵向柱列的柱顶标高处的地震作用标准值，可按下列公式确定：

$$F_i = \alpha_1 G_{eq}(K_{ai}/\sum K_{ai}) \tag{7-4}$$

$$K_{ai} = \Psi_3 \Psi_4 K_i \tag{7-5}$$

式中 F_i——i柱列柱顶标高处的纵向地震作用标准值；

α_1——相应于厂房纵向基本自振周期的水平地震影响系数，按第三章规定确定；

G_{eq}——厂房单元柱列总等效重力荷载代表值，包括屋盖自重、雪载、积灰荷载、吊车荷载等重力荷载代表值，以及70%纵墙自重、50%横墙自重和山墙自重及折算的柱自重（有吊车时采用10%自重，无吊车时采用50%柱自重）；

K_i——i柱列柱顶的总侧向刚度，应包括i柱列内柱子和上、下柱间支撑的侧向刚度及纵墙的折减侧向刚度的总和，贴砌的砖围墙侧向刚度的折减系数，可以根据柱列侧移值的大小取0.2～0.6；

K_{ai}——i柱列柱顶的调整侧向刚度；

Ψ_3——柱列侧向刚度的围护墙影响系数，可按表7-4采用，有纵向砖围墙的四跨或五跨厂房，由边柱列数起的第三柱列，按表7-4中相应数值的1.15倍采用；

Ψ_4——柱列侧向刚度的柱间支撑影响系数，纵向为砖围护墙时，边柱列可采用1.0，中柱列可按照表7-5采用。

表7-4 围护墙影响系数

围护墙类别和烈度		柱列和屋盖类型				
		边柱列	中柱列			
			无檩屋盖		有檩屋盖	
240砖墙	370砖墙		边跨无天窗	边跨有天窗	边跨无天窗	边跨有天窗
	7度	0.85	1.7	1.8	1.8	1.9
7度	8度	0.85	1.5	1.6	1.6	1.7
8度	9度	0.85	1.3	1.4	1.4	1.5
9度		0.85	1.2	1.3	1.3	1.4
无墙、石棉瓦或挂板		0.90	1.1	1.1	1.2	1.2

等高多跨钢筋混凝土屋盖厂房，柱列各吊车梁顶标高处的纵向地震作用标准值，可以按照下式确定：

$$F_{ci} = \alpha_1 G_{ci}(H_{ci}/H_i) \tag{7-6}$$

式中 F_{ci}——i 柱列在吊车梁顶标高处的纵向地震作用标准值；

G_{ci}——集中于 i 柱列吊车梁顶标高处等效重力荷载代表值，应包括吊车梁与悬吊物的重力荷载代表值和40%柱子自重；

H_{ci}，H_i——i 柱列吊车梁顶高度和 i 柱列柱顶高度。

表 7-5 纵向采用砖围护墙的中柱列柱间支撑影响系数

厂房单元内设置下柱支撑的柱间数	中柱列下柱支撑斜杆的长细比					中柱列无支撑
	≤40	41~80	81~120	121~150	>150	
一柱间	0.9	0.95	1.0	1.1	1.25	1.4
二柱间			0.9	0.95	1.0	

5. 突出屋面天窗架地震作用计算

没有考虑抗震设防的一般钢筋混凝土天窗架，其横向受损并不明显，而纵向破坏却相当普遍。突出屋面天窗架的抗震计算，可采用下列方法：

(1) 横向计算 有斜撑杆的三铰拱式钢筋混凝土和钢天窗架的横向计算可采用底部剪力法；跨度大于 9m 或 9 度时，天窗架的地震作用效应应乘以 1.5 的增大系数；其他情况下天窗架的横向水平地震作用可以采用振型分解反应谱法。

(2) 纵向计算 天窗架的纵向抗震计算，可采用空间结构分析法，并计入屋盖平面弹性变形和纵墙的有效刚度；柱高不超过 15m 的单跨和等高多跨混凝土无檩屋盖厂房的天窗架纵向地震作用计算可采用底部剪力法，但天窗架的地震作用效应应乘以增大系数 η，对单跨、边跨屋盖或有纵向内隔墙的中跨屋盖，$\eta=1+0.5n$；对其他中跨屋盖，$\eta=0.5n$，n 为厂房跨数，超过四跨取四跨。

二、截面抗震验算

(1) 柱截面抗震承载力验算 单层钢筋混凝土厂房排架柱一般按偏心受压构件验算其截面承载力，验算的一般表达式为：

$$S \leqslant R/\gamma_{RE} \tag{7-7}$$

式中，S 为截面的作用效应；R 为相应的承载力设计值；γ_{RE} 为承载力抗震调整系数，按表 3-13 取用。

两个主轴方向柱距均不小于 12m、无桥式吊车且无柱间支撑的大柱网厂房，柱截面抗震验算应同时计算两个主轴方向的水平地震作用，并应计入位移引起的附加弯矩。

(2) 牛腿 支承吊车梁的牛腿，可以不进行抗震验算；不等高厂房中，支承低跨屋盖的柱牛腿（柱肩）的纵向受拉钢筋面积，应按下式计算：

$$A_s \geqslant \left(\frac{N_G a}{0.85 h_0 f_y} + 1.2\frac{N_E}{f_y}\right)\gamma_{RE} \tag{7-8}$$

式中 N_G——柱牛腿面上重力荷载代表值产生的压力设计值；

a——重力作用点至下柱近侧边缘的距离，当小于 $0.3h_0$ 时采用 $0.3h_0$；

h_0——牛腿最大竖向截面的有效高度；

A_s——纵向水平受拉钢筋的截面面积；

N_E——柱牛腿面上地震组合的水平拉力设计值；

γ_{RE}——承载力抗震调整系数，可采用 1.0。

(3) 柱间支撑 无贴砌墙的纵向柱列，上柱支撑与同列下柱支撑宜等强设计。

① 斜杆长细比不大于 200 的柱间支撑在单位侧力作用下的水平位移，可按下式确定：

$$u = \sum \frac{1}{1+\varphi_i} u_{ti} \tag{7-9}$$

式中 u——单位侧力作用点的位移；

φ_i——i 节间斜杆轴心受压稳定系数，按照现行国家标准《钢结构设计规范》采用；

u_{ti}——单位侧力作用下 i 节间仅考虑拉杆受力的相对位移。

② 长细比不大于 200 的斜杆截面可仅按抗拉验算，但应考虑压杆的卸载影响，其拉力可按下式确定：

$$N_t = \frac{l_i}{(1+\Psi_c \varphi_i) s_c} V_{bi} \tag{7-10}$$

式中 N_t——i 节间支撑斜杆抗拉验算时的轴向拉力设计值；

l_i——i 节间斜杆的全长；

Ψ_c——压杆卸载系数，压杆长细比为 60、100 和 200 时，可分别采用 0.7、0.6 和 0.5；

V_{bi}——i 节间支撑承受的地震剪力设计值；

s_c——支撑所在柱间的净距。

③ 柱间支撑与柱连接节点预埋件的锚件采用锚筋时，其截面抗震承载力宜按下列公式验算：

$$N \leqslant \frac{0.8 f_y A_s}{\gamma_{RE} \left(\frac{\cos\theta}{0.8 \zeta_m \Psi} + \frac{\sin\theta}{\zeta_r \zeta_v} \right)} \tag{7-11}$$

$$\Psi = \frac{1}{1 + \frac{0.6 e_0}{\zeta_r s}} \tag{7-12}$$

$$\zeta_m = 0.6 + 0.25 t/d \tag{7-13}$$

$$\zeta_v = (4 - 0.08 d) \sqrt{f_c / f_y} \tag{7-14}$$

式中 A_s——锚筋总截面面积；

γ_{RE}——承载力抗震调整系数，可采用 1.0；

N——预埋板斜向拉力，可采用全截面屈服点强度计算的支撑斜杆轴向力的 1.05 倍；

e_0——斜向拉力对锚筋合力作用线的偏心距，应小于外排锚筋之间距离的 20%，mm；

θ——斜向拉力与其水平投影的夹角；

Ψ——偏心影响系数；

s——外排锚筋之间的距离，mm；

ζ_m——预埋板弯曲变形影响系数；

t, d——预埋板厚度和锚筋直径；

ζ_r——验算方向锚筋排数的影响系数，二、三和四排可分别采用 1.0、0.9 和 0.85；

ζ_v——锚筋的受剪影响系数，大于 0.7 时应采用 0.7。

④ 柱间支撑与柱连接节点预埋件的锚件采用角钢加端板时，其截面抗震承载力宜按下列公式验算：

$$N \leqslant \frac{0.7}{\gamma_{\text{RE}}\left(\dfrac{\cos\theta}{\Psi N_{\text{u0}}} + \dfrac{\sin\theta}{V_{\text{u0}}}\right)} \tag{7-15}$$

$$V_{\text{u0}} = 3n\zeta_{\text{r}}\sqrt{W_{\min}bf_{\text{a}}f_{\text{c}}} \tag{7-16}$$

$$N_{\text{u0}} = 0.8nf_{\text{a}}A_{\text{s}} \tag{7-17}$$

式中 n, b——角钢根数和宽度；

　　　$W_{\min}$——与剪力方向垂直的角钢最小截面模量；

　　　$A_{\text{s}}, f_{\text{a}}$——一根角钢的截面面积和角钢抗拉强度设计值。

(4) 抗风柱构件抗震验算　抗风柱虽然不是单层厂房的主要承重构件，但它却是厂房纵向抗震中的重要构件，对保证厂房的纵向抗震安全具有不可忽视的作用。因此，在 8、9 度时需要进行平面外的截面抗震验算。

当抗风柱与屋架下弦相连接时，虽然此类厂房均在厂房两端第一开间设置下弦横向支撑，但是当厂房遭到地震作用的时候，高大山墙引起的纵向水平地震作用较大，由于阶形抗风柱的下柱刚度远大于上柱刚度，大部分水平地震作用将通过下柱的上端连接传至屋架下弦，但屋架下弦支撑的强度和刚度往往不能满足要求，从而导致屋架下弦支撑杆件压屈。因此应对下弦横向支撑杆件的截面和连接节点进行抗震承载力验算。

(5) 屋架上弦抗扭验算　上弦有小立柱的拱形和折线形屋架以及上弦节间较长和节间矢高较大的屋架，在地震作用下屋架上弦将产生附加扭矩，导致屋架上弦破坏。因此，规范规定，8 度 Ⅲ、Ⅳ 类场地和 9 度时，带有小立柱的拱形和折线形屋架以及上弦节间较长和节间矢高较大的屋架，屋架上弦宜进行抗扭验算。

(6) 弹塑性变形验算　8 度 Ⅲ、Ⅳ 类场地和 9 度时，高大的单层钢筋混凝土柱厂房应进行罕遇地震作用下的弹塑性变形验算，其薄弱部位为阶形柱的上柱，且仅进行横向排架阶形柱上柱的变形验算。其步骤如下。

① 计算上柱截面实际的正截面承载力 M_{cyk}：

$$M_{\text{cyk}} = f_{\text{yk}}A_{\text{s}}(h_0 - a'_{\text{s}}) + 0.5N_{\text{G}}h\left(1 - \frac{N_{\text{G}}}{\alpha_1 f_{\text{ck}}bh}\right) \tag{7-18}$$

② 求屈服强度系数 ξ_{y}：

$$\xi_{\text{y}} = M_{\text{cyk}}/M_{\text{e}} \tag{7-19}$$

式中，M_{e} 为罕遇地震作用下弹性地震弯矩（地震作用分项系数 γ_{RE} 取 1.0）。

③ 当 $\xi_{\text{y}} \geqslant 0.5$ 时，不必进行弹塑性变形验算；当 $\xi_{\text{y}} < 0.5$ 时，按照下式计算上柱的弹塑性层间位移 Δu_{P}：

$$\Delta u_{\text{P}} = \eta_{\text{P}} \cdot \Delta u_{\text{e}} \tag{7-20}$$

$$\Delta u_{\text{e}} = V_{\text{e}}H_1^3/3EI \tag{7-21}$$

式中 V_{e}——罕遇地震作用下排架柱顶弹性地震剪力（$\gamma_{\text{RE}} = 1.0$）；

　　　H_1, I——上柱高度、上柱截面惯性矩；

　　　η_{P}——排架上柱弹塑性变形增大系数，见表 7-6。

表 7-6　上柱弹塑性变形增大系数

ξ_{y}	0.5	0.4	0.3
η_{P}	1.30	1.60	2.00

④ 验算上柱的弹塑性变形是否满足要求，采用下式：

$$\Delta u_\mathrm{P} \leqslant H_1/30 \tag{7-22}$$

三、抗震构造措施

单层钢筋混凝土柱厂房的各项构造措施，都是加强装配式厂房的整体性，形成空间受力的结构体系，而围护结构宜不影响主体结构的变形。

1. 屋盖系统的抗震构造

按照概念设计的要求，通过设置屋架支撑、天窗架支撑并加强屋盖各预制构件之间的连接，增强屋盖的整体性，来发挥厂房空间工作作用。

（1）有檩屋盖　有檩屋盖只要连接牢固，即使10度区也保存完好；但是如果屋面瓦与檩条或者檩条与屋架拉结不牢，在7度地震作用下也会出现严重破坏。所以有檩屋盖构件的连接支撑布置构造的要求为：①檩条与屋架的连接，不仅应有足够的支承长度而且要焊牢，双脊檩约在跨度的各1/3处应相互拉结，以确保檩条与屋架连成整体；②屋面瓦和檩条与屋架连成整体；③压型钢板与檩条可靠连接；④支撑系统布置要完整，应符合表7-7的要求。

表7-7　有檩屋盖的支撑布置

支撑名称		烈　度		
		6、7	8	9
屋架支撑	上弦横向支撑	厂房单元端开间各设一道	厂房单元端开间及厂房单元长度大于66m的柱间支撑开间各一道；天窗开洞范围的两端各增设局部的支撑一道	厂房单元端开间及厂房单元长度大于42m的柱间支撑开间各一道；天窗开洞范围的两端各增设局部的上弦横向支撑一道
	下弦横向支撑	同非抗震设计		
	跨中竖向支撑			
	端部竖向支撑	屋架端部高度大于900mm时，厂房单元端开间及柱间支撑开间各设一道		
天窗架支撑	上弦横向支撑	厂房单元天窗端开间各设一道	厂房单元天窗端开间及每隔30m各设一道	厂房单元天窗端开间及每隔18m各设一道
	两侧竖向支撑	厂房单元天窗端开间及每隔36m各设一道		

（2）无檩屋盖　无檩屋盖自重比较大，但屋面整体性比较好，空间作用比较强。其主要抗震构造如下。

① 屋面板的构造及其连接　单层厂房屋面板在地震中坠落的原因在于连接不牢。为此，预制的大型屋面板的底面和两端的预埋件宜采用角钢与主筋焊牢；非标准的屋面板，宜采用装配整体式接头或切掉四角的板型。

屋面板与屋架的连接设置两道防线：第一道，靠边的第一块屋面板应与屋架焊牢，焊缝的长度不小于80mm，厚度不低于6mm。第二道，6、7度设置天窗的厂房单元的两个端开间和8、9度的各个开间，屋架两侧相邻的屋面板顶面，利用吊钩或者埋件彼此焊牢。

突出屋面的天窗架，其侧板与天窗架立柱宜用螺栓连接。

② 屋架的构造及其连接　屋架自身除了满足静力设计要求外，抗震设计的重点有两个方面。第一，8、9度且跨度大于24m时，要考虑竖向地震作用；第二，对静力分析中的构造构件，如梯形屋架端竖杆、拱形屋架第一节间上弦杆、折线形屋架调整屋面坡度的小立柱等，应适当增大截面和构造配筋，使之有足够的抗弯、抗剪和抗扭性能。具体构造详见表7-8。

为提高连接的性能，屋架（屋面梁）端部预埋件的锚筋，8度时不小于4φ10，9度时不小于4φ12。

表 7-8 屋架小构件的构造要求

构件名称	尺寸控制	纵筋	箍筋
端竖杆	宽度与上弦相同	6、7度不小于4φ12,8、9度不小于4φ14	
第一节间上弦杆			
小立柱	截面宜≥200mm×200mm,高度宜≤500mm	立柱主筋宜用Π形	φ6@100

③ 屋盖系统的支撑系统　无檩屋盖完整的支撑,包括屋架上下弦横向水平支撑、上弦通长水平系杆、跨中和端部竖向支撑、天窗开洞范围内局部的横向支撑,及出屋面天窗架两侧的竖向支撑。具体见表 7-9 和表 7-10。

表 7-9 无檩屋盖的支撑布置

支撑名称			烈 度		
			6、7	8	9
屋架支撑	上弦横向支撑		屋架跨度小于18m时同非抗震设计,跨度不小于18m时在厂房单元端开间各设一道	厂房单元端开间及柱间支撑开间各设一道;天窗开洞范围的两端各增设局部的支撑一道	
	上弦通长水平系杆		同非抗震设计	沿屋架跨度不大于15m设一道;但装配整体式屋面可不设;围护墙在屋架上弦高度有现浇圈梁时,其端部处可不另设	沿屋架跨度不大于12m设一道;但装配整体式屋面可不设;围护墙在屋架上弦高度有现浇圈梁时,其端部处可不另设
	下弦横向支撑		同非抗震设计	同非抗震设计	同上弦横向支撑
	跨中竖向支撑				
	两端竖向支撑	屋架端部高度≤900mm		厂房单元端开间各设一道	厂房单元端开间及每隔48m各设一道
		屋架端部高度>900mm	厂房单元端开间各设一道	厂房单元端开间及柱间支撑开间各设一道	厂房单元端开间、柱间支撑开间及每隔30m各设一道
天窗架支撑	上弦横向支撑		同非抗震设计	天窗跨度≥9m时,厂房单元天窗端开间及柱间支撑开间各设一道	厂房单元天窗端开间及柱间支撑开间各设一道
	天窗两侧竖向支撑		厂房单元天窗端开间及每隔30m各设一道	厂房单元天窗端开间及每隔24m各设一道	厂房单元天窗端开间及每隔18m各设一道

表 7-10 中间井式天窗无檩屋盖支撑布置

支撑名称			烈 度		
			6、7	8	9
上弦横向支撑下弦横向支撑			厂房单元端开间各设一道	厂房单元端开间及柱间支撑开间各设一道	
上弦通长水平系杆			天窗范围内屋架跨中上弦节点处设置		
下弦通长水平系杆			天窗两侧及天窗范围内屋架下弦节点处设置		
跨中竖向支撑			有上弦横向支撑开间设置,位置与下弦通长水平系杆相对应		
两端竖向支撑	屋架端部高度≤900mm		同非抗震设计		有上弦横向支撑开间,且间距不大于48m
	屋架端部高度>900mm		厂房单元端开间各设一道	有上弦横向支撑开间,且间距不大于48m	有上弦横向支撑开间,且间距不大于30m

（3）屋盖支撑的其他构件要求　屋盖支撑是保证屋盖整体性的重要抗震措施。规范对屋盖支撑的构造措施给出了以下规定：①天窗开洞范围内，在屋架脊点处应设上弦通长水平压杆；②屋架跨中竖向支撑在跨度方向上的间距，6~8度时不大于15m，9度时不大于12m；当仅在跨中设一道时，应设在跨中屋架屋脊处；当设二道时，应在跨度方向均匀布置；③屋架上、下弦通长水平系杆与竖向支撑宜配合设置；④柱距不小于12m且屋架间距6m的厂房，托架（梁）区段及其相邻开间应设下弦纵向水平支撑；⑤屋盖支撑杆件宜用型钢。

2. 柱的抗震构造

（1）排架柱的抗震构造　单层厂房的钢筋混凝土排架柱，依靠尺寸控制和合理的配筋，使之避免剪切破坏先于弯曲破坏，混凝土压碎先于钢筋屈服。为了使厂房结构形成空间工作体系，还可利用上、下柱间支撑直至基础系杆与柱子连成整体工作。

排架柱的纵向钢筋无特别的要求，抗震构造的重点是箍筋加密范围和加密构造。

① 箍筋加密的范围：柱头取500mm和柱截面长边的较大值；阶形柱上部取牛腿（柱肩）至吊车梁顶以上300mm；牛腿（柱肩）取全高；柱根取基础顶面至室内地坪以上500mm；柱间支撑与柱连接节点和柱变位受平台等约束的部位，取节点上、下各300mm。

② 排架柱箍筋加密区的箍筋间距、肢距：排架柱箍筋加密区的箍筋间距不应大于100mm，箍筋肢距和最小直径应符合表7-11的规定。由于厂房角柱处于双向地震作用，所以对厂房角柱柱头的加密箍筋采取了提高1度的配置。

表7-11　柱端箍筋加密区构造要求

烈度和场地类别		6、7度Ⅰ、Ⅱ类场地	7度Ⅲ、Ⅳ类场地和8度Ⅰ、Ⅱ类场地	8度Ⅲ、Ⅳ类场地和9度
箍筋最大肢距/mm		300	250	200
箍筋最小直径	一般柱头和柱根	φ6	φ8	φ8(φ10)
	角柱柱头	φ8	φ10	φ10
	上柱牛腿和有支撑的柱根	φ6	φ8	φ10
	有支撑的柱头和柱变位受约束部位	φ8	φ10	φ10

注：括号内的数值用于柱根。

（2）大柱网厂房柱的抗震构造　大柱网厂房柱的震害特点主要是：①柱根出现对角破坏，混凝土酥碎剥落，纵筋压屈，说明主要是纵、横两个方向或斜向地震作用的影响，柱根的承载力和延性不足；②中柱的破坏率和破坏程度俱大于边柱，说明与柱的轴压比有关。

根据以上分析，大柱网厂房柱的抗震构造要求为：①柱截面宜采用正方形或接近正方形的矩形，边长不宜小于柱全高的1/18~1/16；②重屋盖厂房地震组合的柱轴压比，6、7度时不宜大于0.8，8度时不宜大于0.7，9度时不应大于0.6；③纵向钢筋宜沿柱截面周边对称配置，间距宜不大于200mm，角部宜配置直径较大的钢筋；④柱根基础顶面至室内地坪以上1m且不小于柱全高的1/6，柱顶以下500mm且不小于柱截面长边尺寸应进行箍筋加密；箍筋直径、间距和肢距应符合表7-11。

（3）山墙抗风柱的抗震构造　在强烈地震作用下，抗风柱的柱头和上、下柱的根部都会产生裂缝，甚至折断。因此，应对抗风柱的柱头和上、下柱的根部给予适当的加强。具体要求为：①抗风柱柱顶以下300mm和牛腿（柱肩）面以上300mm范围内的箍筋，直径不宜小于6mm，间距不应大于100mm，肢距不宜大于250mm；②抗风柱的变截面牛腿（柱肩）处，宜设置纵向受拉钢筋。

3. 柱间支撑的构造和连接措施

柱间支撑是承受厂房纵向地震力并传递给基础的构件。厂房柱间支撑的设置和构造应符合下列要求：

（1）一般情况下，应在厂房单元中部设置上、下柱间支撑，且下柱支撑应与上柱支撑配套设置；有吊车或8度和9度时，宜在厂房单元两端增设上柱支撑；厂房单元较长或8度Ⅲ、Ⅳ类场地和9度时，可在厂房单元中部1/3区段内设置两道柱间支撑。受力较大时，柱间支撑应与屋盖、柱顶通长压杆和基础系梁组成传力体系。

（2）以交叉节点净长计算的长细比，6、7度和8度区Ⅰ、Ⅱ类场地时，下柱支撑不大于200，上柱支撑不大于250；8度Ⅲ、Ⅳ类场地和9度Ⅰ、Ⅱ类场地时，下柱支撑不大于150，上柱支撑不大于200；9度Ⅲ、Ⅳ类场地时，上、下柱支撑均不大于150。

（3）支撑应采用整根型钢，交叉节点应在两根斜杆之间，用厚度不小于10mm的节点板牢固焊接；端节点板宜焊接；斜杆与水平面的夹角不宜大于55°。

（4）支撑的地震作用要直接传递给基础，并要求支撑受力作用线与柱轴线交于基础底面。当条件受限制的时候，8、9度时可以考虑采用基础系梁，且它与支撑受力作用线交于基础底面，同时加大系梁的端部，使之与基础形成整体；6、7度时，则考虑支撑引起基础偏心以及柱的底部形成短柱的不利影响，采取相应的措施。

（5）纵向地震作用较大的时候，如8度跨度不小于18m和9度，屋面板和屋盖支撑不足以将地震作用传递到柱间支撑，8度时的中柱列和9度时各柱列的柱顶，应设置通长的水平压杆。对钢筋混凝土系杆与屋架间的孔隙，要用混凝土填实。

4. 厂房结构构件的连接节点构造

厂房结构构件的连接节点包括屋架与柱的连接，柱预埋件，抗风柱、牛腿（柱肩）、柱与柱间支撑连接处的预埋件等。

（1）屋架（屋面梁）与柱顶的连接，8度时宜采用螺栓，9度时宜采用钢板铰，也可以采用螺栓；屋架（屋面梁）端部支承垫板的厚度不宜小于16mm。

（2）柱顶预埋件的锚筋，8度时不宜少于4ϕ14，9度时不宜少于4ϕ16；有柱间支撑的柱子，柱顶预埋件尚应增设抗剪钢板。

（3）山墙抗风柱的柱顶，应设置预埋板，使柱顶与端屋架上弦（屋面梁上翼缘）可靠连接。连接部位应位于上弦横向支撑与屋架的连接点处，不符合时可在支撑中增设次腹杆或设置型钢横梁，将水平地震作用传至节点部位。

（4）支承低跨屋盖的中柱牛腿（柱肩）的预埋件，应与牛腿（柱肩）中按计算承受水平拉力部分的纵向钢筋焊接，且焊接的钢筋，6度和7度时不应少于2ϕ12，8度时不应少于2ϕ14，9度时不应少于2ϕ16。

（5）柱间支撑与柱连接节点预埋件的锚件，8度Ⅲ、Ⅳ类场地和9度时，宜采用角钢加端板，其他情况可采用HRB335级或HRB400级热轧钢筋，但锚固长度不应小于30倍锚筋直径或增设端板。

（6）厂房中的吊车走道板、端屋架与山墙间的填充小屋面板、天沟板、天窗端壁板和天窗侧板下的填充砌体等构件应与支承结构有可靠的连接。

第四节　单层钢结构厂房的抗震设计

一、地震作用计算和截面抗震验算

单层钢结构厂房的抗震计算方法与计算步骤基本上和单层钢筋混凝土柱厂房相同，只是某些基本假定和结构计算参数有所不同。

1. 计算模型

单层钢结构厂房地震作用计算应根据等高和不等高以及吊车设置、屋盖类别等情况分别采取适合地震作用反应特点的单质点、两质点和多质点的计算模型。

需要注意的是，对于不等高钢结构厂房，不能采用底部剪力法进行计算，更不能对高低跨交接处柱截面的地震作用效应直接套用钢筋混凝土柱不等高厂房所给出的高振型影响系数 η 值来修正。因为钢筋混凝土柱不等高厂房的 η 值计算公式不符合钢结构厂房的具体条件。

2. 围护墙自重与刚度

单层钢结构厂房地震作用计算时，围护墙自重与刚度的取值，可以根据墙体类别和与柱的拉结情况确定。

(1) 当为轻质墙板及柔性连接的预制钢筋混凝土墙板时，应计入墙体的全部质量，但不考虑其刚度影响。

(2) 当为与柱紧贴且拉结的砖围护墙时，墙体的质量全部计入，在纵向计算时可以考虑其刚度的40%。

3. 横向抗震计算

单层钢结构厂房的横梁与柱的连接为刚接，因而其单柱的侧移计算不同于钢筋混凝土柱的铰接排架。

单层钢结构厂房的横向水平地震作用可分别采用以下方法：

(1) 一般情况下，宜计入屋盖变形进行空间分析。

(2) 采用轻型屋盖时，可按平面排架或框架计算。

4. 纵向抗震计算

单层钢结构厂房的纵向抗震计算可根据围护墙的状况分为两种类型，一是采用轻质墙板或与柱柔性连接的大型墙板厂房，二是采用与柱贴砌的烧结普通黏土砖围护墙厂房。

对于第一类厂房，可按单质点计算，各柱列的地震作用分配可根据对屋盖的刚度分析只考虑无限刚性、中等刚性和柔性三种基本假定。在计算中根据屋盖的不同采取三种方法来确定厂房各柱列的纵向地震作用：①钢筋混凝土无檩屋盖，屋盖视为无限刚性，各柱列的纵向地震作用可按柱列的刚度比例进行分配；②轻型屋盖，屋盖视为柔性，不考虑各柱列间的横向制约和联系，按单柱列进行计算，可按柱列承受的重力荷载代表值的比例分配；③钢筋混凝土有檩屋盖，屋盖视为中等刚性，纵向水平地震作用可取上述两种分析方法的平均值。

对于第二类厂房，一般应用多质点空间分析方法，并应计入屋盖的纵向弹性变形、围护墙与隔墙的有效刚度等，仅当纵墙对称布置的单跨和轻型屋盖的多跨厂房，可按柱列分片独立计算。

5. 支撑系统的计算

(1) 屋盖支撑系统　对于按长细比决定截面的支撑构件，其与弦杆的连接可不要求等强度连接，只要大于构件的内力即可；屋盖竖向支撑承受的作用力包括屋盖自重产生的地震力，还要将其传给主框架，杆件截面需要由计算确定。

(2) 柱间交叉支撑　柱间交叉支撑的地震作用和截面验算可按上一节的规定按拉杆计算，并计及相交受压杆的影响。交叉支撑端部的连接，对单角钢支撑应计入强度折减，8、9度时不得采用单面偏心连接；交叉支撑有一杆中断时，交叉节点应予以加强，其承载力不小于1.1倍杆件承载力。

二、抗震构造措施

单层钢结构厂房的抗震构造措施主要有三部分，一是加强屋盖整体性和空间刚度；二是保证柱子的整体稳定和柱截面的抗震稳定,以提高柱脚的抗震能力;三是减轻围护墙对于厂房地震作用的影响。

1. 屋盖

钢结构厂房屋盖的抗震措施基本上与钢筋混凝土柱厂房的屋盖相同,其屋盖支撑的布置与表 7-7、表 7-9 和表 7-10 一样。所不同的是钢屋架为梯形屋架,为了满足屋盖传力和抗震稳定的需要,还应在屋架两端增设竖向支撑。凡是有上弦横向支撑的开间均应增设此竖向支撑。此外,钢屋盖还需要增设屋架下弦的横向支撑和通长的纵向水平支撑,沿厂房周边形成封闭桁架体系。其中下弦横向支撑的布置位置与上弦横向支撑相对应,下弦纵向水平支撑的布置则根据厂房跨数而定,少于三跨时可只沿边柱列布置,超过三跨时除边柱列以外,还应沿中柱列增设。增设的原则是纵向水平支撑的间距不超过两跨的跨宽。

厂房屋盖构件的连接,包括屋面板与屋架、檩条和屋架的连接,以及屋面板相互之间的拉结,其要求均与钢筋混凝土柱厂房的屋盖相同,无檩和有檩屋盖均可参照设计。但当屋面为压型钢板时,板与屋面檩条的连接应采用每隔一波用自锁螺栓进行固定的做法。

2. 钢柱

(1) 钢柱的长细比　控制钢柱的长细比是为了防止柱在地震作用下失稳。按照钢结构的设计规定,长细比限值与柱的轴压比无关,但与钢材的屈服强度有关。柱的长细比不应大于 $120\sqrt{235/f_{ay}}$ (f_{ay} 为钢材抗拉强度标准值)。

(2) 钢柱脚　钢柱脚应采取保证能传递柱身承载力的插入式或埋入式柱脚。6、7 度时也可以采用外露式刚性柱脚,但柱脚螺栓的组合弯矩设计值应乘以增大系数 1.2。

实腹式钢柱采用插入式柱脚的埋入深度,不得小于钢柱截面高度的 2 倍;同时还应满足下式要求:

$$d \geqslant \sqrt{6M/b_f f_c} \tag{7-23}$$

式中　d——柱脚埋深;
　　　M——柱脚全截面屈服时的极限弯矩;
　　　b_f——柱在受弯方向截面的翼缘宽度;
　　　f_c——基础混凝土轴心受压强度设计值。

外露式刚性柱脚的构造应符合下列要求:①柱脚底板与基础顶面之间的灌浆应密实,可采用流动性无收缩水泥砂浆,以保证柱脚与基础面吻合良好和固定;②锚栓应采用锚板固定;③当底板与基础顶面混凝土之间的摩擦力不能平衡水平地震剪力时,应采取措施加强柱脚的抗剪能力;④采用材质优良和螺纹加工精细的锚栓。

3. 柱间支撑

钢结构厂房的柱间支撑的布置原则,总的要求与钢筋混凝土柱厂房相同。但由于钢结构厂房的单元长度一般都比较大,可达 100 多米,因此柱间支撑的布置应结合厂房单元长度用地震作用的大小来确定。当 7 度时结构单元长度超过 120m,8、9 度时结构单元长度超过 90m 以及 9 度时,宜在厂房单元三分之一长度处各设置一道柱间支撑。柱间交叉支撑的长细比、支撑斜杆与水平面的夹角、支撑斜杆交叉点的节点板厚度,均与单层钢筋混凝土柱厂房相同。支撑的杆件应采用整根,不要拼接,以免形成薄弱环节。柱间支撑与柱的连接节点宜采用焊接,且焊缝必须根据计算确定。有条件时,可采用消能支撑。

4. 单层钢框架柱、梁截面板件

为了防止钢结构构件的局部失稳,应对单层钢结构厂房的梁、柱截面板件宽厚比进行限制。钢结构构件抗震设计比静力弹性设计的截面宽厚比要求要严格一些,具体见表 7-12。

表 7-12　单层钢结构厂房板件宽厚比限值

构件	板件名称	7 度	8 度	9 度
柱	工字形截面翼缘外伸部分	13	11	10
柱	箱形截面两腹板间翼缘	38	36	36
柱	箱形截面腹板($N_c/Af<0.25$)	70	65	60
柱	箱形截面腹板($N_c/Af\geq0.25$)	58	52	48
柱	圆管外径与壁厚比	60	55	50
梁	工字形截面翼缘外伸部分	11	10	9
梁	箱形截面两腹板间翼缘	36	32	30
梁	箱形截面腹板($N_b/Af<0.37$)	$85-120(N_b/Af)$	$80-110(N_b/Af)$	$72-100(N_b/Af)$
梁	箱形截面腹板($N_b/Af\geq0.37$)	40	39	35

注：1. 表列数值适用于 Q235 钢，当材料为其他钢号时，应乘以 $(235/f_{ay})^{1/2}$。
2. N_c、N_b 分别为柱、梁的轴向力；A 为相应构件的截面面积；f 为钢材抗拉强度设计值。

第五节　单层砖柱厂房的抗震设计

一、地震作用计算和截面抗震验算

造成单层砖柱厂房破坏的主要原因是砖柱或带壁柱砖墙的出平面弯曲破坏。因为砖柱既是重要的承重构件，又是主要的抗侧力构件。砖柱在横向或者纵向地震作用下发生破坏后，就会危及厂房的安全。因此，为了确保砖排架具有足够的抗震能力，除了进行恰当的选型及合理的构造和连接外，还必须对砖排架进行合理的抗震验算。

1. 可不进行横向或纵向截面抗震验算的范围

（1）7 度Ⅰ、Ⅱ类场地，柱顶标高不超过 4.5m，且结构单元两端均有山墙的单跨及等高多跨砖柱厂房，可不进行横向和纵向抗震验算。

（2）7 度Ⅰ、Ⅱ类场地，柱顶标高不超过 6.6m，两侧设有厚度不小于 240mm 且开洞截面面积不超过 50% 的外纵墙，结构单元两端均有山墙的单跨厂房，可不进行纵向抗震验算。

2. 厂房横向计算

轻型屋盖厂房，可按平面排架计算；钢筋混凝土屋盖厂房和密铺望板的瓦木屋盖厂房可按平面排架计算并考虑空间作用，空间作用的效应调整系数见表 7-13。

表 7-13　砖柱考虑空间作用的效应调整系数

屋盖类型	两端山墙间距/m									
	≤12	18	24	30	36	42	48	54	60	66	72
钢筋混凝土无檩屋盖	0.60	0.65	0.70	0.75	0.80	0.85	0.85	0.90	0.95	0.95	1.00
钢筋混凝土有檩屋盖或密铺望板瓦木屋盖	0.65	0.70	0.75	0.80	0.90	0.95	0.95	1.00	1.05	1.05	1.10

（1）基本周期

$$T_1 = 2\Psi_T \sqrt{G\delta} \tag{7-24}$$

式中　Ψ_T——周期调整系数，钢筋混凝土屋架时，$\Psi_T=0.9$；木屋架、钢木屋架、轻钢屋架时，$\Psi_T=1.0$；

G——按动能等效原则，换算集中到柱顶处的重力荷载代表值，可按下式计算：

$$G=1.0(G_{屋盖}+0.5G_{积雪}+0.5G_{积灰}+G_{檐墙})+0.25(G_{柱子}+G_{纵墙}) \quad (7-25)$$

δ——排架柔度，按下式计算：

$$\delta=H^3/\left(3E\sum_{i=1}^{m}I_i\right) \quad (7-26)$$

式中，H 是由基础顶面至柱顶的高度；I_i 为第 i 个砖柱的截面惯性矩；E 为砖砌体弹性模量。

(2) 水平地震作用 一榀排架底部的总水平地震作用，即为屋盖处的地震剪力，按下式计算：

$$F_{Ek}=\alpha_1 G_{eq} \quad (7-27)$$

式中，α_1 为相应于单排架基本周期 T_1 的水平地震影响系数；G_{eq} 为按柱底弯矩相等原则，一榀排架换算集中到柱顶处的重力荷载代表值，可按下式计算：

$$G_{eq}=1.0(G_{屋盖}+0.5G_{积雪}+0.5G_{积灰}+G_{檐墙})+0.5(G_{柱子}+G_{纵墙}) \quad (7-28)$$

(3) 地震效应组合 水平地震作用效应与相应的静力荷载效应进行最不利组合，即

$$S=\gamma_G S_G+1.3 S_{Eh} \quad (7-29)$$

(4) 截面抗震验算 偏心受压柱承载力验算公式见《砌体结构设计规范》(GB 50003—2001)。另外，抗震验算时，尚应符合下列要求：① 无筋砖柱由地震作用标准值和重力荷载代表值产生的总偏心距，不宜超过 0.9 倍截面形心到竖向力所在方向截面边缘的距离，承载力抗震调整系数可采用 0.9；② 组合砖柱时，承载力抗震调整系数可采用 0.85。

3. 厂房纵向抗震分析

钢筋混凝土屋盖厂房宜采用振型分解反应谱法进行计算；钢筋混凝土屋盖的等高多跨砖柱厂房可采用修正刚度法；纵墙对称布置的单跨厂房和轻型屋盖的多跨厂房，可采用柱列分片独立进行计算。

(1) 柱列计算法

① 柱列侧移柔度 可按下列方法计算：

边柱列：
$$\delta=\sum_{i=1}^{n}\delta_i=\sum_{i=1}^{n}(1/K_{wi}) \quad (7-30)$$

实心水平砖带：
$$K_{wi}=Et(K_0)_i \quad (7-31)$$

开洞的水平砖带：
$$K_{wi}=Et\sum_{i=1}^{m}(K_0)_i \quad (7-32)$$

$$K_0=1/(\rho^3+3\rho) \quad (7-33)$$

中柱列：
$$\delta=\frac{1}{\sum_{i=1}^{n}K_c+\sum_{i=1}^{m}K_w}=\frac{1}{\dfrac{n}{\delta_c}+Et\sum K'_0} \quad (7-34)$$

$$K'_0=1/(4\rho^3+3\rho) \quad (7-35)$$

式中 K_w，K_c——分别为砖墙和柱的侧向刚度；

K_0，K'_0——分别为两端固定和底部固定上端自由的砖墙相对刚度；

ρ——砖墙的高度与宽度之比。

② 自振周期 第 s 柱列纵向单独自由振动周期按下式计算：

$$T_s=2\sqrt{G_s\delta} \quad (7-36)$$

式中，G_s 为按动能等效原则，换算集中到柱顶处的重力荷载代表值，包括屋盖自重、

雪载、积灰荷载、檐墙自重等重力荷载代表值,以及35%纵墙自重、25%横墙自重、25%柱子自重。

③ 地震作用 柱列柱顶处的纵向水平地震作用按下式计算:

$$F_s = \alpha_s G_s \tag{7-37}$$

式中,α_s 为相应于柱列自振周期 T_s 的地震影响系数;G_s 为按柱底剪力相等原则,换算集中到第 s 柱列柱顶处的重力荷载代表值,包括屋盖自重、雪载、积灰荷载、檐墙自重等重力荷载代表值,以及70%纵墙自重、50%横墙自重、50%柱子自重。

④ 构件地震作用 边柱列地震作用全部由纵墙承担,不考虑砖墙开裂影响。中柱列中,柱子和纵向抗震墙分担的水平地震作用可按各构件的侧向刚度比进行分配。

(2) 修正刚度法

① 基本周期 可按下式计算

$$T_1 = 2\Psi_T \sqrt{\sum G_s / \sum K_s} \tag{7-38}$$

式中 Ψ_T——周期修正系数,钢筋混凝土无檩屋盖时为1.3(边跨无天窗)和1.35(边跨有天窗);钢筋混凝土有檩屋盖时为1.4(边跨无天窗)和1.45(边跨有天窗);

G_s——按动能等效原则,换算集中到第 s 柱列柱顶处的重力荷载,同柱列法;

K_s——第 s 柱列的侧向刚度。

② 地震作用分析 单层砖柱厂房纵向总水平地震作用标准值可按下式计算:

$$F_{Ek} = \alpha_1 \sum G_s \tag{7-39}$$

式中,α_1 为相应于单层砖柱厂房纵向基本自振周期 T_1 的地震影响系数;G_s 为按照柱列底部剪力相等原则,第 s 柱列换算集中到墙顶处的重力荷载代表值,同柱列法。

沿厂房纵向第 s 柱列上端的水平地震作用可按下式计算:

$$F_s = \frac{\Psi_s K_s}{\sum \psi_s K_s} F_{EK} \tag{7-40}$$

式中 Ψ_s——反映屋盖水平变形影响的柱列刚度调整系数,根据屋盖类型和各柱列的纵墙设置情况,按表7-14取值。

③ 构件地震作用计算同柱列法。

表7-14 柱列刚度调整系数

纵墙设置情况		屋 盖 类 型			
		钢筋混凝土无檩屋盖		钢筋混凝土有檩屋盖	
		边柱列	中柱列	边柱列	中柱列
砖柱敞棚		0.95	1.1	0.9	1.6
各柱列均为带壁柱砖墙		0.95	1.1	0.9	1.2
边柱列为带壁柱砖墙	中柱列的纵墙不少于4开间	0.7	1.4	0.75	1.5
	中柱列的纵墙少于4开间	0.6	1.8	0.65	1.9

4. 突出屋面天窗架

单层砖柱厂房突出屋面天窗架的横向和纵向抗震计算和单层钢筋混凝土柱厂房相同。

二、抗震构造措施

1. 屋盖支撑

木屋盖的支撑布置宜符合表7-15的要求。钢屋架、瓦楞铁和石棉瓦等屋面的支撑,可以按照表中无望板屋盖的规定设置,不应在端开间设置下弦水平系杆与山墙连接。屋架间竖向支撑的交叉杆，因交替受拉受压，所以要采用方木或半圆木，竖向支撑平面内的下弦通长水平系杆可能受压，应采用方木，并采取搭接接头。支撑与屋架或天窗架应采用螺栓连接。木天窗的边柱，宜采用通长木夹板或铁板并通过螺栓加强边柱与屋架上弦的连接。

表 7-15 木屋盖的支撑布置

支撑名称		烈 度				
		6、7	8		9	
		各类屋盖	满铺望板	稀铺望板或无望板	满铺望板	稀铺望板或无望板
			无天窗	有天窗			
屋架支撑	上弦横向支撑	同非抗震设计	房屋单元两端天窗开洞范围内各设一道	屋架跨度大于6m时，房屋单元两端第二开间及每隔20m设一道	屋架跨度大于6m时，房屋单元两端第二开间各设一道	屋架跨度大于6m时，房屋单元两端第二开间及每隔20m设一道
	下弦横向支撑	同非抗震设计				屋架跨度大于6m时，房屋单元两端第二开间及每隔20m设一道
	跨中竖向支撑	同非抗震设计				隔间设置并加下弦通长水平系杆
天窗架支撑	天窗两侧竖向支撑	天窗两端第一开间各设一道			天窗两端第一开间各设一道及每隔20m左右设一道	
	上弦横向支撑	跨度较大的天窗，参照无天窗屋架的支撑布置				

2. 檩条与山墙连接

单层砖结构房屋的檩条、屋面板等屋面构件与山墙顶部无拉结或拉结不牢，山墙处于或近于悬臂状态，在纵向地震分量作用下将产生很大的出平面位移和弯拉应力，这是山墙外倾倒塌最直接原因。因此，要采取有效的措施加强屋面构件与山墙的连接。

对于瓦木屋盖、木檩条与山墙的连接要采用螺栓、扒钉等铁件。对于7度区较高大的山墙以及8度和9度区，山墙顶部应顺屋面坡度设现浇钢筋混凝土卧梁，并预埋铁件与檩条锚接。有条件时，宜采用出山墙屋面做法，作为墙顶连接失效后的第二道防倒塌措施。

对于混凝土屋盖和钢檩条屋盖，地震烈度7度起就需要采取卧梁连接的做法，即在山墙顶部顺着屋面坡度现浇钢筋混凝土卧梁，在卧梁面预埋带有锚爪的钢板，待混凝土檩条或屋面板就位后用电焊将它们与钢板焊联。卧梁厚度取100mm或120mm，内配$2\phi8$或$2\phi10$纵向钢筋。

3. 圈梁的设置

(1) 墙顶圈梁　设置墙顶圈梁并与屋架妥善锚固的房屋，基本没有震害。因此，地震烈度等于或高于7度，砖排架房屋应在屋架底部标高处沿外墙和承重内墙设置闭合的现浇钢筋混凝土圈梁。对于6度区墙顶也应设置圈梁。

(2) 墙身圈梁　沿高度每隔一定距离在砖墙内设置一道圈梁，能够适当提高砖墙的抗震性能，并限制墙身斜裂缝的延伸和开展、减轻墙身的破坏程度。所以，8度或者9度时，除在屋架底部标高处沿外墙和承重内墙设置闭合的圈梁外，还应沿墙高每隔3～4m左右增设圈梁一道。

(3) 基础墙圈梁　软弱土地区地震时地面裂缝很容易发生，6度区即有，7度、8度区就比较多。当地面裂缝穿过无筋砖结构房屋时，常常将房屋撕裂。因此，位于软弱土地区的单层砖排架房屋，当地震烈度为6度和6度以上时，应沿房屋周围在纵墙和山墙的基础墙内设置现浇钢筋混凝土圈梁,高度不小于180mm,纵向钢筋不少于4φ12。

4. 山墙

山墙壁柱在山墙半高处截断以后,刚度和强度发生突然变化,使该水平截面变成抗震薄弱部位而容易发生破坏。因此,承重砖墙的壁柱一律要伸到墙顶并与卧梁或屋盖构件连接。在砖壁柱配置钢筋,对于限制墙面斜裂缝的开展以及阻止斜裂缝的出平面错位都有一定的作用,故山墙砖壁柱的截面和钢筋不宜小于排架柱。

为了防止山墙外倾,应沿屋面设置现浇钢筋混凝土卧梁,并与屋盖构件锚拉。

控制山墙的开洞率有助于提高厂房的抗震能力,对于钢筋混凝土屋盖的砖柱厂房,山墙开洞的水平截面面积不宜超过总截面面积的50%。

在山墙和横墙上设置钢筋混凝土构造柱,能起到约束墙体和提高厂房抗震能力的作用。对于钢筋混凝土屋盖厂房,8度时应在山、横墙两端设置钢筋混凝土构造柱;9度时应在山、横墙两端及高大的门洞两侧设置钢筋混凝土构造柱。

钢筋混凝土构造柱的截面尺寸,可采用240mm×240mm;当为9度且在山、横墙的厚度为370mm时,其截面宽度宜取370mm;构造柱的竖向钢筋,在8度时不少于4φ12,9度时不少于4φ14;箍筋可采用φ6,间距宜为250~300mm。

5. 砖柱

砖的强度等级不应低于MU10,砂浆的强度等级不应低于M5;组合砖柱中混凝土的强度等级应采用C20;砖柱的防潮层应采用防水砂浆。

6. 砖砌体墙

单层砖柱厂房的砖砌体墙包括砖围护墙和承重内横墙以及出平面的女儿墙等,其抗震构造措施为:8度和9度时,钢筋混凝土无檩屋盖砖柱厂房,砖围护墙顶部宜沿墙长方向每隔1m埋入1φ8竖向钢筋,并插入顶部圈梁内;7度且墙顶高度大于4.8m或8度和9度时,外墙转角及承重内横墙与外纵墙交接处,当不设置构造柱时,应沿墙高每500mm配置2φ6钢筋,每边伸入墙内不小于1m;出屋面女儿墙在人流出入口与主体结构锚固;防震缝处应留有足够的宽度,缝两侧的自由端应予以加强。

7. 屋架(屋面梁)与墙顶圈梁、墙顶圈梁与柱顶垫块锚固构造

屋架(屋面梁)与墙顶圈梁、墙顶圈梁与柱顶垫块的可靠锚固连接,有助于提高单层砖柱厂房的整体抗震能力。其抗震构造要求为:屋架(屋面梁)与墙顶圈梁或柱顶垫块之间应采用螺栓或焊接连接;柱顶垫块应现浇,其厚度不应小于240mm,并应配置两层直径不小于φ8间距不大于100mm的钢筋网;墙顶圈梁应与柱顶垫块整浇,9度时,在垫块两侧各500mm范围内,圈梁的箍筋间距不应大于100mm。

小 结

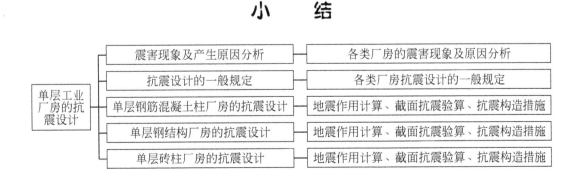

思考题

1. 三种单层工业厂房主要有哪些震害？产生这些震害的原因各是什么？
2. 在单层厂房抗震设计中如何体现"小震不坏、中震可修、大震不倒"的原则？
3. 简述三种单层厂房抗震设计的一般规定。
4. 三种单层工业厂房的地震作用计算分析的具体步骤各是什么？
5. 各种单层工业厂房的构造措施是什么？

第八章 桥梁结构的抗震设计

【知识目标】
- 了解桥梁的常见震害及桥梁抗震设计的一般规定
- 明确桥梁抗震设计的一般步骤及桥梁抗震设计的主要内容
- 了解特殊桥梁抗震设计

【能力目标】
- 能够对桥梁的常见震害进行分析判断
- 对桥梁抗震有一个整体认识

开章语 桥梁与房屋建筑工程一样,也是用砖石、木、混凝土、钢筋混凝土和各种金属材料等建造的结构工程。但是,桥梁结构体系一般是静定或低次超静定的,单个结构单元间的破坏造成桥梁倒塌比建筑结构多,且对于结构-土共同作用的影响更为敏感,对地震的反应更是难以预测。同时桥梁也是抗震防灾、危机管理系统的一个重要组成部分。

第一节 震害现象及其分析

地震会使桥梁结构发生破坏但也为桥梁抗震设计提供了最宝贵、最直接的资料。通过对大量震害现象的调查、分析和研究,可以发现引起桥梁震害的原因主要有四个方面:①地震使得地基失效或地基变形;②实际发生的地震强度大于抗震设防的标准;③桥梁的结构设计和施工不满足要求;④桥梁结构本身的抗震能力不足。

从结构抗震设计来分析,可将桥梁震害划分为两类:①静力作用的破坏,即地基失效变形引起的破坏;②动力作用的破坏,即结构的强烈震动导致的破坏。

地基失效变形引起的破坏是人为工程难以抵抗的,要尽可能通过场地选择去降低破坏的风险。结构的强烈震动导致的破坏,可分为两个方面:①地震强度大于设计强度时发生的破坏,为外因;②结构设计和细部构造等方面存在缺陷,此是内因。以下主要从桥梁破坏的内因进行分析总结。

1. 桥梁上部结构的震害

按震害产生原因的不同,可分为上部结构的自身震害、移位震害和碰撞震害。

(1) 自身震害 在地震中比较少见,发现此类震害中主要是钢结构的局部屈曲破坏。

(2) 移位震害 在破坏性地震中极为常见,一般都是发生在设置伸缩缝处,表现为有纵向、横向和扭转位移,常会引起落梁。

(3) 碰撞震害 见于相邻结构间距设置过小,较典型的是相邻跨上部结构的碰撞,上部结构与桥台的碰撞,以及相邻桥梁之间的碰撞。

2. 桥梁支座震害

桥梁结构体系中桥梁支座历来被认为是抗震性能比较薄弱的一个环节。在历次破坏性地震中，桥梁支座的震害现象都比较常见，其原因主要是：支座在设计时没有充分考虑抗震的要求，连接和支挡等构造措施不足，及一些支座形式和材料本身存在问题。支座破坏常会造成落梁。

支座的破坏形式常表现为：支座的位移、脱空，锚固螺栓被拔出或剪断，活动支座的脱落及支座本身的损坏等。

3. 桥梁下部结构震害

桥梁下部结构的严重破坏是导致其垮塌和震后难以维修加固的主要原因。下面介绍常见的震害现象。

（1）墩柱破坏　大量震害资料表明，桥梁中大多采用的是钢筋混凝土墩柱，其破坏形式大多为弯曲和剪切破坏。

① 墩柱弯曲破坏　此种破坏在地震中很常见，其破坏属于延性的，常见的有混凝土开裂、剥落、压溃和钢筋的裸露、弯曲等，同时会有很大的塑性变形。其原因主要是：约束箍筋配置不足、纵向钢筋的搭接或焊接不牢靠所导致的墩柱延性能力不足。

② 墩柱剪切破坏　桥梁墩柱的剪切破坏也是比较常见的，属于脆性破坏，常会造成墩柱及以上结构的倒塌，是桥梁遭受致命破坏的重要原因。

③ 墩柱基脚破坏　这种破坏很少见，但一旦发生，就有可能会导致墩梁倒塌的严重后果。

（2）框架墩震害　框架墩多见于城市的高架桥中，有盖梁的破坏、墩柱的破坏和节点的破坏。盖梁的破坏形式有：剪切强度不足引起的剪切破坏；盖梁负弯矩钢筋的截断引起的弯曲破坏；盖梁钢筋的锚固长度不够引起的破坏；墩柱的破坏与上面提到的墩柱破坏相似；节点的破坏形式主要是剪切破坏。

（3）桥台震害　桥台的震害现象在历次的地震中是比较常见的。如：桥台和梁的碰撞破坏；桥台墙体的开裂；桥台的倾斜等。还有的是因为地基丧失承载力而造成的桥台位移和坍塌等震害。

4. 桥梁基础震害

桥梁基础震害是国内外很多地震的重要震害现象之一，其原因主要是因为地基失效（如地基滑移和地基液化）。例如：扩大基础的震害一般都是由地基失效引起的。但桩基础的震害除了地基失效外，也有上部结构传下来的惯性力而引起的桩基剪切和弯曲破坏，更有由于桩基设计存在缺陷而导致的，如桩基深入稳定土层的长度不能满足要求，或桩基顶与承台连接强度不够等。但从总体上看，桩基能越过可液化土层，比无桩基础的抗震能力要强。同时也需要注意到，桩基础的震害具有一定的隐蔽性，不容易被发现，当发现上部结构被破坏时，可能桩基础的破坏已相当严重了。

5. 桥梁震害的启示

上述震害现象表明，桥梁震害的内因主要是由于桥梁结构和构造两方面存在缺陷而产生的。可以通过合理选择结构形式和加强抗震能力设计等来减轻、减少震害的产生。

①重视桥梁结构的总体设计，找出理想的抗震结构体系；②重视延性抗震设计，同时一定要避免出现脆性破坏；③重视加强局部构造设计，以避免存在构造缺陷；④重视桥梁的支承连接部位的抗震设计，开发有效的防落梁构件；⑤对于复杂结构体系桥梁，要进行空间动力时程分析；⑥重视研究应用减隔震技术来加强结构抗震能力。

第二节　抗震设计的一般规定

一、桥梁结构抗震设防的目标、分类和标准

抗震设防从我国目前的具体情况出发，本着确保重点和节约投资的原则，根据桥梁的重要性和在抗震救灾中的作用，将桥梁分为 A 类、B 类、C 类、D 类四个抗震设防类别。

1. 桥梁抗震设防目标

各设防类别在不同的地震作用下确定有不同的设防标准和设防目标。地震作用按重现期的长短划分为两类（地震重现期是指，一定场地重复出现大于或等于给定地震的平均时间间隔）：一类是工程场地重现期较短的地震作用称为 E1，对应于第一级设防标准；另一类是工程场地重现期较长的地震作用称为 E2，对应于第二级设防水准。A 类桥梁的抗震设防目标是中震（E1 地震作用，重现期约为 475 年）不坏，大震（E2 地震作用，重现期约为 2000 年）可修；B、C 类桥梁的抗震设防目标是小震（E1 地震作用，重现期约为 50~100 年）不坏，中震（重现期约为 475 年）可修，大震（E2 地震作用，重现期约为 2000 年）不倒；D 类桥梁的抗震设防目标是小震（重现期约为 25 年）不坏。见表 8-1。

表 8-1　各设防类别桥梁的抗震设防目标

桥梁抗震设防类别	设防目标	
	E1 地震作用	E2 地震作用
A 类	一般不受损坏或不需修复可继续使用	可发生局部轻微损伤,不需修复或经简单修复可继续使用
B 类		应保证不致倒塌或产生严重结构损伤,经临时加固后可供维持应急交通使用
C 类		应保证不致倒塌或产生严重结构损伤,经临时加固后可供维持应急交通使用
D 类		

当前我国桥梁抗震设计方法采用了两水平设防、两阶段设计，较以前的单一水准的抗震设防思想有了很大改变。第一阶段的抗震设计，采用弹性抗震设计；第二阶段的抗震设计，采用延性抗震设计方法，并引入能力保护设计原则。只有 D 类桥梁仍采用一水平设防、一阶段设计。需要指出的是，B、C 类桥梁抗震设计时只进行 E1 地震作用下的弹性抗震设计和 E2 地震作用下的延性抗震设计。

2. 桥梁抗震设防分类

一般情况下，桥梁抗震设防分类应根据各桥梁抗震设防类别的适用范围来确定。但对抗震救灾以及在经济、国防上具有重要意义的桥梁或破坏后修复（抢修）困难的桥梁，可按国家批准权限，报请批准后，提高设防类别。各桥梁抗震设防类别的适用范围见表 8-2。

表 8-2　各桥梁抗震设防类别适用范围

桥梁抗震设防类别	适用范围
A 类	单跨跨径超过 150m 的特大桥
B 类	单跨跨径超过 150m 的高速公路、一级公路上的桥梁,单跨跨径不超过 150m 的二级公路上的特大桥、大桥
C 类	二级公路上的中桥、小桥,单跨跨径不超过 150m 的三、四级公路上的特大桥、大桥
D 类	三、四级公路上的中桥、小桥

3. 桥梁抗震设防标准

桥梁抗震设防标准应符合以下规定：

(1) 不同抗震设防烈度下的抗震设防措施等级不同，详见表 8-3。

表 8-3　桥梁的抗震设防措施等级

桥梁分类 \ 抗震设防烈度	6 度 0.05g	7 度 0.10g	7 度 0.15g	8 度 0.20g	8 度 0.30g	9 度 0.40g
A 类	7	8	9	9		更高，专门研究
B 类	7	8	8	9	9	≥9
C 类	6	7	7	8	8	9
D 类	6	7	7	8	8	9

(2) 不同类别在不同地震作用下的重要性系数是不一样的，详见表 8-4。

表 8-4　桥梁的抗震重要性系数 C_i

桥 梁 分 类	E1 地震作用	E2 地震作用
A 类	1.0	1.7
B 类	0.43(0.5)	1.3(1.7)
C 类	0.34	1.0
D 类	0.23	—

注：高速公路和一级公路上的特大桥、大桥，其抗震重要性系数取 B 类括号内的值。

二、抗震设计的一般规定

总结历次桥梁震害教训和当前水平，进行抗震设计时应考虑以下因素。

1. 桥位的选择

选择桥位时，应在工程地质勘察、专门工程地质、水文地质调查的基础上，按地质构造的活动性、边坡稳定性和场地的地质条件等进行综合评价，同时要尽量避开抗震不利地段和危险地段，充分利用抗震有利地段。

当在抗震不利地段布设桥位时，宜对地基采取适当抗震加固措施。在软弱黏性土层、液化土层和严重不均匀地层上，不宜修建大跨径超静定桥梁。当桥位无法避免通过危险地段时，最好作地震安全性评价分析。对地震时可能因发生滑坡、崩塌而造成堰塞湖的地段，应估计其淹没和溃决的影响范围，合理确定路线的高程，选定桥位。当可能因发生滑坡、崩塌而改变河流流向，影响岸坡和桥梁墩台以及路基的安全时，应采取适当措施。

2. 避免或减轻在地震作用下因地基变形或地基失效造成的破坏

地震作用会使土的力学性质发生变化，特别是会使土的承载能力下降。另外，也要注意地基变形的影响。一般情况下，避开可能发生地基失效的松软场地，选择坚硬场地。如无法避免时，应在震害调查和分析判断的基础上，采取一些消除液化震陷和减轻液化影响的措施。

当地基中存在可液化土层时，应查明其分布范围，分析其病害程度，根据工程实际情况，参照第二章的内容对地基基础及上部结构采取合理的工程措施。

3. 根据减轻震害和便于修复（抢修）的原则，合理确定设计方案

桥梁方案设计是一个关系全局性的问题。进行桥梁的抗震设计是要尽量减轻结构的震害，而当遭到破坏后也可以尽快地恢复交通。所以，根据抗震设防烈度及桥梁的类别，在确

定设计方案时,要充分考虑减轻震害和便于修复(抢修)。

抗震结构体系一般应符合下列要求:

(1) 要具有明确适用的结构计算简图和合理的地震作用传输途径;

(2) 尽可能地多设置几道抗震防线,这样在地震动过程中,一道防线破坏后还有防线,可防止部分结构构件或部分支座损坏后导致整个体系丧失抗震能力或对自身荷载的承载能力,增加了桥梁的抗震性能;

(3) 具有合理的刚度和承载力分布;

(4) 要具备足够的承载能力、优良的变形能力和耗能能力。

4. 尽可能地提高结构和构件的强度及延性,避免脆性破坏

桥梁结构的地震破坏源于地震动引起的结构振动,因此,进行桥梁抗震设计时,要努力使从地基传入结构的振动能量尽可能减小,并使结构具有合适的强度、刚度和延性,以防止不能承受的破坏。刚度的选择有助于控制结构变形,强度与延性则是结构抗震能力的两个重要参数。

桥梁墩柱要具有足够的延性,以保证利用塑性铰耗能。所以必须防止墩柱的脆性剪切破坏,一般都应采用能力保护设计原则进行延性墩柱的抗剪设计,同时,要最大限度地防止脆性构件和不希望发生非弹性变形的构件发生破坏。钢结构构件还要避免局部或总体失稳。

5. 加强桥梁结构的整体性

发生地震时,地震荷载可通过桥梁各个组成部分之间的相互连接来传递,且依靠各个组成部分本身的强度和刚度以及它们之间的连接作用来承担。如果它们当中强度和刚度不足的部分先发生破坏,有时可能引起桥梁结构的整体破坏。

通过对震害现象的分析可发现,桥梁上、下部构造之间的连接部位,墩台与承台、基桩和承台、墩柱与盖梁之间的连接部分,八字翼墙与桥台台身之间的连接部位等,都是地震时常发生震害的部位。这些部位都要加强抗震设计。

6. 在设计中要提出保证施工质量的基本要求和必要措施

施工质量对桥梁工程的抗震性能有很大影响,有时甚至是导致结构破坏其至垮塌的直接原因。所以,在抗震设计中就要明确提出保证施工质量的基本要求和必要措施。

第三节 桥梁工程抗震设计

抗震设计是一项综合性工作,其任务是选择合理的结构形式,并为结构提供抗震保护。一般包括三个方面:①选择合理有效的结构布局;②合理分配结构的刚度和阻尼等参数,充分利用构件和材料的承载及变形能力;③合理评估结构在地震中可能造成的破坏,通过构造和抗震措施,将损失控制在预期范围内。

一、桥梁抗震设计流程

(1) 通过第一阶段的抗震设计,即对应 E1 地震作用的抗震设计,可达到和以前的规范基本相当的抗震水平;通过第二阶段的抗震设计,即对应 E2 地震作用的抗震设计,来保证结构具有足够的延性能力,通过验算,可确保结构的延性能力大于延性要求。

(2) 通过引入能力保护原则,确保了塑性铰只在选定的位置出现,并且不出现剪切破坏等破坏模式。

(3) 通过抗震构造措施设计,可确保结构具有足够的位移能力。

桥梁抗震设计应采用图 8-1 的抗震设计流程进行。

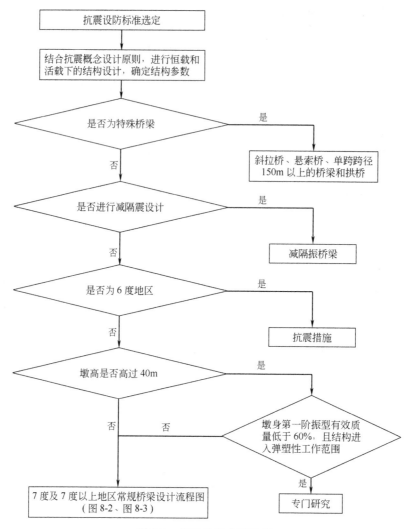

图 8-1 抗震设计总流程图

二、抗震概念设计

目前,人们对地震动和结构的地震破坏还不是很了解,且地震作用本身的随机性很强,桥梁结构在地震中的破坏也很复杂,所以,要想进行精确的抗震设计是比较困难的。

20 世纪 70 年代,提出了抗震概念设计的思想,即:根据由震害和工程的抗震经验等总结出的基本抗震设计思想和原则,正确处理结构的整体方案设计、细部构造和材料使用等各个环节,以达到合理的抗震设计。

桥梁在抗震概念设计阶段,主要是进行抗震结构体系的选择。理想的桥梁结构体系应是:

(1) 几何线形上:桥最好是直的,各桥墩尤其是沿着轴向的墩高要相同,这样可使受到的地震力接近均匀,提高整体结构的刚度和抗震能力。

(2) 结构布局上:桥面要连续,伸缩缝越少越好,因为简支桥梁在地震中容易落梁;基础要建在比较完整的岩体或坚硬密实的土层上,可大大地减少结构的位移;桥跨是小跨径,这样具有较高的延性能力;桥墩的刚度和强度在各个方向都相同;弹性支座布设在多个桥墩上,可分散地震力;桥台和桥墩应与桥轴向垂直等。

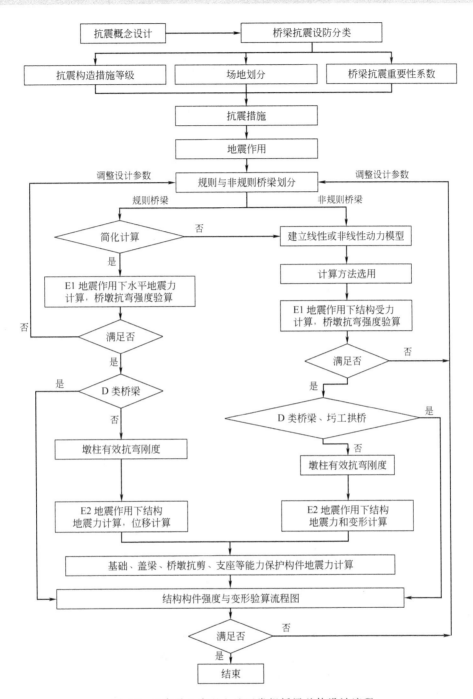

图 8-2 7 度及 7 度以上地区常规桥梁总体设计流程

实际工程中，功能要求、地理因素、地质条件和上部结构种类等，都对桥宽和路线走向、桥长、跨数和桥位的选择等有很大的影响，所以很难达到理想的桥梁结构体系。为简化桥梁结构的动力响应计算及抗震设计和校核，以理想状态为标准，根据在地震作用下动力响应的复杂程度，可将桥梁分为两大类，即规则和非规则桥梁。

较接近理想状态的称为规则桥梁。它要求实际桥梁的跨数不应太多，跨径不宜太大，在桥梁纵向和横向上的质量分布、刚度分布及几何形状都不应有突变，相邻桥墩的刚度差异也

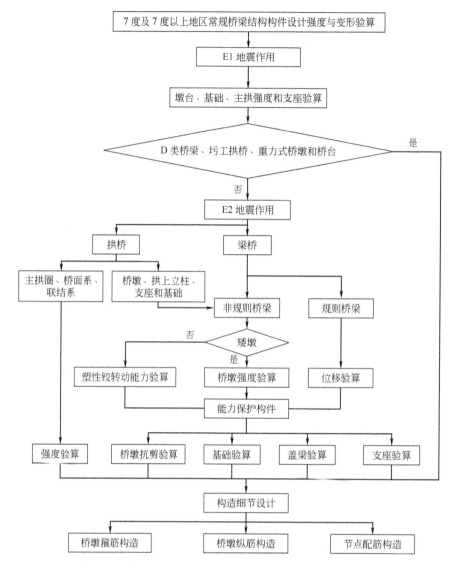

图 8-3　7 度及 7 度以上地区常规桥梁结构构件抗震设计流程

不应太大,桥墩的长细比要在一定的范围内,桥址的地形、地质不能有突变,而且桥址场地不会有发生液化和地基失效的危险等;对弯桥和斜桥,要求其最大圆心角和斜交角处于一定范围内;对于安装有隔震支座或阻尼器的桥梁,则不属于规则桥梁。

迄今为止,国内还没有对规则桥梁结构的统一定义,这里借鉴国外一些桥梁抗震设计规范的规定并结合国内已有的一些研究成果,对规则桥梁定义如下,详见表 8-5。不在此范围内的都属于非规则桥梁,由于拱桥的地震反应比较复杂,因此直接列入了非规则桥梁。

根据大量震害经验和理论的研究成果,对于规则桥梁,只要进行简化的计算和设计校核步骤,就可以很好地把握其在地震作用下的动力响应特性,并使设计的结构满足预期的性能要求。但对于非规则桥梁,其动力响应特性较复杂,采用简化计算方法不能很好地把握其动力响应特性,因此就需要采用比较复杂的分析方法和设计校核过程,才能确保其在实际地震作用下的性能满足抗震设计要求。具体的计算方法见表 8-6。

表 8-5　规则桥梁的定义

参　　数	参　数　值				
单跨最大跨径	≤90m				
墩高	≤30m				
单墩高度与直径或宽度比	大于 2.5 且小于 10				
跨数	2	3	4	5	6
曲线桥梁圆心角 φ 及半径 R	单跨 φ＜30°且一联累计 φ＜90°，同时曲梁半径 R≥20b（b 为桥宽）				
跨与跨间最大跨长比	3	2	2	1.5	1.5
轴压比	＜0.3				
跨与跨间桥墩最大刚度比	—	4	4	3	2
支座类型	普通板式橡胶支座、盆式支座（铰接约束）等。使用滑板支座、减隔震支座等属于非规则桥梁				
下部结构类型	桥墩为单柱墩、双柱框架墩、多柱排架墩				
地基条件	不易液化、侧向滑移或易冲刷的场地,远离断层				

表 8-6　桥梁抗震分析可采用的计算方法

地震作用 \ 桥梁分类	B 类		C 类		D 类	
	规则	非规则	规则	非规则	规则	非规则
E1	SM/MM	MM/TH	SM/MM	MM/TH	SM/MM	MM
E2	SM/MM	TH	SM/MM	TH	—	—

注：TH 为线性或非线性时程计算方法；SM 为单振型反应谱或功率谱方法；MM 为多振型反应谱或功率谱方法。

三、桥梁延性抗震设计

1. **桥梁延性抗震设计**

在抗震设计中，除了强度和刚度外，还必须重视结构的延性。为了保证结构的延性，同时又要最大限度地避免地震破坏的随机性，新西兰学者 Park 等在 20 世纪 70 年代中期，提出了结构抗震设计理论中的又一重要原则——能力保护设计原则（Philosophy of Capacity Design），并在新西兰混凝土设计规范（NZS3101，1982）中最早得到了应用。之后这个原则先后被美国、欧洲的一些国家和日本等国家的桥梁抗震规范所采用。

能力保护设计原则的基本思想在于：通过设计，使结构体系中的延性构件和能力保护构件形成强度等级差异，确保结构构件不发生脆性的破坏模式。基于能力保护设计原则的结构抗震设计过程，一般都具有以下特征：①选择合理的结构布局；②选择地震中预期出现的弯曲塑性铰的合理位置，保证结构能形成一个适当的塑性耗能机制；通过强度和延性设计，确保潜在的塑性铰区域截面的延性能力；③确立适当的强度等级，确保预期出现弯曲塑性铰的构件不发生脆性破坏（如剪切破坏、黏结破坏等），并确保脆性构件和不宜用于耗能的构件（能力保护构件）处于弹性范围内。

具体到桥梁，按能力保护设计原则，应考虑以下几方面：①塑性铰的位置一般选择出现在墩柱上，墩柱作为延性构件设计，可以发生弹塑性变形，耗散地震能量；②墩柱的设计剪力值按能力设计方法计算，应为与柱的极限弯矩（考虑超强系数 ϕ^0，ϕ^0 建议取 1.2）所对应的剪力。在计算设计剪力值时应考虑所有潜在的塑性铰位置，以确定最大的设计剪力；③盖梁、节点及基础按能力保护构件设计，其设计弯矩、设计剪力和设计轴力应为与柱的极限弯矩（考虑超强系数 ϕ^0，ϕ^0 建议取 1.2）所对应的弯矩、剪力和轴力；在计算盖梁、节点和基础的设计弯矩、设计剪力和轴力值时，应考虑所有潜在的塑性铰位置，以确定最大的设计弯矩、剪力和轴力。

2. 桥梁钢筋混凝土柱的延性构造细节设计

(1) 墩柱结构构造措施 实际工程中，为了提高钢筋混凝土柱的延性性能，通常用做成密排螺旋筋或箍筋形式的横向约束钢筋来约束混凝土，这样可以提高墩柱截面的延性，同时也可以使强度有所提高。

横向钢筋在桥墩柱中的功能主要有三个方面：用于约束塑性铰区域内的混凝土，提高混凝土的抗压强度和延性；提供抗剪能力；防止纵向钢筋压屈。这就要求在处理横向钢筋的细部构造时需特别注意。同时，由于表层混凝土保护层不受横向钢筋约束，在地震作用下可能剥落，这层混凝土就不能为横向钢筋提供锚固。因此，所有箍筋都应采用等强度焊接来闭合或者在端部弯过纵向钢筋到混凝土核芯内。对于不同的设防烈度，有不同的具体要求。

① 抗震烈度在7度及7度以上地区时，墩柱潜在塑性铰区域内加密箍筋的配置，应满足下列要求：加密区的长度不应小于墩柱弯曲方向截面宽度的1.0倍，或墩柱上弯矩超过最大弯矩80%的范围；当墩柱的高度与横截面高度之比小于2.5时，墩柱加密区的长度应取全高；加密箍筋的最大间距不应大于10cm或$6d_s$或$b/4$；其中d_s为纵向钢筋的直径，b为墩柱弯曲方向的截面宽度；箍筋的直径不应小于10mm；螺旋式箍筋的接头必须采用对接，矩形箍筋应有135°弯勾，并伸入核芯混凝土之内$6d_s$以上；加密区箍筋肢距不宜大于25cm；加密区外箍筋量应逐渐减少。

② 对于抗震设防烈度7度、8度地区，圆形、矩形墩柱潜在塑性铰区域内加密箍筋的最小体积含箍率$\rho_{s,min}$按以下各式计算。对于抗震设防烈度9度及9度以上地区，圆形、矩形墩柱潜在塑性铰区域内加密箍筋的最小体积含箍率$\rho_{s,min}$，应比抗震设防烈度7度、8度地区适当增加，以提高其延性能力。

圆形截面：$\rho_{s,min}=[0.14\eta_k+5.84(\eta_k-0.1)(\rho_t-0.01)+0.028]\dfrac{f_{ck}}{f_{yh}}\geqslant 0.004$ (8-1)

矩形截面：$\rho_{s,min}=[0.1\eta_k+4.17(\eta_k-0.1)(\rho_t-0.01)+0.02]\dfrac{f_{ck}}{f_{yh}}\geqslant 0.004$ (8-2)

式中 η_k——轴压比，指结构的最不利组合轴向压力与柱的全截面面积和混凝土轴心抗压强度设计值乘积之比值；

ρ_t——纵向配筋率；

f_{ck}——混凝土抗压强度标准值，MPa；

f_{yh}——箍筋抗拉强度设计值，MPa。

大量的试验研究还表明：沿截面布置若干适当分布的纵筋，纵筋和箍筋形成一整体骨架，当混凝土纵向受压、横向膨胀时，纵向钢筋也会受到混凝土的压力，这时箍筋给予纵向钢筋约束作用。因此，为了确保对核芯混凝土的约束作用，墩柱的纵向配筋宜对称配筋，纵向钢筋之间的距离不应超过20cm，至少每隔一根宜用箍筋或拉筋固定。

纵向钢筋对约束混凝土墩柱的延性也有较大影响，所以，延性墩柱中纵向钢筋含量不应太低。重庆交通科研设计院做了大量理论计算和试验研究表明，如果纵向钢筋含量低，即使箍筋含量较低，墩柱也会表现出良好的延性能力，但此时结构在地震作用下对延性的需求也会很大，这种情况对结构抗震也是不利的。但是，纵向钢筋的含量太高，不利于施工，另外，纵向钢筋含量过高还会影响墩柱的延性，所以纵向钢筋的含量应有一上限。各国抗震设计规范都对墩柱纵向最小、最大配筋率进行了规定，我国《公路桥梁抗震设计细则》(JTG/T B02-01—2008)建议墩柱纵向钢筋的配筋率范围0.006～0.04。

(2) 节点构造措施 要计算主拉应力和主压应力，根据主拉应力的大小不同，节点的水平和竖向箍筋的配置也有不同的要求。节点的主拉应力和主压应力可依下式进行计算：

$$\genfrac{}{}{0pt}{}{\sigma_c}{\sigma_t} = \frac{f_v + f_h}{2} \pm \sqrt{\left(\frac{f_v - f_h}{2}\right)^2 + \tau_{jh}^2} \qquad (8-3)$$

式中 σ_c，σ_t——节点的名义主压应力和名义主拉应力；

τ_{jh}——节点的名义剪应力，按下式计算：

$$\tau_{jh} = \tau_{jv} = \frac{V_{jh}}{b_{je}h_b} = \frac{T_c^t + C_c^b}{b_{je}h_b} \qquad (8-4)$$

V_{jh}——节点的名义剪力，见图8-4；

T_c^t，C_c^b——考虑超强系数 ϕ^0（$\phi^0 = 1.2$）的混凝土墩柱纵筋拉力和混凝土墩柱受压区压应力合力，见图8-4；

f_v，f_h——节点沿垂直方向和水平方向的正应力：

$$f_v = \frac{P_c^b + P_c^t}{2b_b h_c}, \quad f_h = \frac{P_b}{b_{je}h_b} \qquad (8-5)$$

b_{je}，h_b——横梁横截面的宽度和高度；

b_b，h_c——上立柱横截面的宽度和高度；

P_c^b，P_c^t——上下立柱的轴力；

P_b——横梁的轴力（包括预应力产生的轴力）。

需要注意的是：

① 当主拉应力 $\sigma_t \leqslant 0.275\sqrt{f_{ck}}$（MPa），节点的水平和竖向箍筋配置可按下式计算：

$$\rho_{s,\min} = \rho_x + \rho_y = \frac{0.275\sqrt{f_{ck}}}{f_{yh}} \qquad (8-6)$$

式中，ρ_x、ρ_y 分别为顺桥向与横桥向箍筋体积含筋率；f_{ck} 为混凝土抗压强度标准值（MPa）；f_{yh} 为箍筋抗拉强度设计值（MPa）。

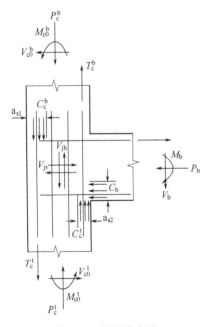

图8-4 节点受力图

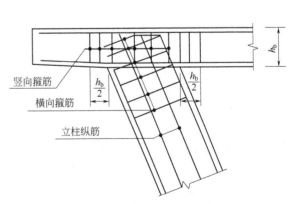

图8-5 节点配筋示意图

② 当主拉应力 $\sigma_t > 0.275\sqrt{f_{ck}}$（MPa），应按以下要求进行节点的水平和竖向箍筋配置：

节点中的横向含箍率不应小于墩柱结构构造措施中对于塑性铰加密区域含箍率的要求，横向箍筋的配置见图 8-5；在距柱侧面 $h_b/2$ 的盖梁范围内配置竖向箍筋，h_b 为盖梁的高度，竖向箍筋见图 8-5，按式 $A_v = 0.174 A_s$ 计算竖向箍筋面积，A_s 为立柱纵筋面积；节点中的竖向箍筋可取 $A_v/2$。

四、地震反应分析

1. 地震作用

(1) 地震作用可以用设计加速度反应谱、设计地震动时程和设计地震动功率谱表征。

(2) 各类桥梁结构的地震作用，应按下列原则考虑。

① 一般情况下，公路桥梁可只考虑水平向地震作用，直线桥可分别考虑顺桥向 X 和横桥向 Y 的地震作用。

② 抗震设防烈度为 8 度和 9 度的拱式结构、长悬臂桥梁结构和大跨度结构，以及竖向作用引起的地震效应很重要时，应同时考虑顺桥向 X、横桥向 Y 和竖向 Z 的地震作用。

③ 采用反应谱法或功率谱法同时考虑三个方向（水平向 X、Y 和竖向 Z）的地震作用时，可分别单独计算 X 向地震作用产生的最大效应 E_X、Y 向地震作用产生的最大效应 E_Y 与 Z 向地震作用产生的最大效应 E_Z。总的设计最大地震作用效应 E 应按下式求取：

$$E = \sqrt{E_X^2 + E_Y^2 + E_Z^2} \tag{8-7}$$

④ 采用非线性时程分析时，由于叠加原理已不适用，各方向的分量必须同时考虑，因此理论上讲应同时输入包含两个或三个方向分量的一组地震动时程。获取包含两个或三个方向分量的一组地震动时程。

(3) 地震作用也可通过安全性评价来确定，工程场地地震安全性评价应满足以下要求：

① 桥址存在地质不连续或地形特征可能造成各桥墩的地震动参数显著不同，以及桥梁一联总长超过 600m 时，宜考虑地震动的空间变化，包括波传播效应、失相干效应和不同塔墩基础的场地差异；

② 桥址距离发生 6.5 级以上地震潜在危险的地震活断层 30km 以内时，A 类桥梁工程场地地震安全性评价应符合以下规定：考虑近断裂效应时要包括上盘效应、破裂的方向性效应；注意设计加速度反应谱长周期段的可靠性；给出顺断层方向和垂直断层方向的地震动 2 个水平分量。B 类桥梁工程场地地震安全性评价中，要选定适当的设定地震，考虑近断裂效应。

2. 建模原则

(1) **桥梁结构的动力计算模型** 计算模型应反映实际桥梁结构的动力特性。桥梁结构动力计算模型应能正确反映桥梁上部结构、下部结构、支座和地基的刚度、质量分布及阻尼特性。这样才能保证在 E1 和 E2 地震作用下引起的惯性力和主要振型能得到反映。一般情况下，桥梁结构的动力计算模型应满足下列要求：①计算模型中的梁体和墩柱可采用空间杆系单元模型，单元质量可采用集中质量代表；墩柱和梁体的单元划分应反映出结构的实际动力特性；②支座单元要反映支座的力学特性；③混凝土结构的阻尼比可取为 0.05；进行时程分析时，可采用瑞雷阻尼；④计算模型应考虑相邻结构和边界条件的影响。

(2) **总体和局部空间模型** 在 E1 地震作用下，采用总体空间模型计算桥梁的地震反应较好；在 E2 地震作用下，可采用局部空间模型计算。总体和局部空间模型要满足以下的一些要求：①总体空间模型要包括所有桥梁结构及其连接方式，通过对总体空间模型的分析，确定结构的空间耦联地震反应特性和地震最不利输入方向；②局部空间模型要根据总体模型的计算结果，取出部分桥梁结构进行计算，局部模型应考虑相邻结构和边界条件的影响。

3. 地震反应分析

对于桥梁结构的地震反应分析，一般有三种方法，即反应谱法、时程分析法和功率谱法。

（1）反应谱法　反应谱法概念简单、计算方便，易为工程师所接受，可以用较少的计算量获得结构的最大反应值，它巧妙地将动力问题静力化。但是，反应谱法一般只适用于线弹性地震反应分析，不能考虑各种非线性因素的影响，对于复杂桥梁，一般只能作为一种估算方法，或一种校核手段。

（2）时程分析法　采用时程分析法，可以对桥梁结构进行线性或非线性地震反应分析。时程分析的过程相当繁琐，一般都需要借助于专用程序进行计算。

需要注意的是，一组时程分析结果只是结构随机响应的一个样本，不能反映结构响应的统计特性，需要对多个样本的分析结果进行统计才能得到可靠的结果。其最终分析的结果：当采用 3 组时程波计算时，应取 3 组计算结果的最大值；当采用 7 组时程波计算时，可取 7 组计算结果的平均值。在 E1 地震作用下，线性时程法的计算结果不应小于反应谱法计算结果的 80%。

（3）功率谱法　随着现代工程科学的发展，基于随机振动理论的功率谱法日益引起了国内外工程界和学术界的高度重视并得到了推广应用，在海洋平台设计上迄今已经成为不可或缺的重要设计工具（如中国、挪威、美国规范）。1995 年颁布的欧洲桥梁抗震设计规范也已把功率谱法列为可供设计选用的三种方法之一。在我国，近十几年来也已经有许多工程专家在大跨度桥梁、水坝等的抗震计算中采用功率谱法来分析多点非一致地震激励问题，并取得了丰富的研究结果。

严格地讲，在整个地震过程中，地面运动呈现出明显的非平稳性，包括强度非平稳和频率分量非平稳两个方面。在产生加速度人工波时，常用一个慢变的确定性调制函数和一个高斯平稳随机过程的乘积，形成伪非平稳过程，来代替真非平稳地震地面运动。

目前，在功率谱法的工程应用中，通常将地震作用近似为一有限持续时间的平稳高斯随机过程，用平稳功率谱密度函数来描述地震动的频域特性。这样描述的运动要和场地相关反应谱相协调。功率谱和反应谱之间的协调性为：有相同自振频率和阻尼比的单自由度体系的反应谱值和反应最大极值的平均值相等。在地震工程中，由于非平稳随机过程研究的困难，有时不得不使用地震动平稳性假定，如反应谱法 CQC 振型组合规则就是基于宽带、高斯平稳随机过程才得到的。

以地震动加速度平稳功率谱作为输入对结构进行随机振动分析，得到的结果则是结构反应（位移、内力等）的功率谱密度函数及方差等统计特征。由它们就可以方便地计算工程师所需要的结构最大响应，亦即和通常反应谱法所计算出的结果相当的量。响应的功率谱可以通过振型分析的方法计算。与反应谱法不同的是，这里各振型之间的关系可自动计及。响应的功率谱还可通过用依赖频率的响应矩阵等其他方法获得。当需要考虑地面各支点的非一致运动，如行波效应（wave passage effect）、局部效应（local effect）、失相干效应（incoherence effect）时，由于这些效应由各支点处的功率谱密度和它们之间的相干函数描述比较方便，所以用功率谱法处理更为直接。与反应谱法相似，功率谱法不宜直接用于非线性分析，除非在一定条件下通过适当的力学处理。

适用反应谱法计算的结构，一般也可用功率谱法计算。两种方法可相互检验，功率谱法计算结果与反应谱法计算结果相差不应超过 20%。

五、强度变形与验算

根据桥梁结构的受力特点和大量震害资料的分析表明,在桥梁结构的抗震验算中,不仅要验算墩柱的抗弯能力和抗剪强度,还要验算支座等连接构件能否有效工作。

1. D类桥梁、圬工拱桥、重力式桥墩和桥台强度验算

由于圬工拱桥、重力式桥墩和桥台一般为混凝土结构,结构尺寸大、无延性,所以只要求结构在E1地震作用下基本不损伤;D类桥梁是指位于三、四级公路上的抗震次要的桥梁,也只考虑进行E1地震作用下的抗震验算。因此根据抗震设防要求,在E1地震作用下要求结构保持弹性,基本无损伤;顺桥向和横桥向E1地震作用效应和永久作用效应组合后,应按现行公路桥涵设计规范相关规定验算重力式桥墩、桥台、圬工拱桥及基础的强度、偏心、稳定性,及D类桥梁桥墩、盖梁和基础的强度。

D类桥梁和重力式桥墩桥梁支座抗震能力可以按以下方法验算。

(1) 板式橡胶支座的抗震验算

① 支座厚度验算:

$$\sum t \geqslant X_E / \tan\gamma = X_E \tag{8-8}$$

$$X_E = \alpha_d X_D + X_H \tag{8-9}$$

式中 $\sum t$ ——橡胶层的总厚度,m;

$\tan\gamma$ ——橡胶片剪切角正切值,取 $\tan\gamma=1.0$;

X_D ——在E1地震作用下,支座顶面相对于底面的水平位移,m;

X_H ——永久作用产生的支座顶面相对于底面的水平位移,m;

α_d ——支座调整系数,一般取2.3。

② 支座抗滑稳定性验算:

$$\mu_d R_b \geqslant E_{hzh} \tag{8-10}$$

$$E_{hzh} = \alpha_d E_{hze} + E_{hzd} \tag{8-11}$$

式中 μ_d ——支座的动摩阻系数;橡胶支座与混凝土表面的动摩阻系数采用0.15,与钢板的动摩阻系数采用0.10;

E_{hzh} ——支座水平组合地震力,kN;

R_b ——上部结构重力在支座上产生的反力,kN;

E_{hze} ——在E1地震作用下,橡胶支座的水平地震力,kN;

E_{hzd} ——永久作用产生的橡胶支座的水平力,kN;

α_d ——支座调整系数,一般取2.3。

(2) 盆式支座抗震验算

① 活动盆式支座:

$$X_E \leqslant X_{max} \tag{8-12}$$

② 固定盆式支座:

$$E_{hzh} \leqslant E_{max} \tag{8-13}$$

式中 X_{max} ——活动盆式支座容许滑动的水平位移,m;

E_{max} ——固定盆式支座容许承受的最大水平力,kN。

X_E、E_{hzh} 同式(8-9)、式(8-11)。

2. B类、C类桥梁抗震强度验算

(1) 根据两水平抗震设防要求,在E1地震作用下结构保持弹性,基本无损伤;E1地震作用效应和自重荷载效应组合后,按公路桥涵设计规范有关偏心受压构件的规定进行验算。地震作用下,矮墩的主要破坏模式为剪切脆性破坏。因此E2地震作用效应和永久荷载效应组合后,应按公路桥涵设计规范相应的规定验算桥墩的强度。

主拱圈是拱桥的主要受力构件,由于其承受很大的轴力,延性能力非常小,为了保证其抗震安全,要求在 E2 地震作用下基本不发生损伤,也应按现行的公路桥涵设计规范相应的规定验算拱桥主拱圈、联结系和桥面系的强度。桥梁基础、盖梁以及梁体为能力保护构件,墩柱的抗剪按能力保护原则设计。

(2) 混凝土抗剪强度验算　地震中大量钢筋混凝土墩柱的剪切破坏表明:在墩柱塑性铰区域由于弯曲延性增加会使混凝土所提供的抗剪强度降低,为此,各国对墩柱塑性铰区域的抗剪强度进行了许多研究。如:美国 ACI-319-89 要求在端部塑性铰区域当轴压比小于 0.05 时,不考虑混凝土的抗剪能力;新西兰规范 NZS-3101 中规定当轴压比小于 0.1 时,不考虑混凝土的抗剪能力。而我国《公路工程抗震设计规范》(JTJ 004—89)没有对地震荷载作用下的钢筋混凝土墩柱抗剪设计作出特别的规定,工程设计中缺乏有效的依据,只能套用普通设计中采用的斜截面强度设计公式来进行设计和校核,存在较大缺陷。因此,可采用《美国加州抗震设计准则》(2000 年版)的抗剪计算公式,但对其混凝土提供抗剪能力计算公式进行简化,此处从略。

3. B 类、C 类桥梁墩柱的变形验算

(1) E2 地震作用下塑性转动变形能力的验算　验算桥墩潜在塑性铰区域沿顺桥向和横桥向的塑性转动能力,应按式 $\theta_p \leq \theta_u$ 进行验算,θ_p 为在地震作用下,潜在塑性铰区域的塑性转角;θ_u 为塑性铰区域的最大容许转角。

(2) E2 地震作用下,规则桥梁桥墩顶位移验算　E2 地震作用下,规则桥梁桥墩顶位移按式 $\Delta_d \leq \Delta_u$ 进行计算,Δ_d 为在 E2 地震作用下墩顶的位移 (cm);Δ_u 为桥墩容许位移 (cm),按下列方法计算:

① 单柱墩:

$$\Delta_u = (1/3)H^2 \phi_y + (H - 0.5 L_p)\theta_u \tag{8-14}$$

② 双柱墩、排架墩顺桥向的容许位移可按式(8-14)计算,横桥向的容许拉位移可在盖梁处施加水平力 F,进行非线性静力分析。

4. B 类、C 类桥梁的支座验算

橡胶支座是桥梁结构中普遍采用的支座形式,一般有板式和盆式两种。因此只讨论这两种支座的抗震验算,一般都是在 E2 地震作用下。

(1) 在 E2 地震作用下,板式橡胶支座的抗震验算。

① 支座厚度验算:

$$\sum t \geq X_0 / \tan \gamma = X_0 \tag{8-15}$$

式中　X_0——E2 地震作用效应和永久作用效应组合后橡胶支座顶面相对于底面的水平位移,m。

② 支座抗滑稳定性验算:

$$\mu_d R_b \geq E_{hzb} \tag{8-16}$$

式中　E_{hzb}——E2 地震作用效应和永久作用效应组合后橡胶支座的水平地震力,kN。

(2) 在 E2 地震作用下,盆式支座的抗震验算。

① 活动盆式支座:

$$X_0 \leq X_{max} \tag{8-17}$$

式中　X_0——E2 地震作用效应和永久作用效应组合得到的活动盆式支座滑动水平位移,m。

② 固定盆式支座:

$$E_{hzb} \leq E_{max} \tag{8-18}$$

式中 E_{hzb}——E2 地震作用效应和永久作用效应组合后固定盆式支座水平力设计值，kN。

其他符号同前。

六、抗震措施

一些从震害经验中总结出来或经过基本力学概念启示得到的构造措施，都被证明可以有效地减轻桥梁的震害。但是，构造措施的使用绝对不能与定量的设计结果相矛盾。即定量的设计计算是桥梁抗震的最基本部分，这包括延性设计概念和减隔震设计概念。构造措施的使用不能导致上述设计结果的失效。

桥梁结构地震反应越强烈，就越容易发生落梁等严重破坏现象，构造措施就越重要，因此，处于高烈度区的桥梁结构需特别重视构造措施的使用。各类桥梁抗震措施等级的选择，应按表 8-3 确定。

在实际抗震设计中，世界各国为防止落梁震害，主要采取的构造措施有两个方面：①限制支承连接部位的最小宽度；②在相邻梁之间安装纵向约束装置。

我国《公路桥梁抗震设计细则》（JTG/T B02-01-2008）中规定：简支梁梁端至墩、台帽或盖梁边缘应有一定距离，其最小值 a（cm）的取值，按式：$a \geqslant 70 + 0.5L$ 计算，L 为梁的计算跨径（m）。

需要指出的是，斜桥与曲线桥的梁端比较容易发生落梁，需要特别重视在梁端至墩、台帽或盖梁边缘之间的距离设置。

另一方面，为了防止落梁震害，应根据具体情况采用合理且有效的纵向约束装置。同时，约束装置要有足够的强度且不应妨碍支座的变形。在梁与梁之间和梁与桥台胸墙之间加装橡胶垫或其他弹性衬垫，以缓和冲击作用和限制梁的位移。

还可以采用合理的限位装置，防止结构相邻构件产生过大的相对位移。使用这些横向和纵向的限位装置可以实现桥梁结构的内力反应和位移反应之间的协调。一般来讲，限位装置的间隙小，内力反应就会增大，而位移反应就会减小；相反，若限位装置的间隙大，则内力反应减小，但位移反应就会增大。横向和纵向限位装置的使用应使内力反应和位移反应两者达到某种平衡。另外，桥轴方向的限位装置移动能力应与支承部分的相适应。但要注意，限位装置的设置不得有碍于防落梁构造功能的发挥。设置限位装置的目的之一是要保证在中小地震作用下不因位移过大导致伸缩缝等连接部件发生损坏。

除此之外，还有一些其他措施，如控制混凝土标号，适当配筋；设置横系梁，加强横向联系和稳定性；桥梁墩、台采用多排桩基础时，可设置斜桩等。在软弱黏性土层、液化土层和不稳定的河岸处建桥时，对于大、中桥，可适当增加桥长，合理布置桥孔，使墩、台避开地震时可能发生滑动的岸坡或地形突变的不稳定地段。否则，应采取措施增强基础抗侧移的刚度和加大基础埋置深度；对于小桥，可在两桥台基础之间设置支撑梁或采用浆砌片（块）石满铺河床。在做拱桥基础时，最好置于地质条件一致、两岸地形相似的坚硬土层或岩石上。实腹式拱桥宜采用轻质填料，填料必须逐层夯实。

七、特殊桥梁抗震设计

近年来，我国修建了大量斜拉桥、悬索桥和单跨跨径 150m 以上的梁桥和拱桥。但由于目前这些桥型的抗震研究工作还不够充分，所以只能依据一些抗震设计原则进行设计。

国内外的研究表明，地面运动的空间变化特性，包括行波效应、部分相干效应以及局部场地效应，对特大跨度桥梁的抗震分析影响较大，而且也非常复杂，对不同类型的桥梁可能得到完全不同的结果，因此，有条件时可进行多点非一致激励的抗震分析。

地震时，上部结构的惯性力通过基础反馈给地基，使地基产生变形。在比较硬的土层中，这种变形远小于地震波产生的变形。因此，当桥梁建在坚硬的地基上时，往往用刚性地基模型进行抗震分析，这种假设也是基本上符合实际的。但当桥梁建在软弱土层上时，地基的变形会使桥梁上部结构产生移动和摆动，从而导致上部结构的实际运动和按刚性地基模型假设进行抗震分析的计算结果之间有较大的差异。

当桥梁必须建在软弱土层中的时候，一般采用桩基础。此时，桩-土-结构动力相互作用使结构的动力特性、阻尼和地震反应发生改变，如果抗震分析时忽略了这种改变，就可能导致较大的误差，使得抗震设计不安全。因此，进行桩基础特殊桥梁的抗震分析时，应考虑"桩-土-结构动力"三者的相互作用。

1. 抗震概念设计

特殊桥梁的大部分质量集中在上部结构，因而地震惯性力也主要集中在上部结构。上部结构的地震惯性力一般通过上、下部结构之间的连接构造（支座等）传给墩柱，再由墩柱传给基础，最后传给地基。一般说来，上部结构的设计主要由恒载、活载、温度荷载等控制。而墩柱在地震作用下将会受到较大的剪力和弯矩的作用，一般由地震反应控制。因此，必须重视上、下部结构之间的连接构造的设置。如果能够均匀对称地设置上、下部结构的连接构造，就可以使各下部结构均匀地分担地震力，提高桥梁结构的整体抗震能力。

（1）斜拉桥　斜拉桥的抗震性能主要取决于结构体系。在地震作用下，塔、梁固结体系斜拉桥的塔柱内力与所有其他体系相比是最大的，在烈度较高的地区要避免采用。漂浮体系的塔柱内力反应较小，因此在烈度较高的地区应优先考虑，但漂浮体系可能导致过大的位移反应，如梁端位移反应过大时，会使伸缩缝的设置较为困难，还可能会引起碰撞。此时，可在塔与梁之间增设弹性约束装置或阻尼约束装置，形成塔、梁弹性约束体系或阻尼约束体系，以有效地降低地震位移反应。

（2）大跨径拱桥　拱桥的主拱圈在强烈地震作用下，不仅在拱平面内受弯，而且还在拱平面外受扭，当地基由于强烈的地震产生不均匀沉降时，主拱圈还有可能会发生斜向扭转或剪切。因此，大跨径拱桥的主拱圈应采用抗扭刚度较大、整体性较好的断面形式。一般采用箱形拱、板拱等闭合式断面，最好不要采用开口断面。当采用肋拱时，采用钢筋混凝土肋，同时加强拱肋之间的横向联系，这样可提高主拱圈的横向刚度和整体性。

在拱平面内，从拱桥的振动特性看，拱圈与拱上建筑之间振动变形的不协调性将很突出。为了能够很好地消除或减少这种振动变形的不协调，可在拱上立柱或立墙端设铰，允许这些部位有一些转动或变形。

在强烈地震作用下，为了保证大跨度拱桥不发生侧向失稳破坏，应采取提高拱桥整体性和稳定性的措施。如下承式和中承式拱桥设置风撑，并加强端横梁刚度；上承式拱桥加强拱脚部位的横向联系。

2. 建模与分析原则

特殊桥梁的结构构造比较复杂，地震反应也比较复杂。国内外大多数工程抗震设计规范中都指出，对于复杂桥梁结构的地震反应分析，应采用动态时程分析法。此法可精细地考虑桩-土-结构的相互作用、地震动的空间变化的影响、结构的各种非线性因素以及分块阻尼等问题。但是时程分析法的结果，依赖于地震输入，如地震输入选择不好，也会导致结果偏小。目前，关于时程分析的选波原则和选用波的条数等问题，国内外还没有形成一个统一的认识。因此时程分析的结果必须与反应谱法相互校核，且时程分析结果应不小于反应谱法分析结果的 80%。

桥梁结构的刚度和质量分布，以及边界连接条件决定了结构本身的动力特性。因此，在大跨度桥梁的地震反应分析中，为了真实地模拟桥梁结构的力学特性，所建立的计算模型必须能够如实地反映结构的刚度和质量分布，以及边界连接条件。所以，建立特殊桥梁的计算模型时，应满足以下要求：

（1）特殊桥梁结构主桥一般通过过渡孔与中小跨度引桥相连，主桥与引桥是互相影响的；另外，由于大跨度桥梁结构主桥与中小跨度引桥的动力特性差异，会使主、引桥在连接处产生较大的相对位移或支座损坏，从而会发生落梁。因此，在结构计算分析时，必须建立主桥与相邻桥孔（联）耦联的计算模型。另外，特殊桥梁的空间性决定了其动力特性和地震反应的空间性，要求必须建立三维空间计算模型。

（2）特殊桥梁的几何非线性主要来自三个方面：①（斜拉桥、悬索桥的）缆索垂度效应，一般用等效弹性模量模拟；②梁柱效应，即梁柱单元轴向变形和弯曲变形的耦合作用，一般引入几何刚度矩阵来模拟，只考虑轴力对弯曲刚度的影响；③大位移引起的几何形状变化。但研究表明：大位移引起的几何形状变化对结构地震后影响较小，一般可忽略。

（3）边界连接条件应根据具体情况进行模拟。反应谱法只能用于线性分析，所以边界条件只能采用主从关系粗略模拟；而时程分析法可精细地考虑各种非线性因素，因此建立计算模型时可真实地模拟结构的边界条件和墩柱的弹塑性性质。

3. 性能要求与抗震验算 M_u

为了实现规定的特殊桥梁性能目标，可用以下抗震设计方法：首先，将桥塔和桩截面划分为纤维单元，采用实际的钢筋和混凝土应力-应变关系分别模拟钢筋和混凝土单元。其次，用数值积分法进行截面弯矩-曲率分析（考虑相应的轴力），得到如图 8-6 所示的截面弯矩-曲率曲线。图中，M_y 为截面最外层钢筋首次屈服时对应的初始屈服弯矩；M_u 为截面极限弯矩；M_{eq} 为截面等效抗弯屈服弯矩，即把实际弯矩-曲率曲线等效为图中所示弹塑性双线性恢复力模型时的等效抗弯屈服弯矩。

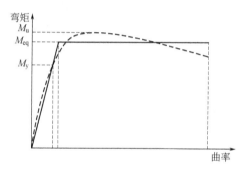

图 8-6　弯矩-曲率曲线图

（1）在 E1 地震作用下，桥塔截面和桩基截面要求其在地震作用下的截面弯矩应小于截面初始屈服弯矩（考虑轴力）M_y。由于 M_y 为截面最外层钢筋首次屈服时对应的初始屈服弯矩，所以当地震反应弯矩小于初始屈服弯矩时，整个截面保持在弹性范围。研究表明：截面的裂缝宽度不会超过容许值，结构基本无损伤，满足结构在弹性范围工作的性能目标。

（2）在 E2 地震作用下，桥塔截面和桩基截面要求其在地震作用下的截面弯矩应小于截面等效抗弯屈服弯矩 M_{eq}（考虑轴力）。M_{eq} 是把实际弯矩-曲率曲线等效为图中所示理想弹塑性双线性模型时得到的等效抗弯屈服弯矩。从理想弹塑性双线性模型看，当地震反应小于等效抗弯屈服弯矩 M_{eq} 时，结构整体反应还在弹性范围。实际上，在地震过程中，对应于等效抗弯屈服弯矩 M_{eq}，截面上还是有部分钢筋进入了屈服。研究表明：截面的裂缝宽度可能会超过容许值，但混凝土保护层还是完好（对应保护层损伤的弯矩为截面极限弯矩 M_u，$M_{eq} \leqslant M_u$）。由于一般地震过程的持续时间比较短，地震后，由于结构自重，地震过程开展的裂缝一般可以闭合，不影响使用，满足 E2 地震作用下局部可发生可修复的损伤，地震发生后，基本不影响车辆通行的性能目标要求。

（3）在 E2 地震作用下，边墩等桥梁结构中比较容易修复的构件和引桥桥墩，按延性抗震设计，满足不倒塌的性能目标要求。

4. 抗震措施

为避免梁体与塔身在地震时发生刚性碰撞，要在塔梁之间设置专用橡胶缓冲装置。特殊桥梁在地震作用下，梁端一般会产生较大的位移，因此在选用梁端伸缩缝时，要考虑地震作用下的梁端位移。因为如果所选用伸缩缝的伸缩量不够，在地震作用下，主桥和引桥的主梁就会发生碰撞，危及桥梁安全。

还有，由于特殊桥梁主桥与中小跨度引桥的动力特性差异，会使主、引桥的连接处产生较大的相对位移，从而导致落梁震害。在最近几次大地震中，就出现了几座大跨度桥梁过渡孔落梁的情况。为了防止因相对位移过大而导致的落梁，就必须加宽该处盖台的宽度，并采取适当的防落梁措施。

小　　结

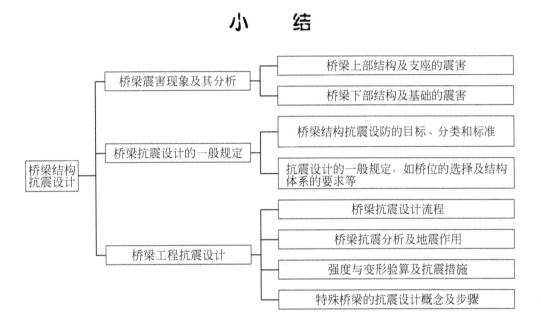

思考题

1. 桥梁震害的常见现象有哪些？其原因是什么？
2. 桥梁抗震设防的目标是什么？我国桥梁当前采用什么样的抗震设计方法？
3. 试述桥梁抗震设计的一般要求及主要内容。
4. 试述特殊桥梁抗震设计的原则和主要内容。

第九章 隔震、减震房屋设计

【知识目标】
- 了解结构隔震、减震等相关概念及术语；理解隔震设计的原理及隔震层的设置要求
- 了解基础隔震装置的分类、隔震体系的计算方法和结构的隔震措施
- 了解结构减震设计原理、减震层的设置要求及减震体系的计算方法和减震措施

【能力目标】
- 能解释隔震、减震等相关概念及术语；能理解结构的隔震措施

开章语 由于地震成因的复杂性和地震作用的不确定性，按传统的土木工程结构抗震设计方法设计的结构往往产生严重的破坏或倒塌。随着经济和技术的发展，人们提出了一条新的结构抗震对策：结构隔震、减震控制。本章介绍了结构隔震、减震控制的相关概念、设计原理及设置要求。

第一节 概 述

传统的土木工程结构抗震设计方法主要依靠结构本身的性能来抵御地震作用，其目的是保证建筑物在地震作用下具有一定的承载力、刚度和延性，以满足一定的抗震设防要求。但由于地震成因的复杂性和地震作用的不确定性，实际结构在地震中的反应往往与预计的范围有很大的差距，从而使结构产生严重的破坏或倒塌。人们不得不去寻找新的结构抗震对策。结构隔震、减震控制为解决以上问题开辟了一条新的有效途径。

结构隔震、减震控制是在工程结构特定部位，设置某种控制装置或机构，因控制装置本身随结构一起振动变形而被动产生控制力，改变结构的刚度、阻尼和质量的大小及其在结构体系中的分布，或者改变外荷载的传递途径，以达到抑制工程结构动力反应的目的。

隔震，是通过某种隔离装置将地震动与结构隔开，以达到减小结构振动的目的。如图9-1所示。隔震方法主要有基底隔震和悬挂隔震等类型。减震，是通过采用一定的消能装置或附加子结构吸收或消耗地震传递给主体结构的能量，从而减轻结构的振动。减震方法主要有消能减震、吸振减震、冲击减震等类型。目前，结构隔震技术已基本进入实用阶段，而对于减震与制振技术，则正处于研究、探索并部分应用于工程实践的时期。

隔震与消能减震设计，可用于对抗震安全性和使用功能有较高要求或专门要求的建筑。采用隔震或消能减震设计的建筑，当遭遇到本地区的多遇地震影响、设防地震影响和罕遇地震影响时，其抗震设防目标应高于"三水准"的要求。

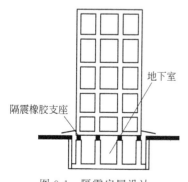

图 9-1 隔震房屋设计

第二节 隔震结构设计

一、隔震设计原理

隔震,是通过在结构的特定部位,如层间、楼板处、厂房屋架及梁端等处设置某种装置,将地震动与结构隔开,阻断地震动能量向建筑结构输入,其作用是减弱或改变地震动对结构作用的强度或方式,以此达到减小结构振动的目的。在许多实际应用中,隔震装置是安装在结构下面,即基础部位,因此称为"基础隔震"。基础隔震是在结构地面以上部分的底部设置隔震层,使之与固结于地基中的基础顶面分开,限制地震动向上部结构的传递,大大减少了上部结构的地震反应,从而保证了建筑物的安全。

最早提出隔震概念是在1881年,但直到20世纪20年代才开始应用于工程。1921年,美国工程师Fraud Lloyd Wright在设计日本东京帝国饭店时利用软泥土层作为隔震层。在1923年的关东大地震中,附近其他建筑普遍严重损坏,而该建筑保持完好,经受了地震考验。现代最早的隔震建筑是南斯拉夫的贝斯特洛奇小学,采用了天然橡胶隔震支座。1994年采用铅芯橡胶隔震支座建造的南加州大学经受了强地震的考验,完好无损,地震后即可以使用。

随着地震工程理论的逐步建立以及实际地震对地震工程的进一步的考验,特别是近二三十年来,由于采用大量的强震地震仪对地震进行观测,使人们较快地积累了有关隔震及非隔震结构工作性能的定量化经验,从而对早期提出的隔震方法进行了淘汰和升华。特定场地地震反应谱分析技术的发展,使人们可以相当准确地提出用于结构动力分析的地震动参数,用计算机进行结构反应分析,使设计人员可以对所设计的结构进行各种模拟分析,从而获得结构和隔震层的动力反应,正确选择各项设计参数,提高设计可靠性,隔震技术就是在这些现代化隔震科学技术的基础上发展起来的。

我国学者20世纪60年代初开始关注基础隔震理论,进入20世纪80年代以来,隔震研究逐渐在国内得到重视,做了大量的试验研究和理论分析,建立了相应的设计方法,已建造了约150万平方米、300多幢隔震试点工程。

基础隔震技术已在桥梁、建筑物中获得了大量应用,如图9-2所示为框架结构隔震支座的设置。目前大约有三十多个国家在积极推广基础隔震技术。其中夹层橡胶垫隔震已较成熟,对短周期结构控制效果较好,技术经济指标也可以接受。但也有不足之处:对竖向振动一般没有控制效果,影响上部结构;对长周期水平振动存在共振危险性,影响隔震层的安全。

大量试验研究工作表明:合理的结构隔震设计一般可使结构的水平地震加速度反应降低60%左右,从而可以有效地减轻结构的地震破坏,提高结构的地震安全性。

二、隔震层的设置要求

需要减少地震作用的多层砌体和钢筋混凝土框架等结构类型的房屋,采用隔震设计应符合下列各项要求。

(1) 结构高宽比宜小于4,且不应大于相关规范规程对非隔震结构的具体规定,其变形特征接近剪切变形,最大高度应满足本规范非隔震结构的要求;高宽比大于4或非隔震结构相关规定的结构采用隔震设计时,应进行专门研究。

(2) 建筑场地宜为Ⅰ、Ⅱ、Ⅲ类,并应选用稳定性较好的基础类型。

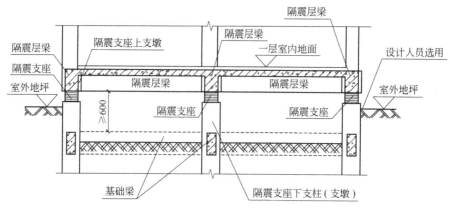

图 9-2 隔震支座的设置

(3) 风荷载和其他非地震作用的水平荷载标准值产生的总水平力不宜超过结构总重力的 10%。

(4) 隔震层应提供必要的竖向承载力、侧向刚度和阻尼；穿过隔震层的设备配管、配线，应采用柔性连接或其他有效措施适应隔震层的罕遇地震水平位移。

对建筑物地震反应有重要影响的两个因素是：结构的基本周期和阻尼比。普通中低层建筑物的侧向刚度大，其基本周期可能正好或接近地震波的卓越周期（除Ⅳ类场地以外）。由于共振或接近共振，其加速度反应比地面激励放大若干倍。基础隔震层为一柔性层，使隔震结构的基本周期大大延长，从而避开了地震卓越周期，降低了结构在地震时的加速度反应。同时，由于柔性层的侧向刚度很小，所以建筑物的位移必然增大，为此，必须采用适当的阻尼元件，增大隔震层的阻尼，或设置限位装置以控制上部结构与基础之间的相对位移。

隔震层宜设置在结构第一层以下的部位，其橡胶隔震支座应设置在受力较大的位置，间距不宜过大，其规格、数量和分布应根据竖向承载力、侧向刚度和阻尼的要求通过计算确定。隔震层在罕遇地震下应保持稳定，不宜出现不可恢复的变形。隔震层橡胶支座在罕遇地震作用下，不宜出现拉应力。

为了达到明显的减震效果，隔震装置或隔震体系必须具备以下基本特征。

(1) 承载力方面：隔震装置必须具备较大的竖向承载力，并安全地支承上部结构的所有重量和使用荷载，确保建筑结构在使用状况下的绝对安全，并满足使用要求。

(2) 隔震特性：隔震装置应具有可变的水平刚度，在强风和微小地震作用下，具有足够大的水平刚度，使上部结构水平位移不致过大；在强地震发生时，其水平刚度变小，使结构的自振周期大大延长，有效地隔开地面震动。

(3) 复位功能：隔震装置应具有水平弹性恢复力，使结构在地震中具有瞬时自动"复位"功能。

(4) 阻尼消耗特性：隔震装置应具有足够的阻尼，具有较大的消能能力。

三、基础隔震装置的分类

隔震系统是由隔震器、阻尼器和反应控制装置等部分组成。作为隔震系统，它必须具有上述几方面的功能，必要时还须设置安全保险构造。

隔震器的作用是一方面支承建筑物的全部重量，另一方面由于它具有弹性，能延长建筑的自振周期，使得建筑物的基频处于高能量的地震频率之外，从而能够有效地降低建筑物的反应。阻尼器的作用是吸收地震能量，抑制地震波中长周期成分可能给设有隔震器的建筑物带来的大变形，并且在地震终了时帮助隔震器迅速恢复到原来位置。设置地震微震动与风反应装置是为了增加隔震系统的早期刚度，使建筑物在风荷载与轻微地震作用下能保持安定。考虑到万一出现个别隔震器失效的情况，需要立即提供自动支承以替代失效的隔震器工作，保证建筑物仍处于安全状态，等待替换新的隔震器，可设置安全保险构造。

常用的隔震器有叠层橡胶支座、滑（转动）支座和螺旋弹簧支座。叠层橡胶支座又包括普通叠层橡胶支座、铅芯叠层橡胶支座和高阻尼叠层橡胶支座。滑（转动）支座有普通滑动支座、回弹滑动支座和曲面滑动支座。常用的阻尼器有弹塑性阻尼器、黏性阻尼器、油阻尼器和干摩擦阻尼器等。

根据隔震器和阻尼器等的不同，常将基础隔震装置分为以下三种隔震体系：

(1) 叠层橡胶支座隔震体系　橡胶支座隔震技术现已比较成熟，性能可靠、稳定，是目前世界上应用最广泛的一种隔震体系，已应用于大量的房屋和桥梁，并在几次大地震中接受了考验。叠层橡胶支座隔震结构由上部结构和隔震层组成，隔震层由叠层橡胶支座组成。支座应具有可变的水平刚度特性，在强风或小震时，具有足够的水平刚度，上部结构的水平位移极小；在中强地震发生时，其水平刚度较小，上部结构与基础之间产生相对运动，使"刚性"结构体系变成"柔性"的隔震结构体系，其自振周期大大延长，远离上部结构的自振周期和场地土特征周期，从而有效地将地面震动隔开。

从理论上讲，隔震层水平刚度越小，隔震效果越好，但隔震层的相对位移也同时增大，所以需设置阻尼装置来控制位移和消耗地震能量。但随着隔震层阻尼比的增加，上部结构的高振型份量将增大，楼板反应谱中的高频分量也将随之增大，对非结构构件和设备产生不利影响。

铅芯橡胶隔震支座是对橡胶支座的一大改进。在橡胶支座中心钻孔，并插入一个铅芯。支座的临界阻尼比从3%增加到10%～15%，这样，即使不使用其他阻尼器也可以满足大震下隔震层的阻尼要求。

(2) 摩擦滑移隔震体系　摩擦滑移机构为沿基础设置的带状滑移层，所用的材料多为砂砾、石墨、滑石粉等廉价材料，这无疑是比较经济的。摩擦滑移隔震方案造价低廉、简单易行，隔震效果受地面运动频率特性的影响较小，几乎不会发生共振现象。但由于滑移层接触面积较大，整个滑移面很难保证水平，会造成滑移量过大，有时可能出现滑移失稳。

(3) 混合隔震体系　利用橡胶支座和滑移支座的并联或串联组成混合隔震系统，可以更好地发挥两种隔震方式的优点，弥补两种方式的缺点。

四、隔震体系的计算方法

隔震支座设计的主要内容是验算其竖向承载力和罕遇地震作用下的水平位移。

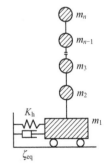

图 9-3　隔震结构计算简图

隔震结构的设计一般采用分步设计法，隔震体系的计算简图可用剪切型结构模型（图 9-3）。一般情况下，宜采用时程分析法进行计算；输入地震波的反应谱特性和数量，应符合规范的规定；计算结果宜取其平均值；当处于发震断层10km以内时，若输入地震波未计及近场影响，对甲、乙类建筑，计算结果尚应乘以下列近场影响系数：5km以内取1.5，5km以外取1.25。

隔震层的水平动刚度和等效黏滞阻尼比可按下列公式计算：

$$K_h = \sum K_j \tag{9-1}$$

$$\zeta_{eq} = \sum K_j \zeta_j / K_h \tag{9-2}$$

式中　ζ_j——j 隔震支座由试验确定的等效黏滞阻尼比，单独设置阻尼器时，应包括该阻尼器的相应阻尼比；

K_j——j 隔震支座（含阻尼器）由试验确定的水平动刚度，当试验发现动刚度与加载频率有关时，宜取相应于隔震体系基本自振周期的动刚度值；

ζ_{eq}——隔震层等效黏滞阻尼比；

K_h——隔震层水平动刚度。

隔震层以上结构的水平地震作用应根据水平向减震系数确定，其沿高度按矩形分布考虑；其竖向地震作用标准值，8度和9度时分别不应小于隔震层以上结构总重力荷载代表值的20%和40%。隔震层以下结构（包括地下室）的地震作用和抗震验算，应采用罕遇地震下隔震支座底部的竖向力、水平力和力矩进行计算。隔震建筑地基基础的抗震验算和地基处理仍按本地区抗震设防烈度进行。甲、乙类建筑的抗液化措施应按提高一个液化等级确定，直至全部消除液化沉陷。

多层砌体结构及与砌体结构周期相当的结构采用隔震设计时，上部结构的总水平地震作用可采用简化计算方法，即底部剪力法，但水平向减震系数宜根据隔震后整个体系的基本周期，按规范的规定确定。

多层砌体结构及与砌体结构周期相当的结构，隔震后体系的基本周期可按下式计算：

$$T_1 = 2\pi\sqrt{G/gK_h} \tag{9-3}$$

式中 T_1——隔震体系的基本周期；

G——隔震层以上结构的重力荷载代表值。

砌体结构的隔震层顶部各纵、横梁均可按承受均布荷载的单跨简支梁或多跨连续梁计算。均布荷载可按规范中关于底部框架砖房的钢筋混凝土托墙梁的规定取值；当按连续梁算出的正弯矩小于单跨简支梁跨中弯矩的0.8倍时，应按0.8倍单跨简支梁跨中弯矩配筋。

五、结构的隔震措施

(1) 隔震层以上结构应采取不阻碍隔震层在罕遇地震下发生大变形的下列措施。

① 上部结构的周边应设置防震缝，缝宽不宜小于各隔震支座在罕遇地震下的最大水平位移值的1.2倍；

② 上部结构（包括与其相连的任何构件）与地面（包括地下室和与其相连的构件）之间，宜设置明确的水平隔离缝；当设置水平隔离缝确有困难时，应设置可靠的水平滑移垫层；

③ 在走廊、楼梯、电梯等部位，应无任何障碍物。

(2) 隔震层与上部结构的连接，应符合下列规定。

① 隔震层顶部应设置梁板式楼盖，且应符合下列要求：应采用现浇或装配整体式混凝土板。现浇板厚度不宜小于140mm；配筋现浇面层厚度不应小于50mm。隔震支座上方的纵、横梁应采用现浇钢筋混凝土结构；隔震层顶部梁板的刚度和承载力，宜大于一般楼面梁板的刚度和承载力；隔震支座附近的梁、柱应计算冲切和局部承压，加密箍筋并根据需要配置网状钢筋。

② 隔震支座和阻尼器的连接构造，应符合下列要求：隔震支座和阻尼器应安装在便于维护人员接近的部位；隔震支座与上部结构、基础结构之间的连接件，应能传递罕遇地震下支座的最大水平剪力；隔震墙下隔震支座的间距不宜大于2.0m；外露的预埋件应有可靠的防锈措施。预埋件的锚固钢筋应与钢板牢固连接，锚固钢筋的锚固长度宜大于20倍锚固钢筋直径，且不应小于250mm。

表 9-1 隔震后砖房构造柱设置要求

房屋层数			设 置 部 位	
7度	8度	9度		
三、四	二、三		楼、电梯间四角，外墙四角，错层部位横墙与外纵墙交接处，较大洞口两侧，大房间内外墙交接处	每隔15m或单元横墙与外墙交接处
五	四	二		每隔三开间的横墙与外墙交接处
六、七	五	三、四		隔开间横墙（轴线）与外墙交接处，山墙与内纵墙交接处；9度四层，外纵墙与内墙（轴线）交接处
八	六、七	五		内墙（轴线）与外墙交接处，内墙局部较小墙垛处；8度七层，内纵墙与隔开间横墙交接处；9度时内纵墙与横墙（轴线）交接处

表 9-2 隔震后混凝土小型空心砌块房屋芯柱设置要求

房屋层数			设 置 部 位	设 置 数 量
7度	8度	9度		
三、四	二、三		外墙转角，楼梯间四角，大房间内外墙交接处；每隔16m或单元横墙与外墙交接处	外墙转角，灌实3个孔 内外墙交接处，灌实4个孔
五	四	二	外墙转角，楼梯间四角，大房间内外墙交接处；山墙与内纵墙交接处，隔三开间横墙（轴线）与外纵墙交接处	
六	五	三	外墙转角，楼梯间四角，大房间内外墙交接处；隔开间横墙（轴线）与外纵墙交接处，山墙与内纵墙交接处，8、9度时，外纵墙与横墙（轴线）交接处，大洞口两侧	外墙转角，灌实5个孔 内外墙交接处，灌实4个孔 洞口两侧各灌实1个孔
七	六	四	外墙转角，楼梯间四角，各内墙（轴线）与外纵墙交接处，内纵墙与横墙（轴线）交接处；8、9度时洞口两侧	外墙转角，灌实7个孔 内外墙交接处，灌实4个孔 内墙交接处，灌实4~5个孔；洞口两侧各灌实1个孔

（3）砌体结构的隔震措施应符合下列规定。

① 当水平向减震系数不大于0.50时，丙类建筑的多层砌体结构，房屋的层数、总高度和高宽比限值，可按第四章中降低一度的有关规定采用。

② 砌体结构隔震层的构造应符合下列规定：多层砌体房屋的隔震层位于地下室顶部时，隔震支座不宜直接放置在砌体墙上，并应验算砌体的局部承压；隔震层顶部纵、横梁的构造均应符合规范关于底部框架砖房的钢筋混凝土托墙梁的要求。

③ 丙类建筑隔震后上部砌体结构的抗震构造措施应符合下列要求：承重外墙尽端至门窗洞边的最小距离及圈梁的截面和配筋构造，仍应符合第四章的有关规定。多层烧结普通黏土砖和烧结多孔黏土砖房屋的钢筋混凝土构造柱设置，水平向减震系数为0.75时，仍应符合表5-9的规定；7~9度，水平向减震系数为0.5和0.38时，应符合表9-1的规定，水平向减震系数为0.25时，宜符合表5-9降低一度的有关规定。混凝土小型空心砌块房屋芯柱的设置，水平向减震系数为0.75时，仍应符合表5-13的规定；7~9度时，当水平向减震系数为0.5和0.38时，应符合表9-2的规定，当水平向减震系数为0.25时，宜符合表5-13降低一度的有关规定。上部结构的其他抗震构造措施，水平向减震系数为0.75时仍按第四章的相应规定采用；7~9度，水平向减震系数为0.50和0.38时，可按第四章降低一度的相应规定采用；水平向减震系数为0.25时可按第四章降低二度且不低于6度的相应规定采用。

第三节 减震结构设计

一、减震设计原理

将房屋结构中的非承重构件(如支撑、抗震墙等)设计成消能部件或在房屋结构的某些部位(节点或连接处)装设一些消能阻尼器,如黏弹性阻尼器、摩擦消能器、金属阻尼器等(图9-4~图9-6),通过消能材料的摩擦、变形或黏性液体的流动等引起的能量耗散来消耗结构的振动能量。在风载和小震作用下,消能部件或阻尼器处于弹性状态,结构体系的侧向刚度足以满足正常使用要求;在强震作用下,消能部件或阻尼器率先进入非弹性状态,耗散大部分地面运动传递给结构的能量,同时对于消能支撑,其软化使结构体系的自振周期加长,降低了动力反应,从而保护主体结构在强震中免遭破坏或产生较大的变形,通常称之为消(耗)能减震,也可看做是增加结构阻尼的方法。

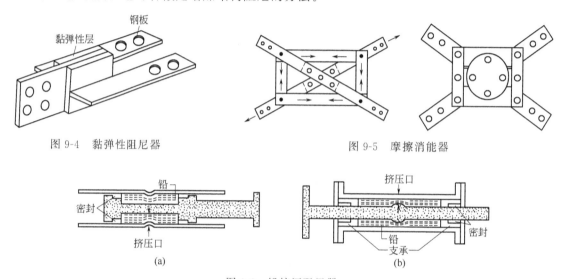

图9-4 黏弹性阻尼器　　图9-5 摩擦消能器

图9-6 铅挤压阻尼器

消能减震与依靠结构本身及节点延性耗散地震能量相比,显然前进了一步,但是消能元件往往与主体结构是不能分离的,而且常常是主体结构的一个组成部分,也不能完全避免主体结构出现弹塑性变形,因此它没有完全脱离延性结构的概念。消能减震对抗震和抗风都有效,而且性能可靠,但装设数量少时作用不大,数量多时造价显著增加。对消能减震体系的计算,目前也尚未建立起较为成熟通用的方法。适用于高度较大、水平刚度较大、水平位移较明显的多层(15层以上)、高层、超高层建筑,大跨度桥梁、管线、塔架、高耸结构等,结构越高越柔,减震消能效果越显著。

二、减震层的设置要求

消能部件可根据需要沿结构的两个主轴方向分别设置。消能部件宜设置在层间变形较大的位置,其数量和分布应通过综合分析合理确定,并有利于提高整个结构的消能减震能力,形成均匀合理的受力体系。

消能减震体系按其消能装置的不同,可分为两类。
(1) 消能构件减震　常见的有消能支撑和消能抗震墙;
(2) 阻尼器消能减震　常见的有摩擦阻尼器、金属阻尼器、黏性和黏弹性阻尼器、黏性液体阻尼器。

消能减震设计时，应根据罕遇地震下的预期结构位移控制要求，设置适当的消能部件。消能部件可由消能器及斜撑、墙体、梁或节点等支撑构件组成。消能器可采用速度相关型、位移相关型或其他类型。

三、减震体系的计算方法

(1) 计算原则　消能减震设计的计算分析，应符合下列规定。

① 一般情况下，宜采用静力非线性分析方法或非线性时程分析方法。

② 当主体结构基本处于弹性工作阶段时，可采用线性分析方法作简化估算，并根据结构的变形特征和高度等按第三章的规定分别采用底部剪力法、振型分解反应谱法和时程分析法。其地震影响系数可根据消能减震结构的总阻尼比按第三章的规定采用。

③ 消能减震结构的总刚度应为结构刚度和消能部件有效刚度的总和。

④ 消能减震结构的总阻尼比应为结构阻尼比和消能部件附加给结构的有效阻尼比的总和。

⑤ 消能减震结构的层间弹塑性位移角限值，框架结构宜采用 1/80。

与消能部件相连的结构构件，应计入消能部件传递的附加内力，并将其传递到基础。对非线性时程分析法，宜采用消能部件的恢复力模型计算；对静力非线性分析法，消能器附加给结构的有效阻尼比和有效刚度，可采用下述方法确定。

(2) 有效阻尼比和有效刚度的计算

① 消能部件附加的有效阻尼比可按下式估算：

$$\zeta_a = W_c/(4\pi W_s) \tag{9-4}$$

式中　ζ_a——消能减震结构的附加有效阻尼比；

　　　W_c——所有消能部件在结构预期位移下往复一周所消耗的能量；

　　　W_s——设置消能部件的结构在预期位移下的总应变能。

② 不计及扭转影响时，消能减震结构在其水平地震作用下的总应变能，可按下式估算：

$$W_s = (1/2)\sum F_i u_i \tag{9-5}$$

式中　F_i——质点 i 的水平地震作用标准值；

　　　u_i——质点 i 对应于水平地震作用标准值的位移。

③ 速度线性相关型消能器在水平地震作用下所消耗的能量，可按下式估算：

$$W_c = (2\pi^2/T_1)\sum C_j \cos^2\theta_j \Delta u_j^2 \tag{9-6}$$

式中　T_1——消能减震结构的基本自振周期；

　　　C_j——第 j 个消能器由试验确定的线性阻尼系数；

　　　θ_j——第 j 个消能器的消能方向与水平面的夹角；

　　　Δu_j——第 j 个消能器两端的相对水平位移。

当消能器的阻尼系数和有效刚度与结构振动周期有关时，可取相应于消能减震结构基本自振周期的值。

④ 位移相关型、速度非线性相关型和其他类型消能器在水平地震作用下所消耗的能量，可按下式估算：

$$W_c = \sum A_j \tag{9-7}$$

式中　A_j——第 j 个消能器的恢复力滞回环在相对水平位移 Δu_j 时的面积。

消能器的有效刚度可取消能器的恢复力滞回环在相对水平位移 Δu_j 时的割线刚度。

⑤ 消能部件附加给结构的有效阻尼比超过 20% 时，宜按 20% 计算。

四、结构的减震措施

消能器与斜撑、墙体、梁或节点等支撑构件的连接，应符合钢构件连接或钢与钢筋混凝土构件连接的构造要求，并能承担消能器施加给连接节点的最大作用力。消能器和连接构件应具有耐久性能和较好的易维护性。

小　结

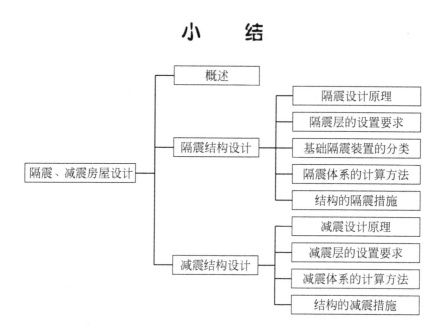

 思考题

1. 试述何谓隔震房屋。
2. 试述隔震房屋适用范围。
3. 试述何谓消能减震房屋。

附 录

附录 A 中国地震烈度表（2008 年）

地震烈度	人的感觉	房屋震害 类型	房屋震害 震害程度	房屋震害 平均震害指数	其他震害现象	水平向地震动参数 峰值加速度/(m/s²)	水平向地震动参数 峰值速度/(m/s)
Ⅰ	无感	—	—	—	—	—	—
Ⅱ	室内个别静止中的人有感觉	—	—	—	—	—	—
Ⅲ	室内少数静止中的人有感觉	—	门、窗轻微作响	—	悬挂物微动	—	—
Ⅳ	室内多数人、室外少数人有感觉，少数人梦中惊醒	—	门、窗作响	—	悬挂物明显摆动，器皿作响	—	—
Ⅴ	室内绝大多数、室外多数人有感觉，多数人梦中惊醒	—	门窗、屋顶、屋架颤动作响，灰土掉落，个别房屋墙体抹灰出现细微裂缝，个别屋顶烟囱掉砖	—	悬挂物大幅度晃动，不稳定器物摇动或翻倒	0.31 (0.22~0.44)	0.03 (0.02~0.04)
Ⅵ	多数人站立不稳，少数人惊逃户外	A	少数中等破坏，多数轻微破坏和/或基本完好	0.00~0.11	家具和物品移动；河岸和松软土出现裂缝，饱和砂层出现喷砂冒水；个别独立砖烟囱轻度裂缝	0.63 (0.45~0.89)	0.06 (0.05~0.09)
Ⅵ		B	个别中等破坏，少数轻微破坏，多数基本完好				
Ⅵ		C	个别轻微破坏，大多数基本完好	0.00~0.08			
Ⅶ	大多数人惊逃户外，骑自行车的人有感觉，行驶中的汽车驾乘人员有感觉	A	少数毁坏和/或严重破坏，多数中等和/或轻微破坏	0.09~0.31	物体从架子上掉落；河岸出现塌方，饱和砂层常见喷水冒砂，松软土地上地裂缝较多；大多数独立砖烟囱中等破坏	1.25 (0.90~1.77)	0.13 (0.10~0.18)
Ⅶ		B	少数中等破坏，多数轻微破坏和/或基本完好				
Ⅶ		C	少数中等和/或轻微破坏，多数基本完好	0.07~0.51			
Ⅷ	多数人摇晃颠簸，行走困难	A	少数毁坏，多数严重和/或中等破坏	0.29~0.51	干硬土上出现裂缝，饱和砂层绝大多数喷砂冒水；大多数独立砖烟囱严重破坏	2.50 (1.78~3.53)	0.25 (0.19~0.35)
Ⅷ		B	个别毁坏，少数严重破坏，多数中等和/或轻微破坏				
Ⅷ		C	少数严重和/或中等破坏，多数轻微破坏	0.20~0.40			
Ⅸ	行动的人摔倒	A	多数严重破坏和/或毁坏	0.49~0.71	干硬土上多处出现裂缝，可见基岩裂缝、错动，滑坡、塌方常见；独立砖烟囱多数倒塌	5.00 (3.54~7.07)	0.50 (0.36~0.71)
Ⅸ		B	少数毁坏，多数严重和/或中等破坏				
Ⅸ		C	少数毁坏和/或严重破坏，多数中等和/或轻微破坏	0.38~0.60			

续表

地震烈度	人的感觉	房屋震害			其他震害现象	水平向地震动参数	
		类型	震害程度	平均震害指数		峰值加速度 /(m/s²)	峰值速度 /(m/s)
X	骑自行车的人会摔倒,处不稳状态的人会摔离原地,有抛起感	A	绝大多数毁坏	0.69~ 0.91	山崩和地震断裂出现,基岩上拱桥破坏;大多数独立砖烟囱从根部破坏或倒毁	10.00 (7.08~ 14.14)	1.00 (0.72~ 1.41)
		B	大多数毁坏				
		C	多数毁坏和/或严重破坏	0.58~ 0.80			
XI	—	A	绝大多数毁坏	0.89~ 1.00	地震断裂延续很大,大量山崩滑坡	—	—
		B					
		C		0.78~ 1.00			
XII	—	A	几乎全部毁坏	1.00	地面剧烈变化,山河改观	—	—
		B					
		C					

注:1. 评定地震烈度时,Ⅰ度～Ⅴ度应以地面上以及底层房屋中的人的感觉和其他震害现象为主;Ⅵ度～Ⅹ度应以房屋震害为主,参照其他震害现象,当用房屋震害程度与平均震害指数评定结果不同时,应以震害程度评定结果为主,并综合考虑不同类型房屋的平均震害指数;Ⅺ度和Ⅻ度应综合房屋震害和地表震害现象。

2. 以下三种情况的地震烈度评价结果,应做适当调整:
① 当采用高楼上人的感觉和器物反应评定地震烈度时,适当降低评定值;
② 当采用低于或高于Ⅶ度抗震设计房屋的震害程度和平均震害指数评定地震烈度时,适当降低或提高评定值;
③ 当采用建筑质量特别差或特别好房屋的震害程度和平均震害指数评定地震烈度时,适当降低或提高评定值。

3. 当计算的平均震害指数值位于表中地震烈度对应的平均震害指数重叠搭接区间时,可参照其他判别指标和震害现象综合判定地震烈度。各类房屋平均震害指数 D 可按下式计算:

$$D = \sum_{i=1}^{5} d_i \lambda_i$$

式中 d_i——房屋破坏等级为 i 的震害指数;
λ_i——破坏等级为 i 的房屋破坏比,用破坏面积与总面积之比或破坏栋数与总栋数之比表示。

4. 表中给出的"峰值加速度"和"峰值速度"是参考值,括弧内给出的是变动范围。

5. 农村可按自然村,城镇可按街区为单位进行地震烈度评定,面积以 1km² 为宜。

6. 当有自由场地强震动记录时,水平地震动峰值加速度和峰值速度可作为综合评定地震烈度的参考指标。

7. 数量词采用个别、少数、多数、大多数和绝大多数,其范围界定如下:"个别"为 10% 以下;"少数"为 10%～45%;"多数"为 40%～70%;"大多数"为 60%～90%;"绝大多数"为 80% 以上。

8. 房屋类型中,A 类指木构架和土、石、砖墙建造的旧式房屋;B 类指未经抗震设防的单层或多层砖砌体房屋;C 类指按照Ⅶ度抗震设防的单层或多层砖砌体房屋。

9. 房屋破坏等级分为基本完好、轻微破坏、中等破坏、严重破坏和毁坏五类,其定义和对应的震害指数 d 如下:
① 基本完好:承重和非承重构件完好,或个别非承重构件轻微损坏,不加修理可继续使用,对应的震害指数范围为 $0.00 \leq d < 0.10$;
② 轻微破坏:个别承重构件出现可见裂缝,非承重构件有明显裂缝,不需要修理或稍加修理即可继续使用,对应的震害指数范围为 $0.10 \leq d < 0.30$;
③ 中等破坏:多数承重构件出现轻微裂缝,部分有明显裂缝,个别非承重构件破坏严重,需要一般修理后可使用,对应的震害指数范围为 $0.30 \leq d < 0.55$;
④ 严重破坏:多数承重构件破坏较严重,非承重构件局部倒塌,房屋修复困难,对应的震害指数范围为 $0.55 \leq d < 0.85$;
⑤ 毁坏:多数承重构件严重破坏,房屋结构濒于崩溃或已倒塌,已无修复可能,对应的震害指数范围为 $0.85 \leq d \leq 1.00$。

附录 B 我国主要城镇抗震设防烈度、设计基本地震加速度和设计地震分组

本附录仅提供我国抗震设防区各县级及县级以上城镇的中心地区建筑工程抗震设计时所采用的抗震设防烈度、设计基本地震加速度值和所属的设计地震分组。

注：本附录一般把"设计地震第一、二、三组"简称为"第一组、第二组、第三组"。

B.0.1 首都和直辖市

1　抗震设防烈度为8度，设计基本地震加速度值为0.20g：

第一组：北京（东城、西城、朝阳、丰台、石景山、海淀、房山、通州、顺义、大兴、平谷、延庆），天津（汉沽）、宁河。

2　抗震设防烈度为7度，设计基本地震加速度值为0.15g：

第二组：北京（昌平、门头沟、怀柔、密云）；天津（和平、河东、河西、南开、河北、红桥、塘沽、东丽、西青、津南、北辰、武清、宝坻），蓟县，静海。

3　抗震设防烈度为7度，设计基本地震加速度值为0.10g：

第一组：上海（黄浦、卢湾、徐汇、长宁、静安、普陀、闸北、虹口、杨浦、闵行、宝山、嘉定、浦东、松江、青浦、南汇、奉贤）；

第二组：天津（大港）。

4　抗震设防烈度为6度，设计基本地震加速度值为0.05g：

第一组：上海（金山），崇明；重庆（渝中、大渡口、江北、沙坪坝、九龙坡、南岸、北碚、万盛、双桥、渝北、巴南、万州、涪陵、黔江、长寿、江津、合川、永川、南川），巫山，奉节，云阳，忠县，丰都，璧山，铜梁，大足，荣昌，綦江，石柱，巫溪*。

注：上标*指该城镇的中心位于本设防区和较低设防区的分界线，下同。

B.0.2 河北省

1　抗震设防烈度为8度，设计基本地震加速度值为0.20g：

第一组：唐山（路北、路南、古冶、开平、丰润、丰南），三河，大厂，香河，怀来，涿鹿；

第二组：廊坊（广阳、安次）。

2　抗震设防烈度为7度，设计基本地震加速度值为0.15g：

第一组：邯郸（丛台、邯山、复兴、峰峰矿区），任丘，河间，大城，滦县，蔚县，磁县，宣化县，张家口（下花园、宣化区），宁晋*；

第二组：涿州，高碑店，涞水，固安，永清，文安，玉田，迁安，卢龙，滦南，唐海，乐亭，阳原，邯郸县，大名，临漳，成安。

3　抗震设防烈度为7度，设计基本地震加速度值为0.10g：

第一组：张家口（桥西、桥东），万全，怀安，安平，饶阳，晋州，深州，辛集，赵县，隆尧，任县，南和，新河，肃宁，柏乡；

第二组：石家庄（长安、桥东、桥西、新华、裕华、井陉矿区），保定（新市、北市、南市），沧州（运河、新华），邢台（桥东、桥西），衡水，霸州，雄县，易县，沧县，张北，兴隆，迁西，抚宁，昌黎，青县，献县，广宗，平乡，鸡泽，曲周，肥乡，馆陶，广平，高邑，内丘，邢台县，武安，涉县，赤城，定兴，容城，徐水，安新，高阳，博野，蠡县，深泽，魏县，藁城，栾城，武强，冀州，巨鹿，沙河，临城，泊头，永年，崇礼，南宫*；

第三组：秦皇岛（海港、北戴河），清苑，遵化，安国，涞源，承德（鹰手营子*）。

4　抗震设防烈度为6度，设计基本地震加速度值为0.05g：

第一组：围场，沽源；

第二组：正定，尚义，无极，平山，鹿泉，井陉县，元氏，南皮，吴桥，景县，东光；

第三组：承德（双桥、双滦），秦皇岛（山海关），承德县，隆化，宽城，青龙，阜平，满城，顺平，

唐县，望都，曲阳，定州，行唐，赞皇，黄骅，海兴，孟村，盐山，阜城，故城，清河，新乐，武邑，枣强，威县，丰宁，滦平，平泉，临西，灵寿，邱县。

B.0.3 山西省

1 抗震设防烈度为8度，设计基本地震加速度值为0.20g：

第一组：太原（杏花岭、小店、迎泽、尖草坪、万柏林、晋源），晋中，清徐，阳曲，忻州，定襄，原平，介休，灵石，汾西，代县，霍州，古县，洪洞，临汾，襄汾，浮山，永济；

第二组：祁县，平遥，太谷。

2 抗震设防烈度为7度，设计基本地震加速度值为0.15g：

第一组：大同（城区、矿区、南郊），大同县，怀仁，应县，繁峙，五台，广灵，灵丘，丙城，翼城；

第二组：朔州（朔城区），浑源，山阴，古交，交城，文水，汾阳，孝义，曲沃，侯马，新绛，稷山，绛县，河津，万荣，闻喜，临猗，夏县，运城，平陆，沁源*，宁武*。

3 抗震设防烈度为7度，设计基本地震加速度值为0.10g：

第一组：阳高，天镇；

第二组：大同（新荣），长治（城区、郊区），阳泉（城区、矿区、郊区），长治县，左云，右玉，神池，寿阳，昔阳，安泽，平定，和顺，乡宁，垣曲，黎城，潞城，壶关；

第三组：平顺，榆社，武乡，娄烦，交口，隰县，蒲县，吉县，静乐，陵川，盂县，沁水，沁县，朔州（平鲁）。

4 抗震设防烈度为6度，设计基本地震加速度值为0.05g：

第三组：偏关，河曲，保德，兴县，临县，方山，柳林，五寨，岢岚，岚县，中阳，石楼，永和，大宁，晋城，吕梁，左权，襄垣，屯留，长子，高平，阳城，泽州。

B.0.4 内蒙自治区

1 抗震设防烈度为8度，设计基本地震加速度值为0.30g：

第一组：土默特右旗，达拉特旗*。

2 抗震设防烈度为8度，设计基本地震加速度值为0.20g：

第一组：呼和浩特（新城、回民、玉泉、赛罕），包头（昆都仑、东河、青山、九原），乌海（海勃湾、海南、乌达），土墨特左旗，杭锦后旗，磴口，宁城；

第二组：包头（石拐），托克托*。

3 抗震设防烈度为7度，设计基本地震加速度值为0.15g：

第一组：赤峰（红山*、元宝山区），喀喇沁旗，巴彦卓尔，五原，乌拉特前旗，凉城；

第二组：固阳，武川，和林格尔；

第三组：阿拉善左旗。

4 抗震设防烈度为7度，设计基本地震加速度值为0.10g：

第一组：赤峰（松山区），察右前旗，开鲁，傲汉旗，扎兰屯，通辽*；

第二组：清水河，乌兰察布，卓资，丰镇，乌特拉后旗，乌特拉中旗；

第三组：鄂尔多斯，准格尔旗。

5 抗震设防烈度为6度，设计基本地震加速度值为0.05g：

第一组：满洲里，新巴尔虎右旗，莫力达瓦旗，阿荣旗，扎赉特旗，翁牛特旗，商都，乌审旗，科左中旗，科左后旗，奈曼旗，库伦旗，苏尼特右旗；

第二组：兴和，察右后旗；

第三组：达尔罕茂明安联合旗，阿拉善右旗，鄂托克旗，鄂托克前旗，包头（白云矿区），伊金霍洛旗，杭锦旗，四王子旗，察右中旗。

B.0.5 辽宁省

1 抗震设防烈度为8度，设计基本地震加速度值为0.20g：

第一组：普兰店，东港。

2 抗震设防烈度为7度，设计基本地震加速度值为0.15g：

第一组：营口（站前、西市、鲅鱼圈、老边），丹东（振兴、元宝、振安），海城，大石桥，瓦房店，盖州，大连（金州）。

3 抗震设防烈度为7度，设计基本地震加速度值为0.10g：

第一组：沈阳（沈河、和平、大东、皇姑、铁西、苏家屯、东陵、沈北、于洪），鞍山（铁东、铁西、立山、千山），朝阳（双塔、龙城），辽阳（白塔、文圣、宏伟、弓长岭、太子河），抚顺（新抚、东洲、望花），铁岭（银州、清河），盘锦（兴隆台、双台子），盘山，朝阳县，辽阳县，铁岭县，北票，建平，开原，抚顺县*，灯塔，台安，辽中，大洼；

第二组：大连（西岗、中山、沙河口、甘井子、旅顺），岫岩，凌源。

4 抗震设防烈度为6度，设计基本地震加速度值为0.05g：

第一组：本溪（平山、溪湖、明山、南芬），阜新（细河、海州、新邱、太平、清河门），葫芦岛（龙港、连山），昌图，西丰，法库，彰武，调兵山，阜新县，康平，新民，黑山，北宁，义县，宽甸，庄河，长海，抚顺（顺城）；

第二组：锦州（太和、古塔、凌河），凌海，凤城，喀喇沁左翼；

第三组：兴城，绥中，建昌，葫芦岛（南票）。

B.0.6 吉林省

1 抗震设防烈度为8度，设计基本地震加速度值为0.20g：

前郭尔罗斯，松原

2 抗震设防烈度为7度，设计基本地震加速度值为0.15g：

大安*

3 抗震设防烈度为7度，设计基本地震加速度值为0.10g：

长春（难关、朝阳、宽城、二道、绿园、双阳），吉林（船营、龙潭、昌邑、丰满），白城，乾安，舒兰，九台，永吉*。

4 抗震设防烈度为6度，设计基本地震加速度值为0.05g：

四平（铁西、铁东），辽源（龙山、西安），镇赉，洮南，延吉，汪清，图们，珲春，龙井，和龙，安图，蛟河，桦甸，梨树，磐石，东丰，辉南，梅河口，东辽，榆树，靖宇，抚松，长岭，德惠，农安，伊通，公主岭，扶余，通榆*。

注：全省县级及县级以上设防城镇，设计地震分组均为第一组。

B.0.7 黑龙江省

1 抗震设防烈度为7度，设计基本地震加速度值为0.10g：

绥化，萝北，泰来。

2 抗震设防烈度为6度，设计基本地震加速度值为0.05g：

哈尔滨（松北、道里、南岗、道外、香坊、平房、呼兰、阿城），齐齐哈尔（建华、龙沙、铁锋、昂昂溪、富拉尔基、碾子山、梅里斯），大庆（萨尔图、龙凤、让胡路、大同、红岗），鹤岗（向阳、兴山、工农、南山、兴安、东山），牡丹江（东安、爱民、阳明、西安），鸡西（鸡冠、恒山、滴道、梨树、城子河、麻山），佳木斯（前进、向阳、东风、郊区），七台河（桃山、新兴、茄子河），伊春（伊春区、乌马、友好），鸡东，望奎，穆棱，绥芬河，东宁，宁安，五大连池，嘉荫，汤原，桦南，桦川，依兰，勃利，通河，方正，木兰，巴彦，延寿，尚志，宾县，安达，明水，绥棱，庆安，兰西，肇东，肇州，双城，五常，讷河，北安，甘南，富裕，龙江，黑河，肇源，青冈*，海林*。

注：全省县级及县级以上设防城镇，设计地震分组均为第一组。

B.0.8 江苏省

1 抗震设防烈度为8度，设计基本地震加速度值为0.30g：

第一组：宿迁（宿城、宿豫*）。

2 抗震设防烈度为8度，设计基本地震加速度值为0.20g：

第一组：新沂，邳州，睢宁。

3 抗震设防烈度为7度，设计基本地震加速度值为0.15g：

第一组：扬州（维扬、广陵、邗江），镇江（京口、润州），泗洪，江都；

第二组：东海，沭阳，大丰。

4 抗震设防烈度为7度,设计基本地震加速度值为0.10g:

第一组:南京(玄武、白下、秦淮、建邺、鼓楼、下关、浦口、六合、栖霞、雨花台、江宁),常州(新北、钟楼、天宁、戚墅堰、武进),泰州(海陵、高港),江浦,东台,海安,姜堰,如皋,扬中,仪征,兴化,高邮,六合,句容,丹阳,金坛,镇江(丹徒),溧阳,溧水,昆山,太仓;

第二组:徐州(云龙、鼓楼、九里、贾汪、泉山),铜山,沛县,淮安(清河、青浦、淮阴),盐城(亭湖、盐都),泗阳,盱眙,射阳,赣榆,如东;

第三组:连云港(新浦、连云、海州),灌云。

5 抗震设防烈度为6度,设计基本地震加速度值为0.05g:

第一组:无锡(崇安、南长、北塘、滨湖、惠山),苏州(金阊、沧浪、平江、虎丘、吴中、相成),宜兴,常熟,吴江,泰兴,高淳;

第二组:南通(崇川、港闸),海门,启东,通州,张家港,靖江,江阴,无锡(锡山),建湖,洪泽,丰县;

第三组:响水,滨海,阜宁,宝应,金湖,灌南,涟水,楚州。

B.0.9 浙江省

1 抗震设防烈度为7度,设计基本地震加速度值为0.10g:

第一组:岱山,嵊泗,舟山(定海、普陀),宁波(北仑、镇海)。

2 抗震设防烈度为6度,设计基本地震加速度值为0.05g:

第一组:杭州(拱墅、上城、下城、江干、西湖、滨江、余杭、萧山),宁波(海曙、江东、江北、鄞州),湖州(吴兴、南浔),嘉兴(南湖、秀洲),温州(鹿城、龙湾、瓯海),绍兴,绍兴县,长兴,安吉,临安,奉化,象山,德清,嘉善,平湖,海盐,桐乡,海宁,上虞,慈溪,余姚,富阳,平阳,苍南,乐清,永嘉,泰顺,景宁,云和,洞头;

第二组:庆元,瑞安。

B.0.10 安徽省

1 抗震设防烈度为7度,设计基本地震加速度值为0.15g:

第一组:五河,泗县。

2 抗震设防烈度为7度,设计基本地震加速度值为0.10g:

第一组:合肥(蜀山、庐阳、瑶海、包河),蚌埠(蚌山、龙子湖、禹会、淮山),阜阳(颖州、颖东、颖泉),淮南(田家庵、大通),枞阳,怀远,长丰,六安(金安、裕安),固镇,凤阳,明光,定远,肥东,肥西,舒城,庐江,桐城,霍山,涡阳,安庆(大观、迎江、宜秀),铜陵县*;

第二组:灵璧。

3 抗震设防烈度为6度,设计基本地震加速度值为0.05g:

第一组:铜陵(铜官山、狮子山、郊区),淮南(谢家集、八公山、潘集),芜湖(镜湖、戈江、三江、鸠江),马鞍山(花山、雨山、金家庄),芜湖县,界首,太和,临泉,阜南,利辛,凤台,寿县,颖上,霍邱,金寨,含山,和县,当涂,无为,繁昌,池州,岳西,潜山,太湖,怀宁,望江,东至,宿松,南陵,宣城,郎溪,广德,泾县,青阳,石台;

第二组:滁州(琅邪、南谯),来安,全椒,砀山,萧县,蒙城,亳州,巢湖,天长;

第三组:濉溪,淮北,宿州。

B.0.11 福建省

1 抗震设防烈度为8度,设计基本地震加速度值为0.20g:

第二组:金门*。

2 抗震设防烈度为7度,设计基本地震加速度值为0.15g:

第一组:漳州(芗城、龙文),东山,诏安,龙海;

第二组:厦门(思明、海沧、湖里、集美、同安、翔安),晋江,石狮,长泰,漳浦;

第三组:泉州(丰泽、鲤城、洛江、泉港)。

3 抗震设防烈度为7度,设计基本地震加速度值为0.10g:

第二组:福州(鼓楼、台江、仓山、晋安),华安,南靖,平和,云霄;

第三组：莆田（城厢、涵江、荔城、秀屿），长乐，福清，平潭，惠安，南安，安溪，福州（马尾）。

4 抗震设防烈度为6度，设计基本地震加速度值为0.05g：

第一组：三明（梅列、三元），屏南，霞浦，福鼎，福安，柘荣，寿宁，周宁，松溪，宁德，古田，罗源，沙县，尤溪，闽清，闽侯，南平，大田，漳平，龙岩，泰宁，宁化，长汀，武平，建宁，将乐，明溪，清流，连城，上杭，永安，建瓯；

第二组：政和，永定；

第三组：连江，永泰，德化，永春，仙游，马祖。

B.0.12 江西省

1 抗震设防烈度为7度，设计基本地震加速度值为0.10g：

寻乌，会昌。

2 抗震设防烈度为6度，设计基本地震加速度值为0.05g：

南昌（东湖、西湖、青云谱、湾里、青山湖），南昌县，九江（浔阳、庐山），九江县，进贤，余干，彭泽，湖口，星子，瑞昌，德安，都昌，武宁，修水，靖安，铜鼓，宜丰，宁都，石城，瑞金，安远，定南，龙南，全南，大余。

注：全省县级及县级以上设防城镇，设计地震分组均为第一组。

B.0.13 山东省

1 抗震设防烈度为8度，设计基本地震加速度值为0.20g：

第一组：郯城，临沭，莒南，莒县，沂水，安丘，阳谷，临沂（河东）。

2 抗震设防烈度为7度，设计基本地震加速度值为0.15g：

第一组：临沂（兰山、罗庄），青州，临驹，菏泽，东明，聊城，莘县，鄄城；

第二组：潍坊（奎文、潍城、寒亭、坊子），苍山，沂南，昌邑，昌乐，诸城，五莲，长岛，蓬莱，龙口，枣庄（台儿庄），淄博（临淄*），寿光*。

3 抗震设防烈度为7度，设计基本地震加速度值为0.10g：

第一组：烟台（莱山、芝罘、牟平），威海，文登，高唐，茌平，定陶，成武；

第二组：烟台（福山），枣庄（薛城、市中、峄城、山亭*），淄博（张店、淄川、周村），平原，东阿，平阴，梁山，郓城，巨野，曹县，广饶，博兴，高青，桓台，蒙阴，费县，微山，禹城，冠县，单县*，夏津*，莱芜（莱城、钢城）；

第三组：东营（东营、河口），日照（东港、岚山），沂源，招远，新泰，栖霞，莱州，平度，高密，垦利，淄博（博山），滨州*，平邑*。

4 抗震设防烈度为6度，设计基本地震加速度值为0.05g：

第一组：荣成；

第二组：德州，宁阳，曲阜，邹城，鱼台，乳山，兖州；

第三组：济南（市中、历下、槐荫、天桥、历城、长清），青岛（市南、市北、四方、黄岛、崂山、城阳、李沧），泰安（泰山、岱岳），济宁（市中、任城），乐陵，庆云，无棣，阳信，宁津，沾化，利津，武城，惠民，商河，临邑，济阳，齐河，章丘，泗水，莱阳，海阳，金乡，滕州，莱西，即墨，胶南，胶州，东平，汶上，嘉祥，临清，肥城，陵县，邹平。

B.0.14 河南省

1 抗震设防烈度为8度，设计基本地震加速度值为0.20g：

第一组：新乡（卫滨、红旗、凤泉、牧野），新乡县，安阳（北关、文峰、殷都、龙安），安阳县，淇县，卫辉，辉县，原阳，延津，获嘉，范县；

第二组：鹤壁（淇滨、山城*、鹤山*），汤阴。

2 抗震设防烈度为7度，设计基本地震加速度值为0.15g：

第一组：台前，南乐，陕县，武陟；

第二组：郑州（中原、二七、管城、金水、惠济），濮阳，濮阳县，长垣，封丘，修武，内黄，浚县，滑县，清丰，灵宝，三门峡，焦作（马村*），林州*。

3 抗震设防烈度为7度，设计基本地震加速度值为0.10g：

第一组：南阳（卧龙、宛城），新密，长葛，许昌*，许昌县*；

第二组：郑州（上街），新郑，洛阳（西工、老城、瀍河、涧西、吉利、洛龙*），焦作（解放、山阳、中站），开封（鼓楼、龙亭、顺河、禹王台、金明），开封县，民权，兰考，孟州，孟津，巩义，偃师，沁阳，博爱，济源，荥阳，温县，中牟，杞县*。

4　抗震设防烈度为6度，设计基本地震加速度值为0.05g：

第一组：信阳（狮河、平桥），漯河（郾城、源汇、召陵），平顶山（新华、卫东、湛河、石龙），汝阳，禹州，宝丰，鄢陵，扶沟，太康，鹿邑，郸城，沈丘，项城，淮阳，周口，商水，上蔡，临颍，西华，西平，栾川，内乡，镇平，唐河，邓州，新野，社旗，平舆，新县，驻马店，泌阳，汝南，桐柏，淮滨，息县，正阳，遂平，光山，罗山，潢川，商城，固始，南召，叶县*，舞阳*；

第二组：商丘（梁园、睢阳），义马，新安，襄城，郏县，嵩县，宜阳，伊川，登封，柘城，尉氏，通许，虞城，夏邑，宁陵；

第三组：汝州，睢县，永城，卢氏，洛宁，渑池。

B.0.15　湖北省

1　抗震设防烈度为7度，设计基本地震加速度值为0.10g：

竹溪，竹山，房县。

2　抗震设防烈度为6度，设计基本地震加速度值为0.05g：

武汉（江岸、江汉、硚口、汉阳、武昌、青山、洪山、东西湖、汉南、蔡甸、江夏、黄陂、新洲），荆州（沙市、荆州），荆门（东宝、掇刀），襄樊（襄城、樊城、襄阳），十堰（茅箭、张湾），宜昌（西陵、伍家岗、点军、猇亭、夷陵），黄石（下陆、黄石港、西塞山、铁山），恩施，咸宁，麻城，团风，罗田，英山，黄冈，鄂州，浠水，蕲春，黄梅，武穴，郧西，郧县，丹江口，谷城，老河口，宜城，南漳，保康，神农架，钟祥，沙洋，远安，兴山，巴东，秭归，当阳，建始，利川，公安，宣恩，咸丰，长阳，嘉鱼，大冶，宜都，枝江，松滋，江陵，石首，监利，洪湖，孝感，应城，云梦，天门，仙桃，红安，安陆，潜江，通山，赤壁，崇阳，通城，五峰*，京山*。

注：全省县级及县级以上设防城镇，设计地震分组均为第一组。

B.0.16　湖南省

1　抗震设防烈度为7度，设计基本地震加速度值为0.15g：

常德（武陵、鼎城）。

2　抗震设防烈度为7度，设计基本地震加速度值为0.10g：

岳阳（岳阳楼、君山*），岳阳县，汨罗，湘阴，临澧，澧县，津市，桃源，安乡，汉寿。

3　抗震设防烈度为6度，设计基本地震加速度值为0.05g：

长沙（岳麓、芙蓉、天心、开福、雨花），长沙县，岳阳（云溪），益阳（赫山、资阳），张家界（永定、武陵源），郴州（北湖、苏仙），邵阳（大祥、双清、北塔），邵阳县，泸溪，沅陵，娄底，宜章，资兴，平江，宁乡，新化，冷水江，涟源，双峰，新邵，邵东，隆回，石门，慈利，华容，南县，临湘，沅江，桃江，望城，溆浦，会同，靖州，韶山，江华，宁远，道县，临武，湘乡*，安化*，中方*，洪江*。

注：全省县级及县级以上设防城镇，设计地震分组均为第一组。

B.0.17　广东省

1　抗震设防烈度为8度，设计基本地震加速度值为0.20g：

汕头（金平、濠江、龙湖、澄海），潮安，南澳，徐闻，潮州。

2　抗震设防烈度为7度，设计基本地震加速度值为0.15g：

揭阳，揭东，汕头（潮阳、潮南），饶平。

3　抗震设防烈度为7度，设计基本地震加速度值为0.10g：

广州（越秀、荔湾、海珠、天河、白云、黄埔、番禺、南沙、萝岗），深圳（福田、罗湖、南山、宝安、盐田），湛江（赤坎、霞山、坡头、麻章），汕尾，海丰，普宁，惠来，阳江，阳东，阳西，茂名（茂南、茂港），化州，廉江，遂溪，吴川，丰顺，中山，珠海（香洲、斗门、金湾），电白，雷州，佛山（顺德、南海、禅城*），江门（蓬江、江海、新会）*，陆丰*。

4 抗震设防烈度为6度，设计基本地震加速度值为0.05g：

韶关（浈江、武江、曲江），肇庆（端州、鼎湖），广州（花都），深圳（尤岗），河源，揭西，东源，梅州，东莞，清远，清新，南雄，仁化，始兴，乳源，英德，佛冈，龙门，龙川，平远，从化，梅县，兴宁，五华，紫金，陆河，增城，博罗，惠州（惠城、惠阳），惠东，四会，云浮，云安，高要，佛山（三水、高明），鹤山，封开，郁南，罗定，信宜，新兴，开平，恩平，台山，阳春，高州，翁源，连平，和平，蕉岭，大埔，新丰*。

注：全省县级及县级以上设防城镇，除大埔为设计地震第二组外，均为第一组。

B.0.18 广西自治区

1 抗震设防烈度为7度，设计基本地震加速度值为0.15g：

灵山，田东。

2 抗震设防烈度为7度，设计基本地震加速度值为0.10g：

玉林，兴业，横县，北流，百色，田阳，平果，隆安，浦北，博白，乐业*。

3 抗震设防烈度为6度，设计基本地震加速度值为0.05g：

南宁（青秀、兴宁、江南、西乡塘、良庆、邕宁），桂林（象山、叠彩、秀峰、七星、雁山），柳州（柳北、城中、鱼峰、柳南），梧州（长洲、万秀、蝶山），钦州（钦南、钦北），贵港（港北、港南），防城港（港口、防城），北海（海城、银海），兴安，灵川，临桂，永福，鹿寨，天峨，东兰，巴马，都安，大化，马山，融安，象州，武宣，桂平，平南，上林，宾阳，武鸣，大新，扶绥，东兴，合浦，钟山，贺州，藤县，苍梧，容县，岑溪，陆川，凤山，凌云，田林，隆林，西林，德保，靖西，那坡，天等，崇左，上思，龙州，宁明，融水，凭祥，全州。

注：全自治区县级及县级以上设防城镇，设计地震分组均为第一组。

B.0.19 海南省

1 抗震设防烈度为8度，设计基本地震加速度值为0.30g：

海口（龙华、秀英、琼山、美兰）。

2 抗震设防烈度为8度，设计基本地震加速度值为0.20g：

文昌，定安。

3 抗震设防烈度为7度，设计基本地震加速度值为0.15g：

澄迈。

4 抗震设防烈度为7度，设计基本地震加速度值为0.10g：

临高，琼海，儋州，屯昌。

5 抗震设防烈度为6度，设计基本地震加速度值为0.05g：

三亚，万宁，昌江，白沙，保亭，陵水，东方，乐东，五指山，琼中。

注：全省县级及县级以上设防城镇，除屯昌、琼中为设计地震第二组外，均为第一组。

B.0.20 四川省

1 抗震设防烈度不低于9度，设计基本地震加速度值不小于0.40g：

第二组：康定，西昌。

2 抗震设防烈度为8度，设计基本地震加速度值为0.30g：

第二组：冕宁*。

3 抗震设防烈度为8度，设计基本地震加速度值为0.20g：

第一组：茂县，汶川，宝兴；

第二组：松潘，平武，北川（震前），都江堰，道孚，泸定，甘孜，炉霍，喜德，普格，宁南，理塘；

第三组：九寨沟，石棉，德昌。

4 抗震设防烈度为7度，设计基本地震加速度值为0.15g：

第二组：巴塘，德格，马边，雷波，天全，芦山，丹巴，安县，青川，江油，绵竹，什邡，彭州，理县，剑阁*；

第三组：荥经，汉源，昭觉，布拖，甘洛，越西，雅江，九龙，木里，盐源，会东，新龙。

5 抗震设防烈度为7度，设计基本地震加速度值为0.10g：

第一组：自贡（自流井、大安、贡井、沿滩）；

第二组：绵阳（涪城、游仙），广元（利州、元坝、朝天），乐山（市中、沙湾），宜宾，宜宾县，峨边，沐川，屏山，得荣，雅安，中江，德阳，罗江，峨眉山，马尔康；

第三组：成都（青羊、锦江、金牛、武侯、成华、龙泉驿、青白江、新都、温江），攀枝花（东区、西区、仁和），若尔盖，色达，壤塘，石渠，白玉，盐边，米易，乡城，稻城，双流，乐山（金口河、五通桥），名山，美姑，金阳，小金，会理，黑水，金川，洪雅，夹江，邛崃，蒲江，彭山，丹棱，眉山，青神，郫县，大邑，崇州，新津，金堂，广汉。

6 抗震设防烈度为6度，设计基本地震加速度值为0.05g：

第一组：泸州（江阳、纳溪、龙马潭），内江（市中、东兴），宣汉，达州，达县，大竹，邻水，渠县，广安，华蓥，隆昌，富顺，南溪，兴文，叙永，古蔺，资中，通江，万源，巴中，阆中，仪陇，西充，南部，射洪，大英，乐至，资阳；

第二组：南江，苍溪，旺苍，盐亭，三台，简阳，泸县，江安，长宁，高县，珙县，仁寿，威远；

第三组：犍为，荣县，梓潼，筠连，井研，阿坝，红原。

B.0.21 贵州省

1 抗震设防烈度为7度，设计基本地震加速度值为0.10g：

第一组：望谟；

第三组：威宁。

2 抗震设防烈度为6度，设计基本地震加速度值为0.05g：

第一组：贵阳（乌当*、白云*、小河、南明、云岩、花溪），凯里，毕节，安顺，都匀，黄平，福泉，贵定，麻江，清镇，龙里，平坝，纳雍，织金，普定，六枝，镇宁，惠水，长顺，关岭，紫云，罗甸，兴仁，贞丰，安龙，金沙，印江，赤水，习水，思南*；

第二组：六盘水，水城，册亨；

第三组：赫章，普安，晴隆，兴义，盘县。

B.0.22 云南省

1 抗震设防烈度不低于9度，设计基本地震加速度值不小于0.40g：

第二组：寻甸，昆明（东川）；

第三组：澜沧。

2 抗震设防烈度为8度，设计基本地震加速度值为0.30g：

第二组：剑川，嵩明，宜良，丽江，玉龙，鹤庆，永胜，潞西，龙陵，石屏，建水；

第三组：耿马，双江，沧源，勐海，西盟，孟连。

3 抗震设防烈度为8度，设计基本地震加速度值为0.20g：

第二组：石林，玉溪，大理，巧家，江川，华宁，峨山，通海，洱源，宾川，弥渡，祥云，会泽，南涧；

第三组：昆明（盘龙、五华、官渡、西山），普洱（原思茅市），保山，马龙，呈贡，澄江，晋宁，易门，漾濞，巍山，云县，腾冲，施甸，瑞丽，梁河，安宁，景洪，永德，镇康，临沧，凤庆*，陇川*。

4 抗震设防烈度为7度，设计基本地震加速度值为0.15g：

第二组：香格里拉，泸水，大关，永善，新平*；

第三组：曲靖，弥勒，陆良，富民，禄劝，武定，兰坪，云龙，景谷，宁洱（原普洱），沾益，个旧，红河，元江，禄丰，双柏，开远，盈江，永平，昌宁，宁蒗，南华，楚雄，勐腊，华坪，景东*。

5 抗震设防烈度为7度，设计基本地震加速度值为0.10g：

第二组：盐津，绥江，德钦，贡山，水富；

第三组：昭通，彝良，鲁甸，福贡，永仁，大姚，元谋，姚安，牟定，墨江，绿春，镇沅，江城，金平，富源，师宗，泸西，蒙自，元阳，维西，宣威。

6 抗震设防烈度为6度，设计基本地震加速度值为0.05g：

第一组：威信，镇雄，富宁，西畴，麻栗坡，马关；

第二组：广南；

第三组：丘北，砚山，屏边，河口，文山，罗平。

B.0.23 西藏自治区

1 抗震设防烈度不低于9度，设计基本地震加速度值不小于0.40g：

第三组：当雄，墨脱。

2 抗震设防烈度为8度，设计基本地震加速度值为0.30g：

第二组：申扎；

第三组：米林，波密。

3 抗震设防烈度为8度，设计基本地震加速度值为0.20g：

第二组：普兰，聂拉木，萨嘎；

第三组：拉萨，堆龙德庆，尼木，仁布，尼玛，洛隆，隆子，错那，曲松，那曲，林芝（八一镇），林周。

4 抗震设防烈度为7度，设计基本地震加速度值为0.15g：

第二组：札达，吉隆，拉孜，谢通门，亚东，洛扎，昂仁；

第三组：日土，江孜，康马，白朗，扎囊，措美，桑日，加查，边坝，八宿，丁青，类乌齐，乃东，琼结，贡嘎，朗县，达孜，南木林，班戈，浪卡子，墨竹工卡，曲水，安多，聂荣，日喀则*，噶尔*。

5 抗震设防烈度为7度，设计基本地震加速度值为0.10g：

第一组：改则；

第二组：措勤，仲巴，定结，芒康；

第三组：昌都，定日，萨迦，岗巴，巴青，工布江达，索县，比如，嘉黎，察雅，左贡，察隅，江达，贡觉。

6 抗震设防烈度为6度，设计基本地震加速度值为0.05g：

第二组：革吉。

B.0.24 陕西省

1 抗震设防烈度为8度，设计基本地震加速度值为0.20g：

第一组：西安（未央、莲湖、新城、碑林、灞桥、雁塔、阎良*、临潼），渭南，华县，华阴，潼关，大荔；

第三组：陇县。

2 抗震设防烈度为7度，设计基本地震加速度值为0.15g：

第一组：咸阳（秦都、渭城），西安（长安），高陵，兴平，周至，户县，蓝田；

第二组：宝鸡（金台、渭滨、陈仓），咸阳（杨凌特区），千阳，岐山，凤翔，扶风，武功，眉县，三原，富平，澄城，蒲城，泾阳，礼泉，韩城，合阳，略阳；

第三组：凤县。

3 抗震设防烈度为7度，设计基本地震加速度值为0.10g：

第一组：安康，平利；

第二组：洛南，乾县，勉县，宁强，南郑，汉中；

第三组：白水，淳化，麟游，永寿，商洛（商州），太白，留坝，铜川（耀州、王益、印台*），柞水*。

4 抗震设防烈度为6度，设计基本地震加速度值为0.05g：

第一组：延安，清涧，神木，佳县，米脂，绥德，安塞，延川，延长，志丹，甘泉，商南，紫阳，镇巴，子长*，子洲*；

第二组：吴旗，富县，旬阳，白河，岚皋，镇坪；

第三组：定边，府谷，吴堡，洛川，黄陵，旬邑，洋县，西乡，石泉，汉阴，宁陕，城固，宜川，黄龙，宜君，长武，彬县，佛坪，镇安，丹凤，山阳。

B.0.25 甘肃省

1 抗震设防烈度不低于9度，设计基本地震加速度值不小于0.40g：

第二组：古浪。

2 抗震设防烈度为8度,设计基本地震加速度值为0.30g:

第二组:天水(秦州,麦积),礼县,西和;

第三组:白银(平川区)。

3 抗震设防烈度为8度,设计基本地震加速度值为0.20g:

第二组:宕昌,肃北,陇南,成县,徽县,康县,文县;

第三组:兰州(城关、七里河、西固、安宁),武威,永登,天祝,景泰,靖远,陇西,武山,秦安,清水,甘谷,漳县,会宁,静宁,庄浪,张家川,通渭,华亭,两当,舟曲。

4 抗震设防烈度为7度,设计基本地震加速度值为0.15g:

第二组:康乐,嘉峪关,玉门,酒泉,高台,临泽,肃南;

第三组:白银(白银区),兰州(红古区),永靖,岷县,东乡,和政,广河,临潭,卓尼,迭部,临洮,渭源,皋兰,崇信,榆中,定西,金昌,阿克塞,民乐,永昌,平凉。

5 抗震设防烈度为7度,设计基本地震加速度值为0.10g:

第二组:张掖,合作,玛曲,金塔;

第三组:敦煌,瓜州,山丹,临夏,临夏县,夏河,碌曲,泾川,灵台,民勤,镇原,环县,积石山。

6 抗震设防烈度为6度,设计基本地震加速度值为0.05g:

第三组:华池,正宁,庆阳,合水,宁县,西峰。

B.0.26 青海省

1 抗震设防烈度为8度,设计基本地震加速度值为0.20g:

第二组:玛沁;

第三组:玛多,达日。

2 抗震设防烈度为7度,设计基本地震加速度值为0.15g:

第二组:祁连;

第三组:甘德,门源,治多,玉树。

3 抗震设防烈度为7度,设计基本地震加速度值为0.10g:

第二组:乌兰,称多,杂多,囊谦;

第三组:西宁(城中、城东、城西、城北),同仁,共和,德令哈,海晏,湟源,湟中,平安,民和,化隆,贵德,尖扎,循化,格尔木,贵南,同德,河南,曲麻莱,久治,班玛,天峻,刚察,大通,互助,乐都,都兰,兴海。

4 抗震设防烈度为6度,设计基本地震加速度值为0.05g:

第三组:泽库。

B.0.27 宁夏自治区

1 抗震设防烈度为8度,设计基本地震加速度值为0.30g:

第二组:海原。

2 抗震设防烈度为8度,设计基本地震加速度值为0.20g:

第一组:石嘴山(大武口、惠农),平罗;

第二组:银川(兴庆、金凤、西夏),吴忠,贺兰,永宁,青铜峡,泾源,灵武,固原;

第三组:西吉,中宁,中卫,同心,隆德。

3 抗震设防烈度为7度,设计基本地震加速度值为0.15g:

第三组:彭阳。

4 抗震设防烈度为6度,设计基本地震加速度值为0.05g:

第三组:盐池。

B.0.28 新疆自治区

1 抗震设防烈度不低于9度,设计基本地震加速度值不小于0.40g:

第三组:乌恰,塔什库尔干。

2 抗震设防烈度为8度,设计基本地震加速度值为0.30g:

第三组:阿图什,喀什,疏附。

3 抗震设防烈度为8度，设计基本地震加速度值为0.20g：

第一组：巴里坤；

第二组：乌鲁木齐（天山、沙依巴克、新市、水磨沟、头屯河、米东），乌鲁木齐县，温宿，阿克苏，柯坪，昭苏，特克斯，库车，青河，富蕴，乌什*；

第三组：尼勒克，新源，巩留，精河，乌苏，奎屯，沙湾，玛纳斯，石河子，克拉玛依（独山子），疏勒，伽师，阿克陶，英吉沙。

4 抗震设防烈度为7度，设计基本地震加速度值为0.15g：

第一组：木垒*；

第二组：库尔勒，新和，轮台，和静，焉耆，博湖，巴楚，拜城，昌吉，阜康*；

第三组：伊宁，伊宁县，霍城，呼图壁，察布查尔，岳普湖。

5 抗震设防烈度为7度，设计基本地震加速度值为0.10g：

第一组：鄯善；

第二组：乌鲁木齐（达坂城），吐鲁番，和田，和田县，吉木萨尔，洛浦，奇台，伊吾，托克逊，和硕，尉犁，墨玉，策勒，哈密*；

第三组：五家渠，克拉玛依（克拉玛依区），博乐，温泉，阿合奇，阿瓦提，沙雅，图木舒克，莎车，泽普，叶城，麦盖提，皮山。

6 抗震设防烈度为6度，设计基本地震加速度值为0.05g：

第一组：额敏，和布克赛尔；

第二组：于田，哈巴河，塔城，福海，克拉玛依（马尔禾）；

第三组：阿勒泰，托里，民丰，若羌，布尔津，吉木乃，裕民，克拉玛依（白碱滩），且末，阿拉尔。

B.0.29 港澳特区和台湾省

1 抗震设防烈度不低于9度，设计基本地震加速度值不小于0.40g：

第二组：台中；

第三组：苗栗，云林，嘉义，花莲。

2 抗震设防烈度为8度，设计基本地震加速度值为0.30g：

第二组：台南；

第三组：台北，桃园，基隆，宜兰，台东，屏东。

3 抗震设防烈度为8度，设计基本地震加速度值为0.20g：

第三组：高雄，澎湖。

4 抗震设防烈度为7度，设计基本地震加速度值为0.15g：

第一组：香港。

5 抗震设防烈度为7度，设计基本地震加速度值为0.10g：

第一组：澳门。

参 考 文 献

[1] 建筑工程抗震设防分类标准（GB 50223—2008）
[2] 建筑结构荷载规范（GB 50009—2012）
[3] 建筑抗震设计规范（GB 50011—2010）
[4] 混凝土结构设计规范（GB 50010—2010）
[5] 砌体结构设计规范（GB 50003—2011）
[6] 烧结多孔砖和多孔砌块（GB 13544—2011）
[7] 混凝土小型空心砌块建筑技术规程（JGJ/T 14—2011）
[8] 底部框架-抗震墙砌体房屋抗震技术规程（JGJ 248—2012）
[9] 钢结构设计规范（GB 50017—2003）
[10] 高层民用建筑钢结构技术规程（JGJ 99—2015）
[11] 高层建筑混凝土结构技术规程（JGJ 3—2010）
[12] 重庆交通科研设计院. 公路桥梁抗震设计细则（JTG/T B02-01—2008）. 北京：人民交通出版社，2008.
[13] 李国豪. 工程结构抗震动力学. 上海：上海科技出版社，1980.
[14] 刘大海，钟锡根，杨翠如. 房屋抗震设计. 西安：陕西科学技术出版社，1985.
[15] 梁发云，卢存恕. 建筑结构抗震设计. 长春：长春工业出版社，1990.
[16] 翁义军，冯世平. 房屋结构抗震设计. 北京：地震出版社，1990.
[17] 胡庆昌. 钢筋混凝土房屋抗震设计. 北京：地震出版社，1991.
[18] 裘民川，刘大海编. 单层厂房抗震设计. 北京：地震出版社，1991.
[19] 周炳章编著. 砌体房屋抗震设计. 北京：地震出版社，1991.
[20] 龚思礼. 建筑结构抗震设计手册. 北京：中国建筑工业出版社，1994.
[21] 朱伯龙，张琨. 建筑结构抗震设计原理. 上海：同济大学出版社，1994.
[22] 周福霖. 工程结构减震控制. 北京：地震出版社，1997.
[23] 范立础. 桥梁抗震. 上海：同济大学出版社，1997.
[24] 日本免震构造协会编. 图解隔震结构入门. 北京：科学出版社，1998.
[25] 高振世，朱继澄. 建筑结构抗震设计. 北京：中国建筑工业出版社，1998.
[26] 卢存恕，常伏德. 建筑抗震设计实例. 北京：中国建筑工业出版社，1999.
[27] 王光远，程耿东. 抗震结构的最优设防烈度与可靠度. 北京：科学出版社，1999.
[28] 魏明忠. 钢结构. 武汉：武汉工业大学出版社，2001.
[29] 陈兴冲. 工程结构抗震设计. 重庆：重庆大学出版社，2001.
[30] 沈聚敏，周锡元. 抗震工程学. 北京：中国建筑工业出版社，2002.
[31] 吕西林，周德源. 建筑结构抗震设计理论与实例. 第2版. 上海：同济大学出版社，2002.
[32] 叶爱君，范立础. 桥梁抗震. 北京：人民交通出版社，2002.
[33] 李国强，李杰，苏小卒. 建筑结构抗震设计. 第2版. 北京：中国建筑工业出版社，2002.
[34] 高小旺，龚思礼. 建筑抗震设计规范理解与应用. 北京：中国建筑工业出版社，2002.
[35] 王新平. 高层建筑结构. 北京：中国建筑工业出版社，2003.
[36] 丰定国，王社良. 抗震结构设计. 武汉：武汉理工大学出版社，2003.
[37] 张小云. 建筑抗震. 北京：高等教育出版社，2003.
[38] 陈绍蕃. 钢结构基础. 北京：中国建筑工业出版社，2003.
[39] 刘明. 建筑结构抗震. 北京：中国建筑工业出版社，2004.
[40] 《钢结构设计手册》编辑委员会. 钢结构设计手册. 第3版：建筑结构设计系列手册. 北京：中国建筑工业出版社，2004.
[41] 李国强. 多高层建筑钢结构设计. 北京：北京大学出版社，2005.
[42] 周云，宗兰，张文芳. 土木工程抗震设计. 北京：科学出版社，2005.

[43] 柳炳康等. 工程结构抗震设计. 武汉：武汉理工大学出版社，2005.
[44] 包世华，张铜生. 高层建筑结构设计和计算. 北京：清华大学出版社，2005.
[45] 李爱群等. 工程结构抗震设计. 北京：中国建筑工业出版社，2005.
[46] 周德源等. 建筑结构抗震技术. 北京：化学工业出版社，2006.
[47] 郭继武. 建筑抗震设计. 北京：中国建筑工业出版社，2006.
[48] 马成松，苏原. 结构抗震设计. 北京：北京大学出版社，2006.
[49] 窦立军. 建筑结构抗震. 北京：机械工业出版社，2006.
[50] 裴星洙，张立，任正权. 高层建筑结构地震响应的时程分析法. 北京：中国水利水电出版社，知识产权出版社，2006.
[51] 王克海. 桥梁抗震研究. 北京：中国铁道出版社，2007.
[52] 王显利. 工程结构抗震设计. 北京：科学出版社，2008.
[53] 中国建筑标准设计研究院. 16G519 多、高层民用建筑钢结构节点构造详图. 北京：中国计划出版社，2016.
[54] 中国建筑标准设计研究院. 15G101、15G612 砼墙建筑、结构构造. 北京：中国计划出版社，2015.
[55] 莫庸，金建民等. 高度重视外廊式单跨多层砖房的抗震设计. 工程抗震与加固改造，2008，30（4）.
[56] 叶列平，曲哲，陆新征等. 提高建筑结构抗地震倒塌能力的设计思想与方法. 建筑结构学报，2008，29（4）.
[57] 李爱群，周铁钢. 汶川地震绵竹城区及村镇建筑震害纪实分析与思考. 建筑结构，2008，（7）.
[58] 清华大学土木结构组等. 汶川地震建筑震害分析. 建筑结构学报，2008，29（4）.
[59] 傅学怡. 汶川、台湾建筑震害启示——改进规范的几点建议. 建筑结构，2008，38（7）.